"十四五"职业教育国家规划教材

名校名师精品
系列教材

Network Operating System
of Linux

Linux

网络操作系统项目教程

RHEL 7.4/CentOS 7.4｜微课版｜第 4 版

杨云 吴敏 马玉英 王春身 ◉ 主编

人民邮电出版社

北 京

图书在版编目（CIP）数据

Linux网络操作系统项目教程：RHEL 7.4/CentOS
7.4：微课版 / 杨云等主编. -- 4版. -- 北京：人民
邮电出版社，2023.8
名校名师精品系列教材
ISBN 978-7-115-62064-4

Ⅰ. ①L… Ⅱ. ①杨… Ⅲ. ①Linux操作系统—教材
Ⅳ. ①TP316.85

中国国家版本馆CIP数据核字(2023)第117151号

内 容 提 要

本书是"十二五""十三五""十四五"职业教育国家规划教材，是国家精品课程、国家级精品资源共享课和国家在线精品课程配套教材，是一本基于"项目导向、任务驱动"的"双元"模式的Linux零基础教材。本书上一版获评首届全国教材建设奖全国优秀教材一等奖。

本书以Red Hat Enterprise Linux 7.4/CentOS 7.4为平台，对Linux网络操作系统的应用进行详细讲解。全书分为系统安装与常用命令、系统配置与管理、shell编程与调试、网络服务器配置与管理4个学习情境共14个教学实训项目。教学实训项目包括安装与配置Linux操作系统、熟练使用Linux常用命令与vim编辑器、管理Linux服务器的用户和组、配置与管理文件系统、配置与管理磁盘、配置网络和使用SSH服务、掌握shell基础、学习shell script、使用GCC编译器和make命令调试程序、配置与管理服务器（包括samba、DHCP、DNS、Apache、FTP）。几乎每个项目都配有项目实训、练习题等结合实践应用的内容。本书引用大量的企业应用实例，配以知识点微课和项目实训慕课，使"教、学、做"融为一体，实现理论与实践的统一。

本书可作为计算机应用技术、计算机网络技术、软件技术及其他计算机类专业的技术型、技能型人才培养的理论与实践一体化教材，也可作为Linux系统管理和网络管理人员的自学指导书。

◆ 主　　编　杨　云　吴　敏　马玉英　王春身
　　责任编辑　马小霞
　　责任印制　王　郁　焦志炜
◆ 人民邮电出版社出版发行　　北京市丰台区成寿寺路 11 号
　　邮编　100164　电子邮件　315@ptpress.com.cn
　　网址　https://www.ptpress.com.cn
　　三河市君旺印务有限公司印刷
◆ 开本：787×1092　1/16
　　印张：17　　　　　　　　　　　　2023 年 8 月第 4 版
　　字数：488 千字　　　　　　　　　2025 年 2 月河北第 9 次印刷

定价：59.80 元

读者服务热线：(010)81055256　印装质量热线：(010)81055316
反盗版热线：(010)81055315

前言 PREFACE

党的二十大报告中指出"必须坚持科技是第一生产力、人才是第一资源、创新是第一动力"。大国工匠和高技能人才作为人才强国战略的重要组成部分，在现代化国家建设中起着重要的作用。高等职业教育肩负着培养大国工匠和高技能人才的使命，近几年得到了迅速发展和普及。

1. 改版背景

《Linux 网络操作系统项目教程（RHEL 7.4/CentOS 7.4）（第 3 版）》于 2019 年 1 月出版，印刷 27 次，累计销售 25 万多册，深受师生喜爱。鉴于教材的时效性，现对第 3 版教材进行改版修订。

本次改版为每个项目增加素养目标模块，部分项目附带拓展阅读相关内容，调整每个项目的编排方式、标题序号及章节排列，大部分项目按照"项目知识准备"→"项目设计与准备"→"项目实施"→"项目实训"→"练习题"的梯次展开。

2. 教材姊妹篇

《Linux 网络操作系统项目教程（RHEL 7.4/CentOS 7.4）（第 3 版）》和《网络服务器搭建、配置与管理——Linux 版（第 3 版）》这两本教材都是"十二五""十三五""十四五"职业教育国家规划教材。《Linux 网络操作系统项目教程（RHEL 7.4/CentOS 7.4）（第 3 版）》教材的成功出版，给高职、高专院校选择合适的 Linux 教材提供灵活和方便的机会。

本书是国家精品课程、国家级精品资源共享课、国家在线精品课程配套教材，是 Linux 零基础教材，是《网络服务器搭建、配置与管理——Linux 版（第 3 版）》教材（人民邮电出版社，杨云主编）的姊妹篇。

根据教学要求和教学重点的不同，读者可以选学其中任意一本教材。当然，如果时间允许，读者可以同时选用两本教材（两学期连上），将能得到更大的收获。

3. 本书特点

本书为教师和学生提供一站式课程解决方案和立体化教学资源，助力"易教易学"，同时对接"全国职业院校技能大赛"和"世界职业院校技能大赛"。

（1）落实立德树人根本任务，坚定文化自信，践行二十大精神。

本书精心设计，在专业内容的讲解中融入科学精神和爱国情怀，通过讲解中国计算机领域的重要事件和人物，弘扬精益求精的专业精神、职业精神和工匠精神，培养学生的创新意识，激发学生的爱国热情。

本书充分认识党的二十大报告提出的"实施科教兴国战略，强化现代化建设人才支撑"目标，落实"加强教材建设和管理"新要求，紧扣二十大精神，讲故事、举实例，采用拓展阅读、电子活页、教学课件等形式，无缝融入"核高基"（核心电子器件、高端通用芯片及基础软件产品）与国产操作系统、龙芯等中国计算机领域发展过程中的重要事件和重要人物，鞭策学生努力学习，引导学生树立正确的世界观、人生观和价值观，帮助学生成为德、智、体、美、劳全面发展的社会主义建设者和接班人。

（2）本书是国家精品课程、国家级精品资源共享课、国家在线精品课程的配套教材。

本书是国家精品课程、国家级精品资源共享课和国家在线精品课程"Linux 网络操作系统"的配套教材，教学资源丰富，所有教学视频和实验视频放在精品课程网站上，供在线学习。

（3）提供"教、学、做、导、考"一站式课程解决方案。

本书是浙江省精品在线开放课程的配套教材，教学资源建设获省级教学成果二等奖。本书提供"微课+3A 学习平台+共享课程+资源库"四位一体教学平台，配有知识点微课和项目实训慕课，国家级精品资源共享课建有开放共享型资源 1321 条，国家资源库有相关资源 700 多条，为院校提供"教、学、做、导、考"一站式课程解决方案。

（4）产教融合、书证融通、课证融通，校企"双元"合作开发，"理实一体"教材。

本书内容对接职业标准和岗位需求，以企业真实工程项目为素材进行项目设计及实施，将教学内容与 Linux 资格认证相融合，由业界专家拍摄项目视频，书证融通、课证融通。

（5）符合"三教"改革精神，创新教材形态。

本书将教材、课堂、教学资源、LEEPEE 教学法四者融合，实现线上线下有机结合，为"翻转课堂"和"混合课堂"改革奠定基础。本书采用"纸质教材+电子活页"的形式编写，除教材外，本书附赠丰富的数字资源，包含视频、音频、作业、试卷、拓展资源、讨论、扩展的项目实训视频等。

4. 配套的教学资源

（1）全部的知识点微课和全套的项目实训慕课都可扫描书中二维码获取。

（2）提供课件、教案、授课计划、项目指导书、课程标准、拓展提升、任务单、实训指导书等，以及可供参考的服务器配置文件。

（3）提供大赛试题（试卷 A、试卷 B）及答案、本书习题及答案。

本书由杨云、吴敏、马玉英、王春身主编。特别感谢浪潮集团、山东鹏森信息科技有限公司提供了教学实例。读者订购教材后请向编者索要全套备课包，编者 QQ 号为 68433059。欢迎加入计算机研讨&资源共享教师 QQ 群，号码为 30539076。

编者
2023 年 1 月 春节于泉城

目录 CONTENTS

学习情境一　系统安装与常用命令

学习情境二　系统配置与管理

项目 9

使用 GCC 编译器和 make 命令调试程序 ⋯⋯⋯⋯⋯⋯⋯ 167

学习情境四　网络服务器配置与管理

项目 10

配置与管理 samba 服务器 ⋯⋯⋯⋯⋯⋯⋯⋯ 181

项目 11

配置与管理 DHCP 服务器 ⋯⋯⋯⋯⋯⋯⋯⋯ 196

学习情境一

系统安装与常用命令

合抱之木，生于毫末；九层之台，起于累土；千里之行，始于足下。

——《道德经》

项目1
安装与配置Linux
操作系统

01

项目导入

　　某高校组建了校园网，需要架设一台具有 Web、FTP、DNS、DHCP、Samba、VPN 等功能的服务器来为校园网用户提供服务，现需要选择一种既安全又易于管理的网络操作系统，正确搭建服务器并测试。

项目目标

- 了解 Linux 操作系统的历史、版权及特点。
- 理解 Linux 操作系统的体系结构。
- 掌握安装 RHEL 7 服务器的方法。
- 掌握重置 root 管理员密码的方法。

- 掌握 RPM 的使用方法。
- 掌握 yum 软件仓库的使用方法。
- 掌握启动和退出系统的方法。

素养目标

- "天下兴亡，匹夫有责"，了解"核高基"和国产操作系统，理解"自主可控"于我国的重大意义，激发学生的爱国热情和学习动力。

- 明确操作系统在新一代信息技术中的重要地位，激发科技报国的家国情怀和使命担当。

1.1 项目知识准备

　　在实施本项目前首先需要了解 Linux 的历史、版权、特点和体系结构。

1.1.1 认识Linux的历史与今天

　　Linux 系统是一个类 UNIX 的操作系统。Linux 系统是 UNIX 在计算机上的完整实现，它的标志是一个名为 Tux 的小企鹅，如图 1-1 所示。

1. Linux 系统的历史

　　UNIX 操作系统是 1969 年由肯尼斯·蓝·汤普森（Kenneth Lane Thompson）和丹尼斯·麦卡利斯泰尔·里奇（Dennis MacAlistair Ritchie）在美国贝尔实验室开发的一个操作系统。由于性能良好且稳定，其迅速在

图1-1　Linux 的标志 Tux

计算机中得到广泛应用，在随后的几十年中又得到了不断的改进。

1990 年，林纳斯·本纳第克特·托瓦兹（Linus Benedict Torvalds）接触了为教学而设计的 Minix 系统后，开始着手研究编写一个开放的与 Minix 系统兼容的操作系统。1991 年 10 月 5 日，林纳斯在赫尔辛基技术大学的一台 FTP（File Transfer Protocol，文件传送协议）服务器上发布了一条消息，这标志着 Linux 系统的诞生。林纳斯公布了第一个 Linux 的内核版本 0.02。最开始，林纳斯的兴趣在于了解操作系统的运行原理，因此 Linux 早期的版本并没有考虑最终用户的使用，只是提供了最核心的框架，使得 Linux 编程人员可以享受编制内核的乐趣，但这样也保证了 Linux 系统内核的强大与稳定。Internet 的兴起使 Linux 系统得到十分迅速的发展，很快就有许多程序员加入 Linux 系统的编写行列之中。

微课

自由开源的
Linux 操作系统

随着编程小组的扩大和完整的操作系统基础软件的出现，Linux 开发人员意识到，Linux 已经逐渐变成一个成熟的操作系统。1992 年 3 月，内核 1.0 版本的推出标志着 Linux 第一个正式版本的诞生。

2. Linux 的版权问题

Linux 是基于 Copyleft（无版权）的软件模式进行发布的，其实 Copyleft 是与 Copyright（版权所有）对立的名称，它是 GNU 项目制定的通用公共许可证（General Public License，GPL）。GNU 项目是由理查德·马修·斯托曼（Richard Matthew Stallman）于 1984 年提出的。他建立了自由软件基金会（Free Software Foundation，FSF），并提出 GNU 计划的目的是开发一个完全自由的、与 UNIX 类似但功能更强大的操作系统，以便为所有的计算机用户提供一个功能齐全、性能良好的基本系统。GNU 的标志是角马，如图 1-2 所示。

图 1-2　GNU 的
标志——角马

> **小资料**　GNU 这个名字使用了有趣的递归缩写，它是"GNU's Not UNIX"的缩写形式。由于递归缩写是一种在全称中递归引用它自身的缩写，因此无法精确地解释出它的真正全称。

3. Linux 系统的特点

Linux 操作系统作为一个免费、自由、开放的操作系统，其发展势不可挡。它拥有完全免费，高效、安全、稳定，支持多种硬件平台，用户界面友好，网络功能强大，支持多任务、多用户的特点。

拓展阅读

Linux 系统的
特点

1.1.2　理解 Linux 体系结构

Linux 一般有 3 个主要部分：内核（Kernel）、命令解释层（shell 或其他操作环境）、实用工具。

1. 内核

内核是操作系统的"心脏"，是运行程序和管理磁盘及打印机等硬件设备的核心程序。操作环境向用户提供一个操作界面，它从用户那里接收命令，并且把命令送到内核去执行。由于内核提供的都是操作系统最基本的功能，所以一旦内核出现问题，整个计算机系统就可能会崩溃。

2. 命令解释层

操作环境在操作系统内核与用户之间提供操作界面，它可以被描述为一个解释器。操作系统对用户输入的命令进行解释，再将其发送到内核。Linux 存在几种操作环境，分别是桌面（Desktop）、窗口管理器（Window Manager）和命令行 shell（Command Line shell）。Linux 系统中的每个用户都可以拥有自己的用户操作界面，根据自己的需求进行定制。

shell 是一种命令解释器，解释由用户输入的命令，并把它们送到内核去执行。不仅如此，shell 还有自己的编程语言用于命令的编辑，它允许用户编写由 shell 命令组成的程序。shell 编程语言具有普通编程语言的很多特点，例如，它也有循环结构和分支控制结构等。用这种编程语言编写的 shell 程序与其他应用程序具有同样的效果。

3. 实用工具

标准的 Linux 系统都有一套叫作实用工具的程序，它们是专门的程序，如编辑器、执行标准的计算操作等。用户也可以生产自己的工具。

实用工具可分为以下 3 类。

- 编辑器：用于编辑文件。
- 过滤器：用于接收数据并过滤数据。
- 交互程序：允许用户发送信息或接收来自其他用户的信息。

1.1.3 认识 Linux 的版本

Linux 的版本分为内核版本和发行版本两种。

1. 内核版本

内核提供了一个在裸设备与应用程序间的抽象层。例如，程序本身不需要了解用户的主板芯片集或磁盘控制器的细节就能在高层次上读写磁盘。

内核的开发和规范一直由林纳斯领导的开发小组控制着，版本也是唯一的。开发小组每隔一段时间公布新的版本或当前版本的修订版，从 1991 年 10 月林纳斯向世界公开发布的内核 0.0.2 版本（0.0.1 版本功能相当简陋，所以没有公开发布）到目前最新的内核 4.16.6 版本，Linux 的功能越来越强大。

Linux 内核的版本号命名是有一定规则的，版本号的格式通常为"主版本号.次版本号.修正号"。主版本号和次版本号标志着重要的功能变动，修正号表示较小的功能变更。以 2.6.12 版本为例，2 代表主版本号，6 代表次版本号，12 代表修正号。其中次版本号还有特定的意义：如果是偶数，就表示该内核是一个可放心使用的稳定版；如果是奇数，则表示该内核加入了某些测试的新功能，是一个内部可能存在着 bug 的测试版。例如，2.5.74 表示一个测试版的内核，2.6.12 表示一个稳定版的内核。读者可以到 Linux 内核官方网站（见图 1-3）下载最新的内核代码。

图 1-3 Linux 内核官方网站

拓展阅读

发行版本

2. 发行版本

仅有内核而没有应用软件的操作系统是无法使用的，所以许多公司或社团将内核、源代码及相关的应用程序组织成一个完整的操作系统，让一般的用户可以简便地安装和使用 Linux，这就是所谓的发行（Distribution）版本。一般谈论的 Linux 系统都是针对发行版本的。目前各种 Linux 系统的发行版本超过 300 种，它们发行的版本号各不相同，使用的内核版本号也可能不一样，现在流行的套件有 Red Hat（红帽）、CentOS、Fedora、openSUSE、Debian、Ubuntu、红旗 Linux 等。

本书是基于 RHEL 7 编写的，书中内容及实例完全通用于 CentOS、Fedora 等系统。也就是说，当你学完本书后，即便公司内的生产环境部署的是 CentOS，也照样可以使用。更重要的是，本书配套资料中的 ISO 映像与 RHCSA（Red Hat Certified System Administrator，红帽认证系统管理员）及 RHCE（Red Hat Certified Engineer，红帽认证工程师）考试使用的基本保持一致，因此非常适合备考红帽认证的读者使用（加入 QQ 群 189934741 可随时获取 ISO 映像文件及其他资料，后面不再说明）。

1.1.4 Red Hat Enterprise Linux 7

2014 年末，Red Hat 公司推出了企业版 Linux 网络操作系统——RHEL 7。

RHEL 7 创新性地集成了 Docker 虚拟化技术，支持 XFS（Extended File System，扩展文件系统），兼容 Microsoft 的身份管理，并采用 systemd 作为系统初始化进程，其性能和兼容性相较于之前版本都有了很大的改善，是一款非常优秀的操作系统。

RHEL 7 的改变非常大，最重要的是它采用了 systemd 作为系统初始化进程。这样一来，几乎之前所有的运维自动化脚本都需要修改。但是老版本可能会有更大的概率存在安全漏洞或者功能缺陷，而新版本不仅出现漏洞的概率小，而且即便出现漏洞，也会快速得到众多开源社区和企业的响应并很快得到修复，所以建议尽快升级到 RHEL 7。

1.2　项目设计与准备

中小型企业在选择网络操作系统时，可以优先考虑企业版 Linux 网络操作系统，它不仅具有开源的优势，而且安全性较高。

要想成功安装 Linux，首先必须基于硬件的基本要求、硬件的兼容性、多重引导、磁盘分区和安装方式等进行充分准备，如获取发行版本、查看硬件是否兼容、选择合适的安装方式等。只有做好这些准备工作，Linux 安装之旅才会一帆风顺。

RHEL 7 支持目前绝大多数主流的硬件设备，不过由于硬件配置、规格更新极快，若想知道自己的硬件设备是否被 RHEL 7 支持，则最好去访问硬件认证网页，查看哪些硬件通过了 RHEL 7 的认证。

拓展阅读

多重引导

1. 安装方式

任何硬盘在使用前都要进行分区。硬盘的分区有两种类型：主分区和扩展分区。RHEL 7 提供了多达 4 种安装方式，可以从 CD-ROM/DVD 启动安装、从硬盘安装、从 NFS（Network File System，网络文件系统）服务器安装或者从 FTP/HTTP（HyperText Transfer Protocol，超文本传送协议）服务器安装。

2. 规划分区

在启动 RHEL 7 安装程序前，需根据实际情况的不同，准备 RHEL 7 DVD 映像，同时要进行分区规划。

对于初次接触 Linux 的用户来说，分区方案越简单越好，所以最好的选择就是为 Linux 准备 3 个分区，即用户保存系统和数据的根分区（/）、启动分区（/boot）和交换分区（swap）。其中，交换分区不用太大，与物理内存同样大小即可；启动分区用于保存系统启动时所需要的文件，一般 300MB 就够了；根分区则需要根据 Linux 操作系统安装后占用资源的大小和所需要保存数据的多少来调整大小（一般情况下，划分 15～20GB 就足够了）。

当然，对于"Linux 熟手"，或者要安装服务器的管理员来说，这种分区方案就不太合适了。在这种情况下，一般会再创建一个/usr 分区，操作系统基本都存储在这个分区中；一个/home 分区，所有的用户信息都存储在这个分区下；一个/var 分区，服务器的登录文件、邮件、Web 服务器的数据文件都会放在这个分区中。Linux 服务器常见分区方案如图 1-4 所示。

挂载点	设备	说明
/boot	/dev/sda1	300MB，主分区
/	/dev/sda2	10GB，主分区
/home	/dev/sda3	8GB，主分区
/usr	/dev/sda5	8GB，逻辑分区
/var	/dev/sda6	8GB，逻辑分区
/tmp	/dev/sda7	1GB，逻辑分区
swap	/dev/sda8	4GB（内存的 2 倍），逻辑分区

图 1-4　Linux 服务器常见分区方案

下面开始安装 RHEL 7。

1.3　项目实施

下面完成本项目的 7 个任务。

任务 1-1　安装配置虚拟机

（1）安装 VMware Workstation。安装成功后，其主页界面如图 1-5 所示。

（2）在图 1-5 所示的界面中单击"创建新的虚拟机"按钮，在弹出的"新建虚拟机向导"对话框中单击"典型"单选按钮，如图 1-6 所示，然后单击"下一步"按钮。

（3）单击"稍后安装操作系统"单选按钮，如图 1-7 所示，单击"下一步"按钮。

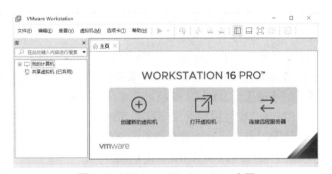

图 1-5　VMware Workstation 主页

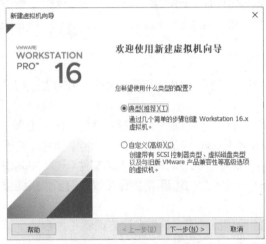

图 1-6　新建虚拟机向导

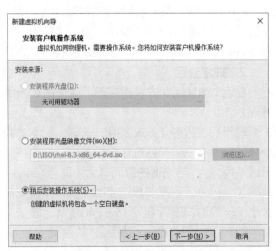

图 1-7　选择虚拟机的安装来源

注意 请一定单击"稍后安装操作系统"单选按钮,如果单击"安装程序光盘映像文件(iso)"单选按钮,并把下载好的 RHEL 7 的映像选中,则虚拟机会通过默认的安装策略为你部署最精简的 Linux 系统,而不会向你询问安装设置的选项。

(4)在图 1-8 所示的对话框中选择客户端操作系统的类型为 Linux,版本为"Red Hat Enterprise Linux 7 64 位",单击"下一步"按钮。

(5)填写"虚拟机名称"字段,并选择安装位置,如图 1-9 所示,单击"下一步"按钮。

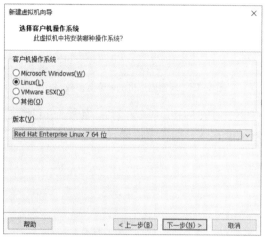

图 1-8 选择操作系统的版本

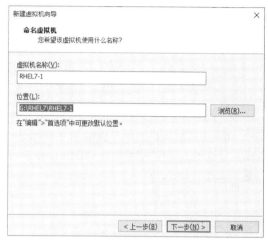

图 1-9 命名虚拟机并选择安装路径

(6)将虚拟机系统的"最大磁盘大小"设置为 40.0GB(默认即可),如图 1-10 所示,单击"下一步"按钮。

(7)在图 1-11 所示的对话框中单击"自定义硬件"按钮。

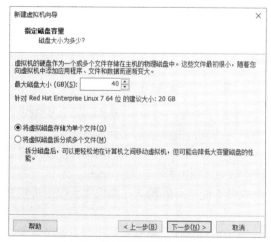

图 1-10 设置虚拟机最大磁盘大小

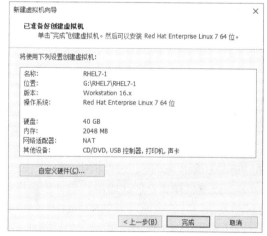

图 1-11 单击"自定义硬件"按钮

(8)在弹出的"硬件"对话框中,建议将虚拟机系统内存的可用量设置为 2GB,如图 1-12 所示,最低不应低于 1GB。根据宿主机的性能设置 CPU 处理器的数量以及每个处理器的内核数量,并开启虚拟化功能,如图 1-13 所示。

图 1-12　设置虚拟机的内存量

图 1-13　设置虚拟机的处理器参数

（9）此时光驱设备应在"使用 ISO 映像文件"中选中下载好的 RHEL 7 映像文件，如图 1-14 所示。

（10）虚拟机软件为用户提供了 3 种可选的网络连接模式，分别为桥接模式、NAT 模式与仅主机模式。这里选择仅主机模式，如图 1-15 所示。

图 1-14　虚拟机的光驱设备设置

图 1-15　设置虚拟机的网络连接模式

- **桥接模式**：相当于在物理主机与虚拟机网卡之间架设了一座"桥梁"，从而可以让虚拟机通过物理主机的网卡访问外网。在真机中，桥接模式虚拟机网卡对应的物理网卡为 VMnet0。

- **NAT 模式**：让虚拟机的网络服务发挥路由器的作用，使得通过虚拟机软件模拟的主机可以通过物理主机访问外网。在真机中，NAT 模式虚拟机网卡对应的物理网卡是 VMnet8。

- **仅主机模式**：仅让虚拟机与物理主机通信，虚拟机不能访问外网。在真机中，仅主机模式虚拟机网卡对应的物理网卡是 VMnet1。

（11）把 USB 控制器、声卡、打印机等不需要的设备统统移除掉。移除掉声卡可以避免系统在用户输入错误时发出提示声音，确保在今后实训中的思绪不被打断。最终的虚拟机配置情况如图 1-16 所示，单击"关闭"按钮。

（12）返回"新建虚拟机向导"对话框后单击"完成"按钮。虚拟机的安装和配置顺利完成。当看到图 1-17 所示的界面时，就说明虚拟机已经配置成功了。

图 1-16　最终的虚拟机配置情况　　　　图 1-17　虚拟机配置成功的界面

任务 1-2　安装 Red Hat Enterprise Linux 7.4

安装 RHEL 7 或 CentOS 7 时，计算机的 CPU 需要支持虚拟化技术（Virtualization Technology，VT）。VT 指的是让单台计算机能够分割出多个独立资源区，并让每个资源区按照需要模拟出系统的一项技术，其本质就是通过中间层实现计算机资源的管理和再分配，让系统资源的利用率最大化。其实只要计算机不是太早以前买的，它的 CPU 就肯定是支持 VT 的。如果开启虚拟机后依然提示"CPU 不支持 VT"等报错信息，则重启计算机并进入 BIOS（Basic Input/Output System，基本输入输出系统）中把 VT 虚拟化功能开启即可。

（1）在虚拟机管理界面中单击"开启此虚拟机"按钮后数秒就能看到 RHEL 7 安装界面，如图 1-18 所示。在界面中，Test this media & install Red Hat Enterprise Linux 7.4 和 Troubleshooting 的作用分别是校验光盘完整性后再安装以及启动救援模式。此时通过键盘的方向键选择 Install Red Hat Enterprise Linux 7.4 选项来直接安装 Linux 系统。

（2）按 Enter 键开始加载安装映像，所需时间在 30～60s，请耐心等待，选择系统的安装语言（简体中文）后单击"继续"按钮，如图 1-19 所示。

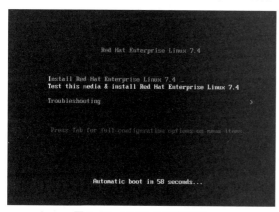

图 1-18　RHEL 7 安装界面　　　　图 1-19　选择系统的安装语言

（3）在安装界面中单击"软件选择"按钮，如图 1-20 所示。

（4）RHEL 7 的软件定制界面可以根据用户的需求来调整系统的基本环境，例如，把 Linux 系统用作基础服务器、文件服务器、Web 服务器或工作站等。此时只需在界面中单击"带 GUI 的服务器"

单选按钮（如果不选此项，则无法进入图形界面），然后单击左上角的"完成"按钮即可，如图 1-21 所示。

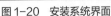

图 1-20　安装系统界面

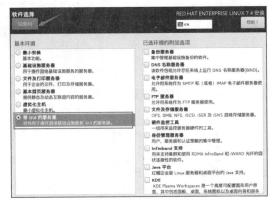

图 1-21　选择系统软件类型

（5）返回到 RHEL 7 安装主界面，单击"网络和主机名"按钮后，将"主机名"字段设置为 RHEL7-1，然后单击左上角的"完成"按钮，如图 1-22 所示。

（6）返回到 RHEL 7 安装主界面，单击"安装位置"按钮后，单击"我要配置分区"单选按钮，然后单击左上角的"完成"按钮，如图 1-23 所示。

图 1-22　配置网络和主机名

图 1-23　选择"我要配置分区"

（7）开始配置分区。磁盘分区允许用户将一个磁盘划分成几个单独的部分，每一部分都有自己的盘符。在分区之前，首先规划分区，以 40GB 硬盘为例，做如下规划。

- /boot 分区大小为 300MB。
- swap 分区大小为 4GB。
- /分区大小为 10GB。
- /usr 分区大小为 8GB。
- /home 分区大小为 8GB。
- /var 分区大小为 8GB。
- /tmp 分区大小为 1GB。

下面进行具体分区操作。

① 创建/boot 分区（启动分区）。在"新挂载点将使用以下分区方案"中选择"标准分区"。单

击"+"按钮,选择挂载点为/boot(也可以直接输入挂载点),如图 1-24 所示,容量大小设置为 300MB,然后单击"添加挂载点"按钮。在图 1-25 所示的界面中设置文件系统类型为默认的文件系统 xfs。

图 1-24　添加/boot 挂载点

图 1-25　设置/boot 挂载点的文件类型

> **注意**　一定要选择标准分区,以保证/home 为单独分区,为后面配额实训做必要准备。

　　② 创建 swap 分区。单击"+"按钮,创建交换分区。文件系统类型选择 swap,大小一般设置为物理内存的两倍即可。例如,计算机物理内存大小为 2GB,设置的 swap 分区大小就是 4096MB(4GB)。

> **说明**　什么是 swap 分区?简单地说,swap 就是虚拟内存分区,它类似于 Windows 的 PageFile.sys 页面交换文件,就是当计算机的物理内存不够时,利用硬盘上的指定空间作为"后备军"来动态扩充内存的大小。

　　③ 用同样方法,创建/分区大小为 10GB,/usr 分区大小为 8GB,/home 分区大小为 8GB,/var 分区大小为 8GB,/tmp 分区大小为 1GB。文件系统全部设置为 xfs,设备类型全部设置为"标准分区"。设置完成如图 1-26 所示。

图 1-26　手动分区

特别注意	• 不可与/分区分开的目录是：/dev、/etc、/sbin、/bin 和/lib。系统启动时，内核只载入一个分区，那就是/分区，内核启动要加载/dev、/etc、/sbin、/bin 和/lib 这 5 个目录的程序，所以以上几个目录必须在/分区中。 • 单独分区的目录是：**/home、/usr、/var 和/tmp**。出于安全和管理的目的，将以上 4 个目录独立出来以便后续方便使用。例如，在磁盘管理和 samba 服务中，/home 目录可以配置磁盘配额，在 sendmail 服务中，/var 目录可以配置磁盘配额。这些分区的文件系统类型设置为 xfs。

④ 单击图 1-26 左上角的"完成"按钮，再单击"接受更改"按钮，如图 1-27 所示，完成分区操作。

图 1-27　完成分区后的结果

（8）返回到安装主界面，如图 1-28 所示，单击"开始安装"按钮后即可看到安装进度。在此处单击"ROOT 密码"按钮，如图 1-29 所示。

图 1-28　RHEL 7 安装主界面

图 1-29　RHEL 7 的安装界面

（9）设置 root 管理员的密码。若坚持用弱口令的密码，则需要单击两次图 1-30 所示界面左上角的"完成"按钮才可以确认。这里需要说明的是，当在虚拟机中做实验时，密码无所谓强弱，但在生产环境中一定要让 root 管理员的密码足够复杂，否则系统将面临严重的安全问题。

（10）Linux 系统安装需要 30～60min，用户在安装期间耐心等待即可。安装完成后单击"重启"按钮。

（11）重启系统后将看到系统的初始化界面，单击 LICENSE INFORMATION 按钮，如图 1-31 所示。

（12）选中"我同意许可协议"复选框，单击界面左上角的"完成"按钮。

（13）返回到初始化界面后单击"完成配置"按钮。

图 1-30　设置 root 管理员的密码

图 1-31　系统初始化界面

（14）虚拟机软件中的 RHEL 7 经过又一次的重启后，出现系统的语言设置界面，在界面中选择默认的语言"汉语"，如图 1-32 所示，然后单击"前进"按钮。

（15）将系统的键盘布局或输入方式设为 English(Australian)，如图 1-33 所示，然后单击"前进"按钮。

图 1-32　系统的语言设置

图 1-33　设置系统的键盘布局或输入方式

（16）按照图 1-34 所示设置系统的时区（上海，上海，中国），然后单击"前进"按钮。

（17）在 RHEL 7 上创建一个本地的普通用户，如图 1-35 所示。设置该账户的用户名为"yangyun"，然后单击"前进"按钮，在出现的密码界面中输入密码，比如 redhat。

图 1-34　设置系统的时区

图 1-35　设置本地普通账户

（18）在图 1-36 所示的界面中单击"开始使用 Red Hat Enterprise Linux Server"按钮，出现图 1-37 所示的界面。至此，完成了 RHEL 7 全部的安装和部署工作。

图 1-36　系统初始化结束界面

图 1-37　系统的欢迎界面

任务 1-3　重置 root 管理员密码

平日里让运维人员头疼的事情已经很多了，因此偶尔把 Linux 系统的密码忘记了并不用慌，只需简单几步就可以完成密码的重置工作。如果你刚刚接手了一台 Linux 系统，则先确定它是否为 RHEL 7。如果是，则可进行下面的操作。

（1）在桌面空白处单击鼠标右键，选择"打开终端"命令，如图 1-38 所示，然后在打开的终端中输入如下命令。

```
[root@localhost ~]# cat /etc/redhat-release
Red Hat Enterprise Linux Server release 7.4 (Maipo)
[root@localhost ~]#
```

（2）在终端输入 reboot，或者单击右上角的关机按钮 ⏻，选择"重启"命令，重启 Linux 系统主机并出现引导界面，如图 1-39 所示，按 e 键进入内核编辑界面。

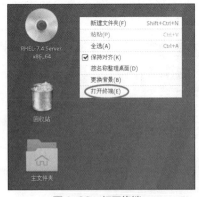

图 1-38　打开终端

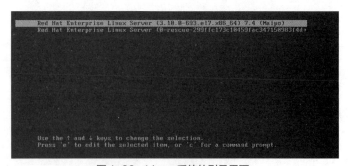

图 1-39　Linux 系统的引导界面

（3）在 linux16 参数这段的最后面追加 rd.break 参数，如图 1-40 所示，然后按 Ctrl + X 组合键来运行修改过的内核程序。

（4）大约 30s 过后，进入系统的紧急救援模式。依次输入如下命令。

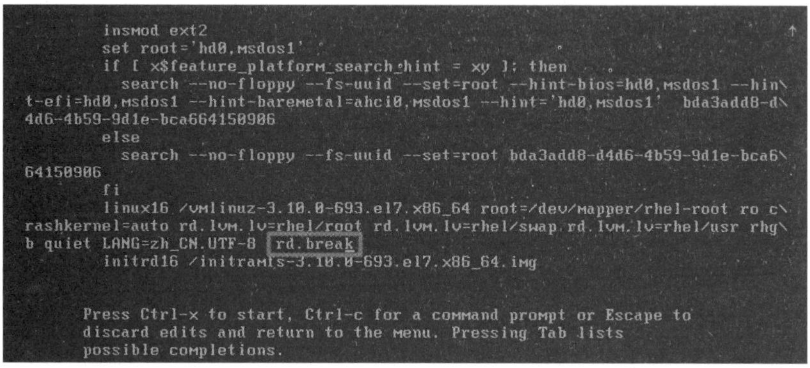

图 1-40　内核信息的编辑界面

注意　输入 passwd 后，输入密码和确认密码是不显示的！

```
mount -o remount,rw /sysroot
chroot /sysroot
passwd
touch /.autorelabel
exit
reboot
```

命令行的执行效果如图 1-41 所示。

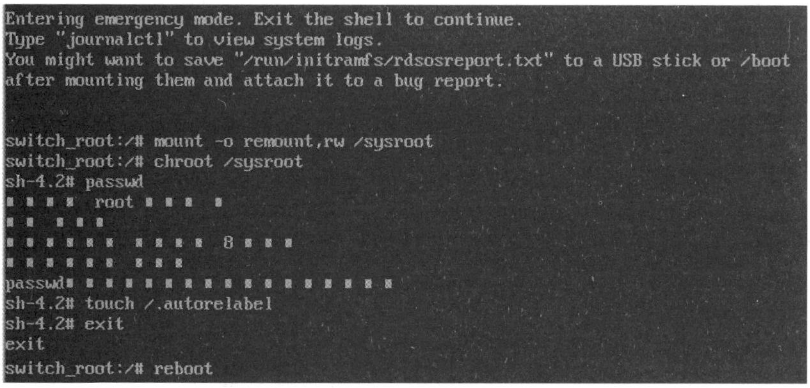

图 1-41　重置 Linux 系统的 root 管理员密码

（5）等待系统重启完毕，就可以使用新密码来登录 Linux 系统了。

任务 1-4　RPM（红帽软件包管理器）

在 RPM（Red-Hat Package Manager，红帽软件包管理器）公布之前，要想在 Linux 系统中安装软件只能采取源码包的方式。早期在 Linux 系统中安装程序是一件非常困难、耗费耐心的事情，而且大多数的服务程序仅提供源代码，需要运维人员自行编译代码并解决许多软件依赖关系问题，因此要安装好一个服务程序，运维人员需要具备丰富的知识、高超的技能，甚至良好的耐心。另外，在安装、升级、卸载服务程序时，还要考虑到其他程序、库的依赖关系，所以进行校验、安装、卸载、查询、升级等管理软件操作的难度都非常大。

RPM 是为解决这些问题而设计的。RPM 有点像 Windows 系统中的控制面板，会建立统一的数据库文件，详细记录软件信息并能够自动分析依赖关系。目前，RPM 的优势已经被公众所认可，其使用范围已不局限在红帽系统中了。表 1-1 所示是一些常用的 RPM 软件包命令。

表 1-1　常用的 RPM 软件包命令

安装软件的命令格式	rpm -ivh filename.rpm
升级软件的命令格式	rpm -Uvh filename.rpm
卸载软件的命令格式	rpm -e filename.rpm
查询软件描述信息的命令格式	rpm -qpi filename.rpm
列出软件文件信息的命令格式	rpm -qpl filename.rpm
查询文件属于哪个 RPM 的命令格式	rpm -qf filename

任务 1-5　yum 软件仓库

尽管 RPM 能够帮助用户查询软件相关的依赖关系，但问题还是要运维人员自己来解决，而有些大型软件可能与数十个程序都有依赖关系，在这种情况下安装软件是非常痛苦的。设计 yum 软件仓库的初衷便是为了进一步降低软件安装的难度和复杂度。

yum 机制的工作流程如下（如图 1-42 所示）。

① 用户首先在 yum 服务器上创建 yum repository（仓库），在 yum 软件仓库中存储大量的 RPM 包，以及 RPM 包的相关元数据文件，这些元数据放置于特定目录 repodata 下。

② 当 yum 客户端利用 yum/dnf 工具进行软件安装时，会自动下载 repodata 中的元数据。元数据中有软件的依赖关系和软件的位置。

③ 在元数据中查询所安装的软件包是否存在相关的包以及依赖关系，并自动从 yum 软件仓库中下载软件包及相关包并进行安装。

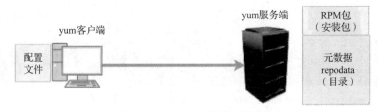

图 1-42　yum 机制的工作流程

常见的 yum 命令如表 1-2 所示。

表 1-2　常见的 yum 命令

命令	作用
yum repolist all	列出所有仓库
yum list all	列出仓库中所有软件包
yum info 软件包名称	查看软件包信息
yum install 软件包名称	安装软件包
yum reinstall 软件包名称	重新安装软件包

续表

命令	作用
yum update 软件包名称	升级软件包
yum remove 软件包名称	移除软件包
yum clean all	清除所有仓库缓存
yum check-update	检查可更新的软件包
yum grouplist	查看系统中已经安装的软件包组
yum groupinstall 软件包组	安装指定的软件包组
yum groupremove 软件包组	移除指定的软件包组
yum groupinfo 软件包组	查询指定的软件包组信息

任务 1-6　systemd 初始化进程

Linux 操作系统的开机过程是这样的：从 BIOS 开始，进入 Boot Loader，再加载系统内核，然后内核进行初始化，最后启动初始化进程。初始化进程作为 Linux 操作系统的第一个进程，需要完成 Linux 操作系统中相关的初始化工作，为用户提供合适的工作环境。RHEL 7 已经替换熟悉的初始化进程服务 System V init，正式采用全新的 systemd 初始化进程服务。systemd 初始化进程服务采用了并发启动机制，开机速度得到了不小的提升。

RHEL 7 选择 systemd 初始化进程服务已经是一个既定事实，因此也没有了"运行级别"这个概念。Linux 操作系统在启动时要进行大量的初始化工作，如挂载文件系统、交换分区和启动各类进程服务等，这些都可以看作一个单元（Unit）。systemd 用目标（Target）代替了 System V init 中运行级别的概念，这两者的区别见表 1-3。

表 1-3　systemd 与 System V init 的区别

System V init 运行级别	systemd 目标名称	作用
0	poweroff.target	关机
1	rescue.target	单用户模式
2	multi-user.target	等同于级别 3
3	multi-user.target	多用户的文本界面
4	multi-user.target	等同于级别 3
5	graphical.target	多用户的图形界面
6	reboot.target	重启
emergency	emergency.target	紧急 shell

【例 1-1】多用户的图形界面转换为多用户的文本界面。

```
[root@Server01 ~]# systemctl get-default
graphical.target
[root@Server01 ~]# systemctl set-default multi-user.target
Removed /etc/systemd/system/default.target.
Created symlink /etc/systemd/system/default.target→
 /usr/lib/systemd/system/multi-user.target.
[root@Server01 ~]# reboot
```

17

【例 1-2】多用户的文本界面转换为多用户的图形界面。

```
[root@Server01 ~]# systemctl set-default graphical.target
Removed /etc/systemd/system/default.target.
Created symlink /etc/systemd/system/default.target→
/usr/lib/systemd/system/graphical.target.
[root@Server01 ~]# reboot
```

任务 1-7　启动 shell

操作系统的核心功能就是管理和控制计算机硬件、软件资源，以尽量合理、有效地组织多个用户共享多种资源，而 shell 则是介于用户和操作系统内核间的一个接口。在各种 Linux 发行套件中，目前虽然已经提供了丰富的图形化接口，但 shell 仍是一种非常方便、灵活的途径。

Linux 中的 shell 又称为命令行，在这个命令行窗口中，用户输入指令，操作系统执行对应指令并将结果回显在屏幕上。

1. 使用 Linux 系统的终端窗口

现在的 RHEL 7 默认采用的都是图形界面的 GNOME 或者 KDE 操作方式，要想使用 shell 功能，必须像在 Windows 中那样打开一个命令行窗口。一般用户可以执行"应用程序"→"系统工具"→"终端"命令，如图 1-43 所示，打开终端窗口，或者直接在桌面单击鼠标右键，选择"在终端中打开（Open Terminal）"命令。如果是英文系统，则对应的是 Applications→System Tools→Terminal 命令。由于都是比较常用的英文单词，后面将不再单独说明。

执行以上命令后，就打开了一个白底黑字的命令行窗口，这里可以使用 RHEL 7 支持的所有命令行指令。

图 1-43　从这里打开终端

2. 使用 shell 提示符

登录之后，普通用户的命令提示以$结尾，超级用户的命令提示以#结尾。

```
[yangyun@localhost ~]$                          //一般用户的命令提示以$结尾
[yangyun@localhost ~]$ su  root                 //切换到 root 账号
Password:
[root@localhost ~]#                             //命令提示以#结尾了
```

3. 退出系统

在终端中输入 shutdown –P now，或者单击右上角的关机按钮 ⏻，选择"关机"命令，可以退出系统。

4. 再次登录

如果再次登录，则为了后面的实训顺利进行，请选择登录 root 账户。单击"Not listed?"按钮，如图 1-44 所示，输入 root 用户名及密码，以 root 账户登录计算机。

图 1-44　选择用户登录

5．制作系统快照

安装成功后，请一定使用 VM 的快照功能进行快照备份，一旦需要可立即恢复到系统的初始状态。提醒大家，对于重要实训节点，也可以进行快照备份，以便后续可以恢复到适当断点。

1.4 拓展阅读："核高基"与国产操作系统

"核高基"就是"核心电子器件、高端通用芯片及基础软件产品"的简称，是国务院于 2006 年发布的《国家中长期科学和技术发展规划纲要（2006—2020 年）》中与载人航天、探月工程并列的 16 个重大科技专项之一。近年来，一批国产基础软件的领军企业的强势发展给中国软件市场增添了几许信心，而"核高基"犹如助推器，给了国产基础软件更强劲的发展支持力量。

目前，我国大量的计算机用户将目光转移到 Linux 操作系统和国产办公软件上，国产操作系统和办公软件的下载量以几倍的速度增长，国产 Linux 操作系统和办公软件的发展也引起了大家的关注。

我国国产软件尤其是基础软件的时代已经来临，希望我国所有的信息化建设都能建立在"安全、可靠、可信"的国产基础软件平台上。

1.5 项目实训：安装与基本配置 Linux 操作系统

1．视频位置

实训前请扫描二维码观看"项目实训 安装与基本配置 Linux 操作系统"慕课。

慕课

项目实训 安装
与基本配置
Linux 操作系统

2．项目背景

某计算机已经安装了 Windows 7 或 Windows 8 操作系统，该计算机的硬盘分区情况如图 1-45 所示，现要求增加安装 RHEL 7 或 CentOS 7，并保证原来的 Windows 7 或 Windows 8 仍可使用。

3．项目分析

从图 1-45 可知，此硬盘约有 300GB，分为 C、D、E 3 个分区。对于此类硬盘，比较简便的操作方法是将 E 盘上的数据转移到 C 盘或者 D 盘，然后利用 E 盘的空间来安装 Linux。

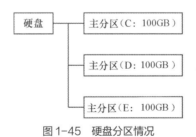

图 1-45 硬盘分区情况

硬盘大小为 100GB，分区规划如下。

- /boot 分区大小为 600MB。
- swap 分区大小为 4GB。
- /分区大小为 10GB。
- /usr 分区大小为 8GB。

- /home 分区大小为 8GB。
- /var 分区大小为 8GB。
- /tmp 分区大小为 6GB。
- 预留 55GB 不进行分区。

4. 深度思考

在观看视频时思考以下几个问题。

（1）如何进行双启动安装？

（2）分区规划为什么要慎之又慎？

（3）安装系统前，对 E 盘是如何处理的？

（4）第一个系统的虚拟内存至少设置为多大？为什么？

5. 做一做

根据项目要求及视频内容，将项目完整地做一遍。

1.6 练习题

一、填空题

1. GNU 的含义是_____。

2. Linux 一般有 3 个主要部分：_____、_____、_____。

3. 目前被称为纯正的 UNIX 指的就是_____以及_____这两套操作系统。

4. Linux 是基于_____的软件模式进行发布的，它是 GNU 项目制定的通用公共许可证，英文是_____。

5. 斯托曼成立了自由软件基金会，它的英文是_____。

6. POSIX 是_____的缩写，重点在规范核心与应用程序之间的接口，这是由美国电气与电子工程师学会（IEEE）所发布的一项标准。

7. 当前的 Linux 常见的应用可分为_____与_____两个方面。

8. Linux 的版本分为_____和_____两种。

9. 安装 Linux 最少需要两个分区，分别是_____和_____。

10. Linux 默认的系统管理员账户是_____。

二、选择题

1. Linux 最早是由计算机爱好者（　　）开发的。
   - A. 理查德·彼得森
   - B. 林纳斯·本纳第克特·托瓦兹
   - C. 罗布·派克
   - D. 萨瓦尔

2. 下列中（　　）是自由软件。
   - A. Windows XP
   - B. UNIX
   - C. Linux
   - D. Windows 2008

3. 下列中（　　）不是 Linux 的特点。
   - A. 多任务
   - B. 单用户
   - C. 设备独立性
   - D. 开放性

4. Linux 的内核版本 2.3.20 是（　　）的版本。
   - A. 不稳定
   - B. 稳定的
   - C. 第三次修订
   - D. 第二次修订

5. Linux 安装过程中的硬盘分区工具是（　　）。
   - A. PQmagic
   - B. FDISK
   - C. FIPS
   - D. Disk Druid

6. Linux 的/分区系统类型可以设置为（　　　）。

    A. FATl6 　　　　　　　B. FAT32 　　　　　　　C. ext4 　　　　　　　D. NTFS

三、简答题

1. 简述 Linux 的体系结构。

2. 使用虚拟机安装 Linux 系统时，为什么要先选择"稍后安装操作系统"，而不是选择"安装程序光盘映像文件（iso）"？

3. 简述 RPM 与 yum 软件仓库的作用。

4. 安装 Red Hat Linux 系统的基本磁盘分区有哪些？

5. Red Hat Linux 系统支持的文件类型有哪些？

6. 丢失 root 账户密码如何解决？

7. RHEL 7 采用了 systemd 作为初始化进程，那么如何查看某个服务的运行状态？

1.7　实践习题

使用虚拟机和安装光盘安装并配置 RHEL 7.4，试着在安装过程中对 IPv4（Internet Protocol Version 4，第 4 版互联网协议）地址进行配置。

1.8　超级链接

扫描下方二维码学习**国家精品资源共享课程**网站中学习情境的相关内容。后面的项目也请访问该学习网站，不再一一标注。

项目2
熟练使用Linux常用命令与vim编辑器

项目导入

在文本模式和终端模式下，经常使用 Linux 命令来查看系统的状态和监视系统的操作，如对文件和目录进行浏览、操作等。Linux 较早的版本由于不支持图形化操作，用户基本上都是使用命令行方式对系统进行操作，所以掌握常用的 Linux 命令是必要的。

系统管理员的一项重要工作就是修改与设定某些重要软件的配置文件，因此系统管理员至少要学会使用一种以上的文字接口的文本编辑器。所有的 Linux 发行版都内置了 vim 编辑器。vim 编辑器不但可以用不同颜色显示文本内容，还能够进行诸如 shell 脚本、C 语言程序等的编辑，因此，可以将 vim 视为一种程序编辑器。

掌握 Linux 常用命令和 vim 编辑器是学好 Linux 的必备基础。

项目目标

- 熟悉 Linux 操作系统的命令基础知识。
- 掌握文件目录类命令。
- 掌握系统信息类命令。
- 掌握进程管理类命令及其他常用命令。
- 掌握 vim 编辑器的使用方法。

素养目标

- 明确职业技术岗位所需的职业规范和精神，树立社会主义核心价值观。
- "大学之道，在明明德，在亲民，在止于至善。""'高山仰止，景行行止。'虽不能至，然心向往之"。了解计算机的主奠基人——华罗庚，知悉读大学的真正含义。

微课

Linux 常用命令
与 vim

2.1 项目知识准备

Linux 命令是对 Linux 操作系统进行管理的命令。对于 Linux 操作系统来说，无论是中央处理器、内存、磁盘驱动器、键盘、鼠标，还是用户等，都是文件。Linux 命令是 Linux 正常运行的核心，与 DOS 命令类似。掌握 Linux 命令对于管理 Linux 操作系统是非常必要的。

2.1.1 了解 Linux 命令的特点

在 Linux 操作系统中，命令区分大小写。在命令行中，可以使用 Tab 键来自动补齐命令，即可以只输入命令的前几个字母，然后按 Tab 键补齐命令。

按 Tab 键时，如果系统只找到一个与输入字符相匹配的目录或文件，则自动补齐；如果没有匹配的内容或有多个相匹配的名字，则系统将发出警鸣声，此时再按 Tab 键，系统将列出所有相匹配的内容（如果有），以供用户选择。

例如，在命令提示符后输入 mou，然后按 Tab 键，系统将自动补全该命令为 mount；如果在命令提示符后只输入 mo，然后按 Tab 键，则系统将发出一声警鸣，再次按 Tab 键，系统将显示所有以 mo 开头的命令。

另外，利用向上或向下方向键，可以翻查曾经执行过的命令，并可以选择再次执行。

如果要在一个命令行上输入和执行多条命令，则可以使用分号来分隔命令，如 cd /;ls。

如果要断开一个长命令行，则可以使用反斜杠（\）。它可以将一个较长的命令分成多行表达，增强命令的可读性。执行后，shell 自动显示提示符>，表示正在输入一个长命令，此时可继续在新的命令行上输入命令的后续部分。

2.1.2 后台运行程序

一个文本控制台或一个仿真终端在同一时刻只能执行一个程序或命令，在执行结束前，一般不能进行其他操作。此时可采用在后台执行程序的方式，以释放控制台或终端，使其仍能进行其他操作。要使程序以后台方式执行，只需在要执行的命令后加上一个&符号即可，如 top &。

2.2 项目设计与准备

本项目的所有操作都在 Server01 上进行，主要命令包括文件目录类命令、系统信息类命令、进程管理类命令以及其他常用命令等。

可使用 hostnamectl set-hostname Server01 修改主机名（关闭终端后重新打开即生效）。

```
[root@localhost ~]# hostnamectl set-hostname Server01
```

2.3 项目实施

下面通过实例来了解常用的 Linux 命令。先把打开的终端关闭，再重新打开，让修改的主机名生效。

慕课

使用 vim 编辑器

任务 2-1 熟练使用文件目录类命令

文件目录类命令是对目录和文件进行各种操作的命令。

1. 熟练使用浏览目录类命令

（1）pwd 命令

pwd 命令用于显示用户当前所处的目录。

```
[root@Server01 ~]# pwd
/root
```

（2）cd 命令

cd 命令用来在不同的目录中进行切换。用户在登录系统后，会处于用户的"家目录"（$HOME）中，该目录一般以/home 开始，后接用户名，这个目录就是用户的初始登录目录（root 账户的家目录为/root）。如果用户想切换到其他的目录中，就可以使用 cd 命令，其后接想要切换的目录名。示例如下。

```
[root@Server01 ~]# cd ..              //改变目录位置至当前目录的父目录
[root@Server01 /]# cd etc             //改变目录位置至当前目录下的 etc 子目录下
[root@Server01 etc]# cd ./yum         //改变目录位置至当前目录下的 yum 子目录下
[root@Server01 yum]# cd ~             //改变目录位置至用户登录时的主目录（用户账户的家目录）
[root@Server01 ~]# cd ../etc          //改变目录位置至当前目录的父目录下的 etc 子目录下
[root@Server01 etc]# cd /etc/xml      //利用绝对路径表示改变目录到 /etc/xml 目录下
[root@Server01 xml]# cd               //改变目录位置至用户登录时的工作目录
[root@Server01 ~]#
```

说明　在 Linux 操作系统中，用.代表当前目录；用..代表当前目录的父目录；用~代表用户账户的家目录（主目录）。例如，root 账户的家目录是/root，则不带任何参数的 cd 命令相当于 cd ~，即将目录切换到用户账户的家目录。

（3）ls 命令

ls 命令用来列出文件或目录信息。该命令的语法格式如下。

```
ls  [选项]  [目录或文件]
```

ls 命令的常用选项说明如下。

- -a：显示所有文件，包括以.开头的隐藏文件。
- -A：显示指定目录下所有的子目录及文件，包括隐藏文件，但不显示.和..。
- -t：依照文件最后修改时间的顺序列出文件。
- -F：列出当前目录下的文件名及其类型。
- -R：显示目录下及其所有子目录的文件名。
- -c：按文件的修改时间排序。
- -C：分成多列显示各行。
- -d：如果参数是目录，则只显示其名称，而不显示其下的各个文件。-d 选项往往与-l 选项一起使用，以得到目录的详细信息。
- -l：以长格形式显示文件的详细信息。
- -g：以长格式形式显示文件的详细信息，但不显示文件的所有者工作组名。
- -i：在输出的第一列显示文件的 i 节点号。

ls 命令的使用示例如下。

```
[root@Server01 ~]#ls                  //列出当前目录下的文件及目录
[root@Server01 ~]#ls -a               //列出包括以.开头的隐藏文件在内的所有文件
[root@Server01 ~]#ls -t               //依照文件最后修改时间的顺序列出文件
[root@Server01 ~]#ls -F               //列出当前目录下的文件名及其类型
//以/结尾表示目录名，以*结尾表示可执行文件，以@结尾表示符号连接
[root@Server01 ~]#ls -l               //列出当前目录下所有文件的权限、所有者、文件大小、修改时间及名称等
[root@Server01 ~]#ls -lg              //同上，不显示文件的所有者工作组名
[root@Server01 ~]#ls -R               //显示目录下及其所有子目录下的文件名
```

2. 熟练使用浏览文件类命令

（1）cat 命令

cat 命令主要用于滚动显示文件内容，或将多个文件合并成一个文件。该命令的语法格式如下。

```
cat [选项] 文件名
```

cat 命令的常用选项说明如下。

- -b：对输出内容中的非空行标注行号。
- -n：对输出内容中的所有行标注行号。

通常使用 cat 命令查看文件内容，但是 cat 命令的输出内容不能分页显示，要查看超过一屏的文件内容需要使用 more 或 less 等命令。如果在 cat 命令中没有指定参数，则 cat 命令会从标准输入（键盘）中获取内容。

例如，查看/etc/passwd 文件内容的命令如下。

```
[root@Server01 ~]#cat /etc/passwd
```

利用 cat 命令还可以合并多个文件。例如，把 file1 和 file2 文件的内容合并到 file3 文件，且 file2 文件的内容在 file1 文件的内容前面，命令如下。

```
[root@Server01 ~]# echo "This is file1!">file1      //建立 file1 示例文件
[root@Server01 ~]# echo "This is file2!">file2      //建立 file2 示例文件
[root@Server01 ~]# cat file2 file1>file3            //如果 file3 文件存在，则此命令的执行
                                                    //结果会覆盖 file3 文件中的原有内容
[root@Server01 ~]# cat file3
This is file2!
This is file1!
[root@Server01 ~]# cat file2 file1>>file3
```
//如果 file3 文件存在，则此命令的执行结果将把 file2 和 file1 文件的内容附加到 file3 文件中原有内容的后面

（2）more 命令

在使用 cat 命令时，如果文件内容太长，则用户只能看到文件的最后一部分。这时可以使用 more 命令一页页地分屏显示文件内容。more 命令通常用于分屏显示文件内容。在大多数情况下，可以不加任何选项直接执行 more 命令查看文件内容。执行 more 命令后，按 Enter 键可以向下移动一行，按 Space 键可以向下移动一页，按 Q 键可以退出 more 命令。more 命令的语法格式如下。

```
more [选项] 文件名
```

more 命令的常用选项说明如下。

- -num：这里的 num 是一个数字，用来指定分页显示时每页的行数。
- +num：指定从文件的第 num 行开始显示。

more 命令的使用示例如下。

```
[root@Server01 ~]#more /etc/passwd        // 以分页方式查看/etc/passwd 文件的内容
[root@Server01 ~]#cat /etc/passwd |more   // 以分页方式查看/etc/passwd 文件的内容
```

more 命令经常在管道中被调用，以实现各种输出内容的分屏显示。上述的第 2 个使用示例就是利用 shell 的管道功能分屏显示/etc/passwd 文件的内容。管道的内容将在项目 7 中详细介绍。

（3）less 命令

less 命令是 more 命令的改进版，比 more 命令的功能强大。more 命令只能向下翻页，而 less 命令不但可以向下、向上翻页，还可以前、后、左、右移动。执行 less 命令后，按 Enter 键可以向下移动一行，按 Space 键可以向下移动一页，按 B 键可以向上移动一页，也可以用方向键向前、后、左、

右移动，按 Q 键可以退出 less 命令。

less 命令还支持在一个文本文件中进行快速查找。先按/键，再输入要查找的单词或字符，less 命令会在文本文件中进行快速查找，并把找到的第一个搜索目标高亮显示。如果希望继续查找，则按/键，再按 Enter 键即可。

less 命令的用法与 more 命令基本相同，使用示例如下。

```
[root@Server01 ~]#less /etc/passwd    // 以分页方式查看/etc/passwd 文件的内容
```

（4）head 命令

head 命令用于显示文件的开头部分，默认情况下只显示文件前 10 行的内容。该命令的语法格式如下。

```
head  [选项]  文件名
```

head 命令的常用选项说明如下。

- -n num：显示指定文件的前 num 行内容。
- -c num：显示指定文件的前 num 个字符。

head 命令的使用示例如下。

```
[root@Server01 ~]#head  -n  20  /etc/passwd    //显示 /etc/passwd 文件的前 20 行内容
```

> **说明** 若-n num 中的 num 为负值，则表示从倒数第|num|行开始，后面的所有行不显示。例如，num=-3 表示从文件的倒数第 3 行开始，后面的行不显示，其余都显示。

（5）tail 命令

tail 命令用于显示文件内容的末尾部分，默认情况下，只显示文件末尾的 10 行内容。该命令的语法格式如下。

```
tail  [选项]  文件名
```

tail 命令的常用选项说明如下。

- -n num：显示指定文件末尾的 num 行内容。
- -c num：显示指定文件末尾的 num 个字符。
- -n +num：从第 num 行开始显示指定文件的内容。

tail 命令的使用示例如下。

```
[root@Server01 ~]#tail  -n  20  /etc/passwd    //显示 /etc/passwd 文件末尾的 20 行内容
```

tail 命令"最强悍"的功能是可以持续刷新一个文件的内容，想要实时查看最新的日志文件时，这个功能特别有用。此时命令的语法格式如下。

```
tail -f 文件名
```

使用示例如下。

```
[root@Server01 ~]# tail -f /var/log/messages
 Aug 19 17:37:44 RHEL7-1 dbus-daemon[2318]: [session uid=0 pid=2318] Successfully
activated service 'org.freedesktop.Tracker1.Miner.Extract'
 ......
 Aug 19 17:39:11 RHEL7-1 dbus-daemon[2318]: [session uid=0 pid=2318] Successfully
activated service 'org.freedesktop.Tracker1.Miner.Extract'
```

3. 熟练使用目录操作类命令

（1）mkdir 命令

mkdir 命令用于创建一个目录。该命令的语法格式如下。

```
mkdir   [选项]   目录名
```

上述目录名可以为相对路径，也可以为绝对路径。

mkdir 命令的常用选项说明如下。

● -p：在创建目录时，如果父目录不存在，则同时创建该目录及该目录的父目录。

mkdir 命令的使用示例如下。

```
[root@Server01 ~]#mkdir dir1    //在当前目录下创建 dir1 子目录
[root@Server01 ~]#mkdir -p dir2/subdir2
//在当前目录的 dir2 目录中创建 subdir2 子目录，如果 dir2 目录不存在，则同时创建 dir2 目录
```

（2）rmdir 命令

rmdir 命令用于删除空目录。该命令的语法格式如下。

```
rmdir   [选项]   目录名
```

上述目录名可以为相对路径，也可以为绝对路径。但所删除的目录必须为空目录。

rmdir 命令的常用选项说明如下。

● -p：在删除目录时，一同删除父目录，但父目录中必须没有其他目录及文件。

rmdir 命令的使用示例如下。

```
[root@Server01 ~]#rmdir dir1    //在当前目录下删除 dir1 空子目录
[root@Server01 ~]#rmdir -p dir2/subdir2
//删除当前目录中的 dir2/subdir2 空子目录，删除 subdir2 目录时，如果 dir2 目录中无其他目录，则将其一同删除
```

4. 熟练使用 cp 命令

（1）cp 命令的使用方法

cp 命令主要用于文件或目录的复制。该命令的语法格式如下。

```
cp   [选项]   源文件   目标文件
```

cp 命令的常用选项说明如下。

● -a：尽可能将文件状态、权限等属性按照原状予以复制。

● -f：如果目标文件或目录存在，则先删除它们再进行复制（覆盖），并且不提示用户。

● -i：如果目标文件或目录存在，则询问用户是否覆盖已有的文件。

● -R：递归复制目录，即包含目录下的各级子目录。

● -p：复制后目标文件保留源文件的属性（包括所有者、所属组、权限和时间）。

特别提示 若加选项-f后仍会询问用户，则说明 cp -i 设置了别名 cp。可取消别名设置：unalias cp。

（2）使用 cp 命令的范例

cp 命令非常重要，不同身份的账号执行这个命令会有不同的结果产生，尤其是-a、-p 选项，在下面的练习中，有的账号身份为 root，有的账号身份为一般账号（在这里用 **yangyun** 这个账号），练习时请特别注意账号身份的差别。另外，/tmp 是在安装时建立的独立分区，如果安装时没有建立，则请读者自行建立。

【例 2-1】用 root 账户将家目录下的.bashrc 复制到/tmp 下，并更名为 bashrc。

```
[root@Server01 ~]# cp ~/.bashrc /tmp/bashrc
[root@Server01 ~]# cp -i ~/.bashrc /tmp/bashrc
cp: 是否覆盖'/tmp/bashrc'？ n 为不覆盖，y 为覆盖
```

```
# 重复两次，由于/tmp 下已经存在 bashrc 了，加上-i 选项后
# 在覆盖前会询问用户是否确定要覆盖，可以按 N 键或者 Y 键来二次确认
```

【例 2-2】变换目录到/tmp，并将/var/log/wtmp 复制到/tmp，查看其目录属性。

```
[root@Server01 ~]# cd /tmp
[root@Server01 tmp]# cp /var/log/wtmp . <==复制到当前目录，最后的.不要忘记
[root@Server01 tmp]#ls -l /var/log/wtmp wtmp
-rw-rw-r--. 1 root utmp 7680 8月  19 17:09 /var/log/wtmp
-rw-r--r--. 1 root root 7680 8月  19 18:02 wtmp
# 注意上面的特殊字体，在不加任何选项的情况下，文件的某些属性、权限会改变
# 这是个很重要的特性，连文件建立的时间也不一样了，要注意
```

如果想要将文件的所有特性都一起复制过来该怎么办？可以加上-a 选项，如下所示。

```
[root@Server01 tmp]# cp -a /var/log/wtmp wtmp_2
[root@Server01 tmp]# ls -l /var/log/wtmp wtmp_2
-rw-rw-r--. 1 root utmp 7680 8月  19 17:09 /var/log/wtmp
-rw-rw-r--. 1 root utmp 7680 8月  19 17:09 wtmp_2
```

cp 命令的功能很多，由于我们常常会进行一些数据的复制，所以也会常常用到这个命令。一般来说，如果复制别人的数据（当然，你必须要有读取权限），总是希望复制到的数据最后是自己的。所以，在预设的条件中，cp 命令的源文件与目标文件的权限是不同的，目标文件的所有者通常会是命令操作者本身。

例如，在【例 2-2】中，由于使用的是 root 账户，因此复制过来的文件所有者与群组就变为 root 所有。由于 cp 命令具有这个特性，所以我们在进行备份的时候，需要特别注意某些具有特殊权限的文件。例如，密码文件（/etc/shadow）以及一些配置文件就不能直接用 cp 命令来复制，而必须加上-a 或-p 等选项。若加-p 选项，则表示除复制文件的内容外，还把修改时间和访问权限也复制到新文件中。

> **注意** 想要复制文件给其他用户，也必须注意文件的权限（包含读、写、执行以及文件所有者等），否则，其他用户还是无法对你提供的文件进行修改。

【例 2-3】复制/etc 目录下的所有内容到/tmp 文件夹。

```
[root@Server01 tmp]# cp /etc /tmp
cp: 未指定 -r；略过目录'/etc' <== 如果是目录则不能直接复制，要加上-r 选项
[root@Server01 tmp]# cp -r /etc /tmp
# 再次强调：-r 可以复制目录，但是文件与目录的权限可能会被改变
# 所以，在备份时，常常利用 cp -a /etc /tmp 命令保持复制前后的对象权限不发生变化
```

【例 2-4】只有 ~/.bashrc 比/tmp/bashrc 更新，才进行复制。

```
[root@Server01 tmp]# cp -u ~/.bashrc /tmp/bashrc
# -u 的特性是只有在目标文件与源文件有差异时，才进行复制
# 所以-u 常用于备份工作中
```

> **思考** 你能否使用 yangyun 身份完整地复制/var/log/wtmp 文件到/tmp，并将文件更名为 bobby_wtmp？

参考答案如下。

```
[root@Server01 tmp]# su - yangyun
[yangyun@Server01 ~]$ cp -a /var/log/wtmp /tmp/bobby_wtmp
[yangyun@Server01 ~]$ ls -l /var/log/wtmp /tmp/bobby_wtmp
-rw-rw-r--. 1 yangyun yangyun 7680 8月 19 17:09 /tmp/bobby_wtmp
-rw-rw-r--. 1 root    utmp    7680 8月 19 17:09 /var/log/wtmp
[yangyun@Server01 ~]$ exit
[root@Server01 tmp]#
```

5. 熟练使用文件操作类命令

（1）mv 命令

mv 命令主要用于文件或目录的移动或重命名。该命令的语法格式如下。

```
mv  [选项]  源文件或目录  目标文件或目录
```

mv 命令的常用选项说明如下。

- –i：如果目标文件或目录存在，则提示是否覆盖目标文件或目录。
- –f：无论目标文件或目录是否存在，均直接覆盖目标文件或目录，不提示。

mv 命令的使用示例如下。

```
//将当前目录下的/tmp/wtmp 文件移动到/usr/目录下，文件名不变
[root@Server01 tmp]# cd
[root@Server01 ~]# mv /tmp/wtmp /usr/
//将/usr/wtmp 文件移动到根目录下，移动后的文件名为 tt
[root@Server01 ~]# mv /usr/wtmp /tt
```

（2）rm 命令

rm 命令主要用于文件或目录的删除。该命令的语法格式如下。

```
rm  [选项]  文件名或目录名
```

rm 命令的常用选项说明如下。

- –i：删除文件或目录时提示用户。
- –f：删除文件或目录时不提示用户。
- –R：递归删除目录，包含目录下的文件和各级子目录。

rm 命令的使用示例如下。

```
//删除当前目录下的所有文件，但不删除子目录和隐藏文件
[root@Server01 ~]# mkdir /dir1;cd /dir1                //;分隔连续运行的命令
[root@Server01 dir1]# touch aa.txt bb.txt; mkdir subdir11;ll
[root@Server01 dir1]# rm *
//删除当前目录下的子目录 subdir11，包含其下的所有文件和子目录，并且提示用户确认
[root@Server01 dir1]# rm -iR subdir11
```

（3）touch 命令

touch 命令用于建立文件或更新文件的修改日期。该命令的语法格式如下。

```
touch  [选项]  文件名或目录名
```

touch 命令的常用选项说明如下。

- –d yyyymmdd：把文件的存取或修改时间改为 yyyy 年 mm 月 dd 日。
- –a：只把文件的存取时间改为当前时间。
- –m：只把文件的修改时间改为当前时间。

touch 命令的使用示例如下。

```
[root@Server01 dir]# cd
[root@Server01 ~]# touch aa
//如果当前目录下存在 aa 文件，则把 aa 文件的存取和修改时间改为当前时间
//如果不存在 aa 文件，则新建 aa 文件
[root@Server01 ~]# touch -d 20220808 aa      //将 aa 文件的存取和修改时间改为 2022 年 8 月 8 日
```

（4）rpm 命令

rpm 命令主要用于对 RPM 软件包进行管理。RPM 软件包是 Linux 的各种发行版中应用最为广泛的软件包格式之一。学会使用 rpm 命令对 RPM 软件包进行管理至关重要。该命令的语法格式如下。

```
rpm  [选项]  软件包名
```

rpm 命令的常用选项说明如下。

拓展阅读

diff 命令、ln 命令、gzip、gunzip 命令、tar 命令

- -qa：查询系统中安装的所有软件包。
- -q：查询指定的软件包在系统中是否安装。
- -qi：查询系统中已安装软件包的描述信息。
- -ql：查询系统中已安装软件包包含的文件列表。
- -qf：查询系统中指定文件所属的软件包。
- -qp：查询 RPM 软件包文件中的信息，通常用于在未安装软件包之前了解软件包中的信息。
- -i：用于安装指定的 RPM 软件包。
- -v：显示较详细的信息。
- -h：以#显示进度。
- -e：删除已安装的 RPM 软件包。
- -U：升级指定的 RPM 软件包。软件包的版本必须比当前系统中安装的软件包的版本高才能正确升级。如果当前系统中并未安装指定的软件包，则直接安装。
- -F：更新软件包。

【例 2-5】使用 rpm 命令查询软件包及文件。

```
[root@Server01 ~]#rpm -qa|more                  //查询系统中安装的所有软件包
[root@Server01 ~]#rpm -q selinux-policy         //查询系统中是否安装了 selinux-policy
[root@Server01 ~]#rpm -qi selinux-policy        //查询系统中已安装的软件包的描述信息
[root@Server01 ~]#rpm -ql selinux-policy        //查询系统中已安装软件包包含的文件列表
[root@Server01 ~]#rpm -qf /etc/passwd           //查询/etc/passwd 文件所属的软件包
```

【例 2-6】可以利用 RPM 安装 network-scripts 软件包（在 RHEL 7 中，网络相关服务管理已经转移到 NetworkManager 了，不再是 network。若想使用网卡配置文件，则必须安装 network-scripts 软件包，该软件包默认没有安装）。network-scripts 软件包的安装与卸载过程如下。

```
[root@Server01 ~]# mount /dev/cdrom /media      //挂载光盘
[root@Server01 ~]#cd /media/BaseOS/Packages     //改变目录到软件包所在的目录
[root@Server01 Packages]# rpm -ivh network-scripts-10.00.6-1.el8.x86_64.rpm
//安装软件包，系统将以#显示安装进度和安装的详细信息
[root@Server01 Packages]#rpm -Uvh network-scripts-10.00.6-1.el8.x86_64.rpm
//升级 network-scripts 软件包
[root@Server01 Packages]#rpm -e network-scripts-10.00.6-1.el8.x86_64
```

```
//卸载 network-scripts 软件包
```

 注意 卸载软件包时不加扩展名.rpm，如果使用命令 rpm -e network-scripts-10.00.6-1.el8.x86_64-- nodeps，则表示不检查依赖性。另外，软件包的名称会因系统版本而稍有差异，不要机械照抄。

（5）whereis 命令

whereis 命令用来寻找命令的可执行文件所在的位置。该命令的语法格式如下。

```
whereis  [选项]  命令名称
```

whereis 命令的常用选项说明如下。

- –b：只查找二进制文件。
- –m：只查找命令的联机帮助手册部分。
- –s：只查找源码文件。

whereis 命令的使用示例如下。

```
//查找命令 rpm 的位置
[root@Server01 Packages]# cd
[root@Server01 ~]# whereis rpm
rpm: /usr/bin/rpm /usr/lib/rpm /etc/rpm /usr/share/man/man8/rpm.8.gz
```

（6）whatis 命令

whatis 命令用于获取命令简介。它从某个程序的使用手册中抽出一行简单的介绍性文件，帮助用户迅速了解这个程序的具体功能。该命令的语法格式如下。

```
whatis  命令名称
```

whatis 命令的使用示例如下。

```
[root@Server01 ~]# whatis ls
ls (1)                - list directory contents
ls (1p)               - list directory contents
```

（7）find 命令

find 命令用于查找文件。它的功能非常强大。该命令的语法格式如下。

```
find  [路径]    [匹配表达式]
```

find 命令的匹配表达式主要有以下几种类型。

- –name filename：查找指定名称的文件。
- –user username：查找属于指定用户的文件。
- –group grpname：查找属于指定组的文件。
- –print：显示查找结果。
- –size n：查找大小为 n 个块的文件，一块为 512B。符号+n 表示查找大小大于 n 个块的文件；符号–n 表示查找大小小于 n 个块的文件；符号 nc 表示查找大小为 n 个字符的文件。
- –inum n：查找索引节点号为 n 的文件。
- –type：查找指定类型的文件。文件类型有：b（块设备文件）、c（字符设备文件）、d（目录）、p（管道文件）、l（符号链接文件）、f（普通文件）。
- –atime n：查找 n 天前被访问过的文件。+n 表示查找超过 n 天前被访问的文件；–n 表示查找未超过 n 天前被访问的文件。
- –mtime n：类似于 atime，但检查的是文件内容被修改的时间。

- -ctime n：类似于 atime，但检查的是文件索引节点被改变的时间。
- -perm mode：查找与给定权限匹配的文件，必须以八进制的形式给出访问权限。
- -newer file：查找比指定文件更新的文件，即最后修改时间离现在较近的文件。
- -exec command {} \;：对匹配指定条件的文件执行 command 命令。
- -ok command {} \;：与 exec 相同，但执行 command 命令时需用户确认。

find 命令的使用示例如下。

```
[root@Server01 ~]# find . -type f -exec ls -l {} \;
//在当前目录下查找普通文件，并以长格形式显示
[root@Server01 ~]# find /tmp -type f -mtime 5 -exec rm {} \;
//在/tmp 目录中查找修改时间为 5 天以前的普通文件，并将其删除。保证/tmp 目录存在
[root@Server01 ~]# find /etc -name "*.conf"
//在/etc 目录下查找文件名以.conf 结尾的文件
[root@Server01 ~]# find . -type d -perm 755 -exec ls {} \;
//在当前目录下查找权限为 755 的目录并显示
```

> **注意**　由于 find 命令在执行过程中将消耗大量资源，所以建议以后台方式运行。

（8）grep 命令

grep 命令用于查找文件中包含指定字符串的行。该命令的语法格式如下。

```
grep [选项] 要查找的字符串 文件名
```

grep 命令的常用选项说明如下。

- -v：列出不匹配的行。
- -c：对匹配的行计数。
- -l：只显示包含匹配模式的文件名。
- -h：抑制包含匹配模式的文件名的显示。
- -n：每个匹配行只按照相对的行号显示。
- -i：对匹配模式不区分大小写。

在 grep 命令中，字符^表示行的开始，字符$表示行的结尾。如果要查找的字符串中带有空格，则可以用单引号或双引号标注。

grep 命令的使用示例如下。

```
[root@Server01 ~]# grep -2 root /etc/passwd
//在文件/etc/passwd 中查找包含字符串 root 的行，如果找到，则显示该行及该行前后各 2 行的内容
[root@Server01 ~]# grep "^root$" /etc/passwd
//在/etc/passwd 文件中搜索只包含 root 这 4 个字符的行
```

> **提示**　grep 命令和 find 命令的差别在于，grep 命令是在文件中搜索满足条件的行，而 find 命令是在指定目录下根据文件的相关信息查找满足指定条件的文件。

【例 2-7】可以利用 grep 命令的-v 选项，过滤掉带#的注释行和空白行。下面将/etc/man_db.conf 中的空白行和注释行删除，将简化后的配置文件存放到当前目录下，并更改名字为 man_db.bak。

```
[root@Server01 ~]# grep -v "^#" /etc/man_db.conf |grep -v "^$">man_db.bak
[root@Server01 ~]# cat man_db.bak
```

（9）dd 命令

dd 命令用于按照指定大小和数量的数据块来复制文件或转换文件，该命令的语法格式如下。

```
dd [选项]
```

dd 命令是一个比较重要而且有特色的命令，它能够让用户按照指定大小和数量的数据块来复制文件的内容。当然如果需要，还可以在复制过程中转换其中的数据。Linux 操作系统中有一个名为 /dev/zero 的设备文件，因为这个文件不会占用系统存储空间，却可以提供无穷无尽的数据，所以可以使用它作为 dd 命令的输入文件来生成一个指定大小的文件。dd 命令的参数及其作用如表 2-1。

表 2-1　dd 命令的参数及其作用

参数	作用
if	输入的文件名称
of	输出的文件名称
bs	设置每个"块"的大小
count	设置要复制的"块"的数量

例如，我们可以用 dd 命令从/dev/zero 设备文件中取出两个大小为 560MB 的数据块，保存成名为 file1 的文件。理解这个命令后，就能创建任意大小的文件了（**进行配额测试时很有用**）。

```
[root@Server01 ~]# dd if=/dev/zero of=file1 count=2 bs=560M
//记录了 2+0 的读入
//记录了 2+0 的写出
1174405120 bytes (1.2 GB, 1.1 GiB) copied, 8.23961 s, 143 MB/s
[root@Server01 ~]# rm file1
```

dd 命令的功能也绝不仅限于复制文件这么简单。如果想把光驱设备中的光盘制作成 ISO 映像文件，则在 Windows 操作系统中需要借助第三方软件才能做到，但在 Linux 操作系统中可以直接使用 dd 命令来压制映像文件，将它变成一个可立即使用的 ISO 映像文件，示例代码如下。

```
[root@Server01 ~]# dd if=/dev/cdrom of=RHEL-server-8.0-x86_64.iso
7311360+0 records in
7311360+0 records out
3743416320 bytes (3.7 GB) copied, 370.758 s, 10.1 MB/s
[root@Server01 ~]# rm RHEL-server-8.0-x86_64.iso
```

任务 2-2　熟练使用系统信息类命令

系统信息类命令是对系统的各种信息进行显示和设置的命令。

（1）dmesg 命令

dmesg 命令用实例名称和物理名称来标识连到系统上的设备。dmesg 命令也用于显示系统诊断信息、操作系统版本号、物理内存大小以及其他信息。示例代码如下。

```
[root@Server01 ~]#dmesg|more
```

提示　系统启动时，屏幕上会显示系统 CPU、内存、网卡等硬件信息，但通常显示过程较短，如果用户没有来得及看清，则可以在系统启动后用 dmesg 命令查看。

（2）free 命令

free 命令主要用来查看系统内存、虚拟内存的大小及占用情况。示例代码如下。

```
[root@Server01 ~]# free
              total        used        free      shared  buff/cache   available
Mem:        1843832     1253956      166480       16976      423396      414636
Swap:       3905532       25344     3880188
```

（3）timedatectl 命令

timedatectl 命令对 RHEL 7、CentOS 7 的分布式系统来说，是一个新工具，RHEL 8 仍然沿用。timedatectl 命令作为 systemd 系统和服务管理器的一部分，用于代替旧的、传统的、基于 Linux 分布式系统的 sysvinit 守护进程的 date 命令。

timedatectl 命令可以查询和更改系统时钟和设置，可以使用此命令来设置或更改当前的日期、时间和时区，或实现与远程 NTP（Network Time Protocol，网络时间协议）服务器的自动系统时钟同步。

① 显示系统的当前时间、日期、时区等信息。

```
[root@Server01 ~]# timedatectl status
        Local time: — 2021-02-01 11:33:31 EST
    Universal time: — 2021-02-01 16:33:31 UTC
          RTC time: — 2021-02-01 16:33:31
         Time zone: America/New_York (EST, -0500)
System clock synchronized: no
          NTP service: active
      RTC in local TZ: no
```

实时时钟（Real-Time Clock，RTC），即硬件时钟。

② 设置当前时区。

```
[root@Server01 ~]# timedatectl |grep Time                //查看当前时区
[root@Server01 ~]# timedatectl list-timezones            //查看所有可用时区
[root@Server01 ~]# timedatectl set-timezone Asia/Shanghai //修改当前时区
```

③ 设置时间和日期。

```
[root@Server01 ~]# timedatectl set-time  10:43:30         //只设置时间
Failed to set time: NTP unit is active
```

这个错误是启动了时间同步造成的，改正错误的办法是关闭该 NTP 单元。

```
[root@Server01 ~]# clear                                  //清屏
[root@Server01 ~]# timedatectl set-ntp no                 //关闭时间同步
[root@Server01 ~]# timedatectl set-time 10:58:30          //仅设置时间，格式为时分秒
[root@Server01 ~]# timedatectl set-time 2020-08-22        //仅设置日期，格式为年-月-日
[root@Server01 ~]# timedatectl                            //查看设置结果
[root@Server01 ~]# timedatectl set-time "2021-8-21 11:01:40" //设置日期和时间
[root@Server01 ~]# timedatectl                            //查看设置结果
```

注意　只有 root 用户才可以改变系统的日期和时间。

（4）cal 命令

cal 命令用于显示指定月份或年份的日历，可以带两个参数，其中，年份、月份用数字表示；

只有一个参数时表示年份，年份的范围为 1~9999；不带任何参数的 cal 命令显示当前月份的日历。cal 命令的使用示例如下。

```
[root@Server01 ~]# cal 7 2022
7月 2022
日  一  二  三  四  五  六
                   1   2
 3   4   5   6   7   8   9
10  11  12  13  14  15  16
17  18  19  20  21  22  23
24  25  26  27  28  29  30
31
```

（5）clock 命令

clock 命令用于从计算机的硬件获得日期和时间，使用示例如下。

```
[root@Server01 ~]# clock
2020-08-20 05:02:16.072524-04:00
```

任务 2-3　熟练使用进程管理类命令

进程管理类命令是对进程进行各种显示和设置的命令。

（1）ps 命令

ps 命令主要用于查看系统的进程。该命令的语法格式如下。

```
ps  [选项]
```

ps 命令的常用选项说明如下。

- -a：显示当前控制终端的进程（包含其他用户的）。
- -u：显示进程的用户名和启动时间等信息。
- -w：宽行输出，不截取输出中的命令行。
- -l：按长格形式显示输出。
- -x：显示没有控制终端的进程。
- -e：显示所有的进程。
- -t n：显示第 n 个终端的进程。

ps 命令的使用示例如下。

```
[root@Server01 ~]# ps -au
USER  PID    %CPU %MEM VSZ    RSS   TTY   STAT START TIME  COMMAND
root  2459   0.0  0.2  1956   348   tty2  Ss+  09:00 0:00  /sbin/mingetty tty2
root  2460   0.0  0.2  2260   348   tty3  Ss+  09:00 0:00  /sbin/mingetty tty3
root  2461   0.0  0.2  3420   348   tty4  Ss+  09:00 0:00  /sbin/mingetty tty4
root  2462   0.0  0.2  3428   348   tty5  Ss+  09:00 0:00  /sbin/mingetty tty5
root  2463   0.0  0.2  2028   348   tty6  Ss+  09:00 0:00  /sbin/mingetty tty6
root  2895   0.0  0.9  6472   1180  tty1  Ss   09:09 0:00  bash
```

提示　ps 通常和重定向、管道等命令一起使用，用于查找出所需的进程。输出内容第一行的中文解释是：进程的所有者、进程 ID 号、中央处理器（CPU）占用率、物理内存占用率、虚拟内存使用量（单位是 KB）、占用的实际物理内存量（单位是 KB）、运行该进程的终端、所在终端进程状态、该进程的启动时间、该进程占用 CPU 的运算时间（注意不是系统时间）、命令名称与参数等。

（2）pidof 命令

pidof 命令用于查询某个指定服务进程的进程号（Process Identifier，PID），该命令的语法格式如下。

```
pidof [选项] [服务名称]
```

每个进程的 PID 是唯一的，因此可以通过 PID 来区分不同的进程。例如，可以使用如下命令来查询本机上 sshd 服务程序的 PID。

```
[root@Server01 ~]# pidof sshd
1218
```

（3）kill 命令

前台进程在运行时，可以按 Ctrl+C 组合键来终止它，但后台进程无法使用这种方法进行终止，此时可以使用 kill 命令向后台进程发送强制终止信号，以达到目的。示例如下。

```
[root@Server01 ~]# kill -l
 1) SIGHUP        2) SIGINT       3) SIGQUIT      4) SIGILL
 5) SIGTRAP       6) SIGABRT      7) SIGBUS       8) SIGFPE
 9) SIGKILL      10) SIGUSR1     11) SIGSEGV     12) SIGUSR2
13) SIGPIPE      14) SIGALRM     15) SIGTERM     17) SIGCHLD
18) SIGCONT      19) SIGSTOP     20) SIGTSTP     21) SIGTTIN
22) SIGTTOU      23) SIGURG      24) SIGXCPU     25) SIGXFSZ
26) SIGVTALRM    27) SIGPROF     28) SIGWINCH    29) SIGIO
30) SIGPWR       31) SIGSYS      34) SIGRTMIN    35) SIGRTMIN+1
......
```

上述命令用于显示 kill 命令能够发送的信号种类。每个信号都有一个数值对应，例如，SIGKILL 信号的值为 9。kill 命令的语法格式如下。

```
kill [选项]  进程1  进程2 ……
```

选项-s 后一般接信号的类型。

kill 命令的使用示例如下。

```
[root@Server01 ~]# ps
 PID TTY        TIME      CMD
 1448 pts/1     00:00:00  bash
 2394 pts/1     00:00:00  ps
[root@Server01 ~]# kill -s SIGKILL 1448  //或者 kill -9 1448
//上述命令用于结束 bash 进程，会关闭终端
```

（4）killall 命令

killall 命令用于终止某个指定名称的服务对应的全部进程，该命令的语法格式如下。

```
killall [选项] [进程名称]
```

通常来讲，复杂软件的服务程序会有多个进程协同为用户提供服务，如果逐个结束这些进程会比较麻烦，此时可以使用 killall 命令来批量结束某个服务程序带有的全部进程。下面以 sshd 服务程序为例，介绍 killall 命令的用法。

```
[root@Server01 ~]# pidof sshd
1218
[root@Server01 ~]# killall -9 sshd
```

```
[root@Server01 ~]# pidof sshd
[root@Server01 ~]#
```

 注意 如果有些命令在执行时不断地在屏幕上输出信息，影响到后续命令的输入，则可以在要执行的命令末尾添加上一个&符号，这样命令将在系统后台执行。

（5）nice 命令

nice 命令用于为正在运行的进程设置或显示优先级。它可以帮助控制进程在 CPU 中的执行优先级。Linux 操作系统有两个和进程有关的优先级，用 ps -l 命令可以看到这两个优先级：PRI 和 NI。PRI 值是进程实际的优先级，它是由操作系统动态计算的。这个优先级的计算和 NI 值有关。NI 值可以被用户更改，NI 值越大，优先级越低。一般用户只能增大 NI 值，只有超级用户才可以减小 NI 值。NI 值被改变后，会影响 PRI 值。优先级高的进程被优先运行，默认情况下，进程的 NI 值为 0。nice 命令的语法格式如下。

```
nice -n 程序名   //以指定的优先级运行程序
```

其中，n 表示 NI 值，正值代表 NI 值增加，负值代表 NI 值减小。

nice 命令的使用示例如下。

```
[root@Server01 ~]# nice --2 ps -l
```

（6）renice 命令

renice 命令是根据进程的进程号来改变进程优先级的。renice 命令的语法格式如下。

```
renice n   进程号
```

其中，n 为修改后的 NI 值。

renice 命令的使用示例如下。

```
[root@Server01 ~]# ps -l
F S   UID   PID  PPID C PRI  NI ADDR SZ WCHAN  TTY          TIME CMD
0 S     0  3324  3322 0  80   0 - 27115 wait   pts/0    00:00:00 bash
4 R     0  4663  3324 0  80   0 - 27032 -      pts/0    00:00:00 ps
[root@Server01 ~]# renice -6 3324
[root@Server01 ~]# ps -l
```

（7）top 命令

和 ps 命令不同，top 命令可以实时监控进程的状况。top 命令界面自动每 5s 刷新一次，也可以用 top -d 20，使得 top 命令界面每 20s 刷新一次。

拓展阅读
top 命令

（8）jobs、bg、fg 命令

jobs 命令用于查看在后台运行的进程，示例代码如下。

```
[root@Server01 ~]# find / -name h* //立即按 Ctrl + Z 组合键将当前命令暂停
[1]+ 已停止              find / -name h*
[root@Server01 ~]# jobs
[1]+ 已停止              find / -name h*
```

bg 命令用于把进程放到后台运行，示例代码如下。

```
[root@Server01 ~]# bg %1
```

fg 命令用于把在后台运行的进程调到前台，示例代码如下。

```
[root@Server01 ~]# fg %1
```

任务 2-4　熟练使用其他常用命令

除了上面介绍的命令，还有一些命令也经常用到。

（1）clear 命令

clear 命令用于清除命令行的内容。

（2）uname 命令

uname 命令用于显示系统信息，示例代码如下。

```
[root@Server01 ~]# uname -a
Linux RHEL7-1 4.18.0-193.el8.x86_64 #1 SMP Fri Mar 27 14:35:58 UTC 2020 x86_64 x86_64
x86_64 GNU/Linux
```

（3）man 命令

man 命令用于列出命令的帮助手册，示例代码如下。

```
[root@Server01 ~]# man ls
```

典型的帮助手册包含以下几部分。

- NAME：命令的名字。
- SYNOPSIS：名字的概要，简单说明命令的使用方法。
- DESCRIPTION：详细描述命令的使用，如各种参数（选项）的作用。
- SEE ALSO：列出可能要查看的其他相关的手册页条目。
- AUTHOR、COPYRIGHT：作者和版权等信息。

（4）shutdown 命令

shutdown 命令用于在指定时间关闭系统。该命令的语法格式如下。

```
shutdown [选项] 时间 [警告信息]
```

shutdown 命令常用的选项说明如下。

- -r：系统关闭后重新启动。
- -h：关闭系统。

时间可以是以下几种形式。

- now：表示立即。
- hh:mm：指定绝对时间，hh 表示小时，mm 表示分钟。
- +m：表示 m 分钟以后。

stutdown 命令的使用示例如下。

```
[root@Server01 ~]# shutdown -h now   //关闭系统
```

（5）halt 命令

halt 命令用于立即停止系统，但该命令不自动关闭电源，需要用户手动关闭电源。

（6）reboot 命令

reboot 命令用于重新启动系统，相当于 shutdown -r now。

（7）poweroff 命令

poweroff 命令用于立即停止系统，并关闭电源，相当于 shutdown -h now。

（8）alias 命令

alias 命令用于创建命令的别名。该命令的语法格式如下。

```
alias 命令别名 = "命令行"
```

alias 命令的使用示例如下。

```
[root@Server01 ~]# alias mand="vim /etc/man_db.conf"
//定义 mand 为命令 vim /etc/man_db.conf 的别名
```

alias 命令不带任何参数时将列出系统已定义的别名。

（9）unalias 命令

unalias 命令用于取消别名的定义，示例代码如下。

```
[root@Server01 ~]# unalias mand
```

（10）history 命令

history 命令用于显示用户最近执行的命令，可以保留的历史命令数和环境变量 HISTSIZE 有关。只要在编号前加!，就可以重新运行 history 中显示出的命令行，示例代码如下。

```
[root@Server01 ~]# !128
```

上述代码示例表示重新运行第 128 个历史命令。

（11）wget 命令

wget 命令用于在终端中下载网络文件，该命令的语法格式如下。

```
wget [选项] 下载地址
```

（12）who 命令

who 命令用于查看当前登录主机的用户终端信息，该命令的语法格式如下。

```
who [选项]
```

使用 who 命令可以快速显示出所有正在登录本机的用户名称以及他们正在开启的终端信息。执行 who 命令后的结果如下。

```
root@Server01 ~]# who
root     tty2      2021-02-12 06:33 (tty2)
```

（13）last 命令

last 命令用于查看所有的登录记录，该命令的语法格式如下。

```
last [选项]
```

使用 last 命令可以查看本机的登录记录。但是，由于这些信息都是以日志文件的形式保存在系统中的，所以黑客可以很容易地对其进行篡改。因此，不能单纯以此来判定是否遭黑客攻击。

```
[root@Server01 ~]# last
root     pts/0     :0               Thu May  3 17:34   still logged in
root     pts/0     :0               Thu May  3 17:29 - 17:31  (00:01)
root     pts/1     :0               Thu May  3 00:29   still logged in
root     pts/0     :0               Thu May  3 00:24 - 17:27  (17:02)
root     pts/0     :0               Thu May  3 00:03 - 00:03  (00:00)
root     pts/0     :0               Wed May  2 23:58 - 23:59  (00:00)
root     :0        :0               Wed May  2 23:57   still logged in
reboot   system boot 3.10.0-693.el7.x Wed May  2 23:54 - 19:30  (19:36)
//（省略部分登录信息）
```

（14）sosreport 命令

sosreport 命令用于收集系统配置及架构信息并输出诊断文档，该命令的语法格式如下。

```
sosreport
```

（15）echo 命令

echo 命令用于在命令行输出字符串或变量提取后的值，该命令的语法格式如下。

```
echo [字符串 | $变量]
```

例如，把指定字符串 long60.cn 输出到终端的命令如下。

拓展阅读

uptime 命令

```
[root@Server01 ~]# echo long60.cn
```
该命令执行后，终端会显示如下信息。
```
long60.cn
```
下面，使用$变量的方式提取变量 shell 的值，并将其输出到终端。
```
[root@Server01 ~]# echo $SHELL
/bin/bash                    //显示当前的 bash
```

任务 2-5　熟练使用 vim 编辑器

vim 是 vimsual interface 的缩写，vim 编辑器可以执行输出、删除、查找、替换、块操作等文本操作，而且用户可以根据自己的需要对其进行定制，这是其他编辑程序没有的。vim 编辑器不是一个排版程序，不可以对字体、格式、段落等属性进行编排，它只是一个文本编辑程序。vim 编辑器是全屏幕文本编辑器，没有菜单，只有命令。

1. 启动与退出 vim 编辑器

在命令提示符后输入 vim 和想要编辑（或建立）的文件名，便可进入 vim 编辑器。示例代码如下。

```
[root@Server01 ~]# vim myfile
```

如果只输入 vim，而不带文件名，则也可以进入 vim 编辑器，如图 2-1 所示。

在命令模式下（**初次进入 vim 编辑器不进行任何操作就是命令模式**）输入:q、:q!、:wq或:x（注意 ":"）并按 Enter 键，就可以退出 vim 编辑器。其中:wq 命令和:x 命令是存盘退出，而:q命令是直接退出。如果文件已有新的变化，则vim 编辑器会提示保存文件，而:q 命令也会失效。这时可以用:w 命令保存文件后用:q 命令退出，或者用:wq 命令或:x 命令退出。如果不想保存改变后的文件，就需要用:q!命令。这个命令将不保存文件而直接退出 vim 编辑器。示例代码如下。

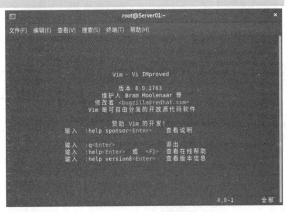

图 2-1　vim 编辑器

```
:w                    //保存
:w    filename        //另存为 filename
:wq                   //保存退出
:wq   filename        //以 filename 为文件名保存后退出
:q!                   //不保存退出
:x                    //保存并退出，功能和:wq 相同
```

2. 熟练掌握 vim 编辑器的工作模式

vim 编辑器有 3 种基本工作模式：命令模式、输入模式和末行模式。用 vim 编辑器打开一个文件后，便处于命令模式。利用文本插入命令，如 i、a、o 等，可以进入输入模式，按 Esc 键可以从输入模式退回命令模式。在命令模式中按:键可以进入末行模式，当执行完命令或按 Esc 键可以回到命令模式。vim 编辑器的 3 种基本工作模式的转换如图 2-2 所示。

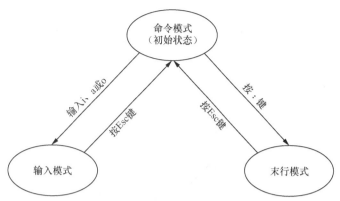

图 2-2　vim 编辑器 3 种基本工作模式的转换

（1）命令模式

进入 vim 编辑器之后，首先进入的就是命令模式。进入命令模式后，vim 编辑器等待命令输入而不是文本输入。也就是说，这时输入的字母都将作为命令来解释。

进入命令模式后，光标停在屏幕第一行行首，用_表示，其余各行的行首均有一个～符号，表示该行为空行。最后一行是状态行，显示出当前正在编辑的文件的名称及其状态。如果是[New File]，则表示该文件是一个新建的文件。

如果输入"vim [文件名]"命令，且文件已在系统中存在，则在屏幕上显示该文件的内容，并且光标停在第一行的行首，在状态行显示出该文件的文件名、行数和字符数。

（2）输入模式

在命令模式下按相应的键可以进入输入模式，输入插入命令 i、附加命令 a、打开命令 o、修改命令 c 或替换命令 s 都可以进入输入模式。在输入模式下，用户输入的任何字符都被 vim 编辑器当作文件内容保存起来，并将其显示在屏幕上。在文本输入过程中（输入模式下），若想回到命令模式，则按 Esc 键即可。

（3）末行模式

在命令模式下，用户按:键即可进入末行模式。此时 vim 编辑器会在显示窗口的最后一行（通常也是屏幕的最后一行）显示一个:作为末行模式的提示符，等待用户输入命令。多数文件管理命令都是在此模式下执行的。末行命令执行完后，vim 编辑器自动回到命令模式。

若在末行模式下输入命令的过程中改变了主意，则可在按 Backspace 键将输入的命令全部删除之后，再按 Backspace 键，使 vim 编辑器回到命令模式。

3. 使用 vim 编辑器

（1）命令模式下的命令说明

在命令模式下，"光标移动""查找与替换""删除、复制与粘贴"等说明分别见表 2-2～表 2-4。

表 2-2　命令模式下的光标移动说明

命令	光标移动
h 或向左方向键（←）	光标向左移动一个字符
j 或向下方向键（↓）	光标向下移动一个字符
k 或向上方向键（↑）	光标向上移动一个字符
l 或向右方向键（→）	光标向右移动一个字符
Ctrl + f	屏幕向下移动一页，相当于 Page Down 键（常用）

续表

命令	光标移动
Ctrl + b	屏幕向上移动一页，相当于 Page Up 键（常用）
Ctrl + d	屏幕向下移动半页
Ctrl + u	屏幕向上移动半页
+	光标移动到非空格符的下一列
−	光标移动到非空格符的上一列
n<Space>	n 表示数字，如 20。输入数字后再按 Space 键，光标会在这一行向右移动 n 个字符。例如，输入 20 并按 Space 键，光标会向右移动 20 个字符距离
0 或功能键 Home	这是数字 0：光标移动到这一行的最前面字符处（常用）
$ 或功能键 End	光标移动到这一行的最后面字符处（常用）
H	光标移动到屏幕最上方那一行的第一个字符处
M	光标移动到屏幕中央那一行的第一个字符处
L	光标移动到屏幕最下方那一行的第一个字符处
G	光标移动到这个文件的最后一行（常用）
nG	n 为数字。光标移动到这个文件的第 n 行。例如，输入 20 并按 G 键，光标会移动到这个文件的第 20 行处（可配合:set nu 命令使用）
gg	光标移动到这个文件的第一行，相当于输入 1，并按 G 键（常用）
n<Enter>	n 为数字。光标向下移动 n 行（常用）

> **说明** 如果将右手放在键盘上，你会发现 h、j、k、l 是排列在一起的，因此可以使用这 4 个按键来移动光标。如果想要进行多次移动，例如，向下移动 30 行，则可以输入 30，并按 J 键或↓键，即输入想要进行的次数（数字）后，按相应的键。

表 2-3　命令模式下的查找与替换的说明

命令	查找与替换
/word	自光标位置开始向下寻找一个名称为 word 的字符串。例如，要在文件内查找 myweb 这个字符串，输入/myweb 即可（常用）
?word	自光标位置开始向上寻找一个名称为 word 的字符串
n	n 代表英文按键，代表重复前一个查找的动作。例如,如果刚刚执行/myweb 向下查找 myweb 这个字符串，则按 n 键后，会向下继续查找下一个名称为 myweb 的字符串。如果是执行?myweb，那么按 n 键会向上继续查找名称为 myweb 的字符串
N	N 代表英文按键。与 n 刚好相反，为反向进行前一个查找动作。例如，执行/myweb 后，按 N 键表示向上查找 myweb
:n1,n2 s/word1/word2/g	n1 与 n2 为数字。在第 n1～n2 行寻找 word1 这个字符串，并将该字符串以 word2 替换。例如，在第 100～200 行查找 myweb 并将其替换为 MYWEB，则输入:100,200 s/myweb/MYWEB/g（常用）
:1,$ s/word1/word2/g	从第一行到最后一行寻找 word1 字符串，并将该字符串替换为 word2（常用）
:1,$ s/word1/word2/gc	从第一行到最后一行寻找 word1 字符串，并将该字符串替换为 word2，且在取代前显示提示字符，给用户确认是否需要取代（常用）

> **注意** 使用/word 命令配合 n 及 N 命令是非常有帮助的，可以让你多次找到一些查找的关键词。

表 2-4　命令模式下删除、复制与粘贴的说明

命令	删除、复制与粘贴
x、X	在一行字当中，x 为向后删除一个字符（相当于 Del 键），X 为向前删除一个字符（相当于 Backspace 键）（常用）
nx	n 为数字，连续向后删除 n 个字符。例如，要连续删除 10 个字符，输入 10x
dd	删除光标所在的那一整列（常用）
ndd	n 为数字。删除光标所在位置的向下 n 行，例如，20dd 是删除从光标所在位置开始向下的 20 行（常用）
d1G	删除从光标所在位置到第一行的所有数据
dG	删除从光标所在位置到最后一行的所有数据
d$	删除从光标从所在位置到光标所在行行尾的所有数据
d0	数字 0，删除从光标所在行的前一字符到该行的首个字符之间的所有字符
yy	复制光标所在行（常用）
nyy	n 为数字。复制光标所在位置向下 n 行，例如，20yy 是复制 20 行（常用）
y1G	复制从光标所在行到第 1 行的所有数据
yG	复制从光标所在行到最后一行的所有数据
y0	复制从光标所在行的前一个字符到该行行首的所有数据
y$	复制从光标所在位置到该行行尾的所有数据
p、P	p 为将已复制的数据在光标所在位置的下一行粘贴，P 为粘贴在光标所在位置的上一行。例如，目前光标在第 20 行，且已经复制了 10 行数据，按 p 键后，这 10 行数据会粘贴在原来的 20 行数据之后，即从第 21 行开始粘贴。但如果是按 P 键，则会在光标所在位置的上一行粘贴，即原本的第 20 行会变成第 30 行（常用）
J	将光标所在行与下一行的数据结合成一行
c	重复删除多个数据，例如，向下删除 10 行，输入 10cj
u	撤销上一个动作（常用）
Ctrl+r	反撤销上一个动作（常用）
.	小数点表示重复前一个动作。想要重复删除、粘贴等动作，按小数点即可（常用）

 说明　u 与 Ctrl+r 组合键是很常用的命令，一个是撤销，另一个是反撤销。利用这两个功能按键会为编辑提供很多方便。

这些命令看似复杂，其实使用起来非常简单。例如，在命令模式下使用 5yy 命令后，再使用以下命令进行粘贴。

```
p          //在光标之后粘贴
Shift+p    //在光标之前粘贴
```

在进行查找和替换时，若不在命令模式下，则可按 Esc 键进入命令模式，输入/或?进行查找。例如，在一个文件中查找 swap 单词，首先按 Esc 键，进入命令模式，然后输入如下命令。

```
/swap
```

或者如下命令。

```
?swap
```

若把光标所在行中的所有单词 the 替换成 THE，则需输入如下命令。

```
:s /the/THE/g
```

仅把第 1 行到第 10 行中的 the 替换成 THE 的命令如下。

```
:1,10  s /the/THE/g
```

这些编辑命令非常有弹性，基本上可以说是由命令与范围构成的。需要注意的是，我们采用计算机的键盘来说明 vim 编辑器的操作，但在具体的环境中还要参考相应的资料。

（2）输入模式下的命令说明

输入模式下的命令说明见表 2-5。

表 2-5　输入模式下的命令说明

命令	说明
i	在光标所在位置前开始插入文本
I	将光标移到当前行的行首，然后插入文本
a	在光标当前所在位置之后追加新文本
A	将光标移到所在行的行尾，从那里开始插入新文本
o	在光标所在行的下面插入一行，并将光标置于该行行首，等待输入
O	在光标所在行的上面插入一行，并将光标置于该行行首，等待输入
Esc	退出命令模式或回到命令模式中（常用）

说明 在 vim 编辑器中输入表 2-5 中命令，vim 编辑器左下角处会出现—INSERT（插入）--或—REPLACE（替换）--字样。由名称就知道相应命令的含义了。需要特别注意的是，前文也提过了，想要在文件中输入字符，一定要在界面左下角看到 INSERT（插入）或 REPLACE（替换）才能输入。

（3）末行模式下的命令说明

如果当前是输入模式，则先按 Esc 键进入命令模式，在命令模式下按:键进入末行模式。

在末行模式下保存文件、退出编辑等的命令说明见表 2-6。

表 2-6　末行模式下的命令说明

按键	说明
:w	将编辑的数据写入磁盘文件中（常用）
:w!	若文件属性为只读，则强制写入该档案。但到底能不能写入，还与用户对该文件拥有的权限有关
:q	退出 vim 编辑器（常用）
:q!	若曾修改过文件，又不想存储，则使用!强制退出而不存储文件。注意，!在 vim 编辑器中常常具有强制的意思
:wq	存储后退出，若为:wq!，则表示强制存储后退出（常用）
ZZ	这是大写的 Z。若文件没有更改，则不存储退出；若文件已经被更改，则存储后退出
:w [filename]	将编辑的数据存储成 filename 文件（类似另存为新文件）
:r [filename]	在编辑的数据中，读入 filename 文件的数据，即将 filename 文件内容加到光标所在行的后面
:n1,n2 w [filename]	将 n1～n2 的内容存储成 filename 文件
:! command	暂时切换到命令模式下执行 command 的显示结果。例如，输入:! ls /home 即可在 vim 编辑器中查看/home 下以 ls 输出的文件信息
:set nu	显示行号，设定之后，会在每一行的行首显示该行的行号
:set nonu	与:set nu 命令的作用相反，为取消显示行号

4. 完成实例练习

（1）本实例练习的要求（在 Server01 上实现）

① 在/tmp 目录下建立一个名为 mytest 的目录，进入 mytest 目录。

② 将/etc/man_db.conf 复制到上述目录下面，使用 vim 命令打开目录下的 man_db.conf 文件。

③ 在 vim 编辑器中设定行号，移动到第 58 行，将光标向右移动 15 个字符，请问你看到的该行前面的 15 个字母组合是什么？

④ 将光标移动到第一行，并向下查找 gzip 字符串，请问它在第几行？

⑤ 将第 50～第 100 行的 man 字符串改为大写，并且逐个询问是否需要修改。如果在筛选过程中一直按 Y 键，则结果会在最后一行出现改变了多少个 man 的说明，请回答一共替换了多少个 man。

⑥ 修改完之后，需要全部复原，有哪些方法？

⑦ 复制第 65～第 73 行的内容，并且粘贴到最后一行之后。

⑧ 删除第 23～第 28 行的开头为#的批注数据。

⑨ 将这个文件另存成 man.test.config 的文件。

⑩ 找到第 27 行，并删除该行开头的 8 个字符，结果出现的第一个单词是什么？在第一行前新增一行，在该行输入 I am a student...；然后存储并退出。

（2）参考步骤

① 输入 mkdir　/tmp/mytest; cd　/tmp/mytest。

② 输入 cp　/etc/man_db.conf　.; vim man_db.conf。

③ 输入:set nu，然后会在画面中看到左侧出现数字，即行号。先按 5+8+G 组合键再按 1+5+→组合键，会看到# on privileges.。

④ 先输入 1G 或 gg，再输入/gzip，这时会定位到第 93 行。

⑤ 直接输入:50,100 s/man/MAN/gc 即可。若一直按 Y 键，则最终会出现"在 15 行内置换 26 个字符串"的说明。

⑥ 可以一直按 U 键恢复到原始状态；使用:q!命令强制不保存文件而直接退出命令模式，再载入该文件。

⑦ 输入 65G，然后输入 9yy，最后一行会出现"复制 9 行"之类的说明。按 G 键使光标移动到最后一行，再按 p 键，会在最后一行之后粘贴上述 9 行内容。

⑧ 输入 23G→6dd 就能删除第 23～第 28 行，此时你会发现光标所在的第 23 行的内容变成了以 MANPATH_MAP 开头的了，批注的那几行（#）都被删除了。

⑨ 输入:w man.test.config，你会发现最后一行出现 man.test.config[New]..的字样。

⑩ 输入 27G 之后，再输入 8x 即可删除 8 个字符，出现 MAP 的字样；输入 1G，移到第一行，然后按 O 键，便新增一行且位于输入模式；输入 I am a student...后，按 Esc 键回到命令模式等待后续工作；最后输入:wq。

如果你能顺利完成，那么你对 vim 编辑器的使用就没有太大的问题了。请一定熟练应用，多练习几遍。

2.4　拓展阅读：中国计算机的主奠基人

在我国计算机发展的历史"长河"中，有一位做出突出贡献的科学家，他也是中国计算机的主奠基者，你知道他是谁吗？

他就是华罗庚——我国计算技术的奠基人和最主要的开拓者之一。华罗庚在数学上的造诣和成就深受世界科学家的赞赏。在美国任访问研究员时，华罗庚的心里就已经开始勾画我国电子计算机事业的蓝图了。

华罗庚于 1950 年回国，1952 年在全国高等学校院系调整时，他从清华大学电机系物色了闵乃大、夏培肃和王传英 3 位科研人员，在他任所长的中国科学院应用数学研究所内建立了中国第一个电子计算机科研小组。1956 年筹建中国科学院计算技术研究所时，华罗庚担任筹备委员会主任。

2.5 项目实训：熟练使用 Linux 基本命令

慕课

项目实训 熟练
使用 Linux 基本
命令

1．视频位置

实训前请扫描二维码，观看"项目实训 熟练使用 Linux 基本命令"慕课。

2．项目实训目的

- 掌握 Linux 各类命令的使用方法。
- 熟悉 Linux 操作环境。

3．项目背景

现在有一台已经安装了 Linux 操作系统的主机，并且已经配置了基本的 TCP/IP 参数，能够通过网络连接局域网或远程的主机。还有一台 Linux 服务器，能够提供 FTP、Telnet 和 SSH 连接。

4．项目要求

练习使用 Linux 常用命令，达到能熟练应用的效果。

5．做一做

根据项目实训视频进行项目实训，检查学习效果。

2.6 练习题

一、填空题

1．在 Linux 操作系统中，命令_____大小写。在命令行中，可以使用_____键来自动补齐命令。

2．如果要在一个命令行上输入和执行多条命令，则可以使用_____来分隔命令。

3．断开一个长命令行，可以使用_____，以将一个较长的命令分成多行表达，增强命令的可读性。执行后，shell 自动显示提示符_____，表示正在输入一个长命令。

4．要使程序以后台方式执行，只需在要执行的命令后跟上一个_____符号。

二、选择题

1．（　　　）命令能用来查找文件 TESTFILE 中包含 4 个字符的行。

    A．grep '????' TESTFILE   B．grep '....' TESTFILE

    C．grep '^????$' TESTFILE   D．grep '^....$' TESTFILE

2．（　　　）命令用来显示/home 及其子目录下的文件名。

    A．ls –a /home   B．ls –R /home   C．ls –l /home   D．ls –d /home

3．如果忘记了 ls 命令的用法，可以采用（　　　）命令获得帮助。

    A．?ls   B．help ls   C．man ls   D．get ls

4．查看系统当中所有进程的命令是（　　　）。

    A．ps all   B．ps aix   C．ps auf   D．ps aux

5. Linux 中有多个查看文件的命令，如果希望能通过上下移动光标来查看文件内容，则下列符合要求的命令是（　　）。

    A．cat   B．more   C．less   D．head

6. （　　）命令可以了解当前目录下还有多大空间。

    A．df   B．du　/   C．du　.   D．df　.

7. 假如需要找出 /etc/my.conf 文件属于哪个包，可以执行（　　）命令。

    A．rpm –q /etc/my.conf   B．rpm –requires /etc/my.conf

    C．rpm –qf /etc/my.conf   D．rpm –q | grep /etc/my.conf

8. 在应用程序启动时，（　　）命令用于设置进程的优先级。

    A．priority   B．nice   C．top   D．setpri

9. （　　）命令可以把 f1.txt 复制为 f2.txt。

    A．cp f1.txt | f2.txt   B．cat f1.txt | f2.txt   C．cat f1.txt > f2.txt   D．copy f1.txt | f2.txt

10. 使用（　　）命令可以查看 Linux 的启动信息。

    A．mesg –d   B．dmesg   C．cat /etc/mesg   D．cat /var/mesg

三、简答题

1. more 命令和 less 命令有何区别？
2. Linux 操作系统下对磁盘的命名原则是什么？
3. 在网上下载一个 Linux 的应用软件，介绍其用途和基本使用方法。

2.7　实践习题

练习使用 Linux 常用命令和 vim 编辑器，达到能熟练应用的效果。

学习情境二

系统配置与管理

故不积跬步，无以至千里；不积小流，无以成江海。
——《荀子·劝学》

项目3
管理Linux服务器的
用户和组

项目导入

Linux 是多用户、多任务的网络操作系统，因此，作为该种系统的网络管理员，掌握用户和组的创建与管理至关重要。本项目主要介绍利用命令行和图形工具对用户和组进行创建与管理等内容。

项目目标

- 了解用户和组的配置文件。
- 熟练掌握 Linux 下用户的创建与维护管理的方法。
- 熟练掌握 Linux 下组的创建与维护管理的方法。
- 熟悉用户账户管理器的使用方法。

素养目标

- 了解中国国家顶级域名（CN），了解中国互联网发展中的大事和大师，激发学生的自豪感。
- "古之立大事者，不惟有超世之才，亦必有坚忍不拔之志"，鞭策学生努力学习。

3.1 项目知识准备

Linux 操作系统是多用户、多任务的操作系统，允许多个用户同时登录系统，使用系统资源。

3.1.1 理解用户账户和组

用户账户是用户的身份标识。用户通过用户账户可以登录到系统，并且访问已经被授权的资源。系统依据账户来区分属于每个用户的文件、进程、任务，并给每个用户提供特定的工作环境（例如，工作目录、shell 版本以及图形化的环境配置等），使每个用户都能不受干扰地独立工作。

微课

管理 Linux 服务器
的用户和组

Linux 系统下的用户账户分为两种：普通用户账户和超级用户账户（root）。使用普通用户账户的用户在系统中只能进行普通工作，只能访问他们拥有的或者有权限操作的文件。超级用户账户也叫管理员账户，它的任务是对普通用户账户和整个系统进行管理。超级用户账户对系统具有绝对的控制权，能够对系统进行一切操作，但操作不当很容易对系统造成损坏。因此即使系统只有一个用户使用，也应该在超级用户账户之外再建立一个普通用户账户，在用户需要进行普通工作时以普通用户账户登录系统。

在 Linux 系统中，为了方便管理员管理和用户工作，产生了组的概念。组是具有相同特性的用户的逻辑集合，使用组有利于系统管理员按照用户的特性组织和管理用户，提高工作效率。有了组，在做资源授权时可以把权限赋予某个组，组中的成员即可自动获得这种权限。一个用户账户可以同时是多个组的成员，其中某个组是该用户账户的主组（私有组），其他组为该用户的附属组（标准组）。表 3-1 列出了用户账户和组的一些基本概念。

表 3-1　用户账户和组的基本概念

概念	描述
用户名	用来标识用户账户的名称，可以是字母、数字组成的字符串，区分大小写
密码	用于验证用户身份的特殊验证码
用户标识（UID）	用来表示用户账户的数字标识符
用户账户主目录	用户账户的私人目录，也是用户登录系统后默认所在的目录
登录 shell	用户登录后默认使用的 shell 程序，默认为/bin/bash
组	具有相同属性的用户属于同一个组
组标识（GID）	用来表示组的数字标识符

root 账户的 UID 为 0，系统账户的 UID 为 1~999；普通账户的 UID 可以在创建时由管理员指定，如果不指定，则 UID 默认从 1000 开始按顺序编号。在 Linux 系统中，创建用户账户的同时也会创建一个与用户账户同名的组，该组是用户账户的主组。普通组的 GID 默认也是从 1000 开始编号。

3.1.2　理解用户账户文件

用户账户信息和组信息分别存储在用户账户文件和组文件中。

1. /etc/passwd 文件

准备工作：新建用户 bobby、user1、user2，将 user1 和 user2 加入 bobby 群组（后文有详解）。

```
[root@RHEL7-1 ~]# useradd bobby
[root@RHEL7-1 ~]# useradd user1
[root@RHEL7-1 ~]# useradd user2
[root@RHEL7-1 ~]# usermod –G bobby user1
[root@RHEL7-1 ~]# usermod –G bobby user2
```

在 Linux 系统中，所创建的用户账户及其相关信息（密码除外）均放在/etc/passwd 配置文件中。用 vim 编辑器（或者使用 **cat　/etc/passwd**）打开/etc/passwd 文件，其内容格式如下。

```
root:x:0:0:root:/root:/bin/bash
bin:x:1:1:bin:/bin:/sbin/nologin
daemon:x:2:2:daemon:/sbin:/sbin/nologin
user1:x:1002:1002::/home/user1:/bin/bash
```

文件中的每一行代表一个用户账户的资料，可以看到第一个用户是 root。然后是一些标准账户，此类账户的 shell 为/sbin/nologin，代表无本地登录权限。最后一行是由系统管理员创建的普通账户：user1。

/etc/passwd 文件的每一行用：分隔为 7 个域，各域的内容如下。

用户名:加密口令:UID:GID:用户的描述信息:主目录:命令解释器（登录 shell）

/etc/passwd 文件中各字段的说明见表 3-2，其中少数字段的内容是可以为空的，但仍需使用:进行占位来表示该字段。

表 3-2　passwd 文件字段说明

字段	说明
用户名	用户账号名称，用户登录时所使用的用户名
加密口令	用户账户口令，考虑系统的安全性，现在已经不使用该字段保存口令，而用字母 x 来填充该字段，真正的密码保存在 shadow 文件中
UID	用户号，唯一表示某用户账户的数字标识
GID	用户账户所属的私有组号，该数字对应 group 文件中的 GID
用户描述信息	可选的关于用户全名、用户电话等描述性信息
主目录	用户账户的宿主目录，用户成功登录后的默认目录
命令解释器	用户所使用的 shell，默认为/bin/bash

2. /etc/shadow 文件

由于所有用户对/etc/passwd 文件均有读取权限，为了增强系统的安全性，用户经过加密之后的口令都存放在/etc/shadow 文件中。/etc/shadow 文件只对 root 用户可读，因而大大提高了系统的安全性。/etc/shadow 文件的内容格式如下（ **cat　/etc/shadow** ）。

```
root:$6$PQxz7W3s$Ra7Akw53/n7rntDgjPNWdCG66/5RZgjhoe1zT2F00ouf2iDM.AVvRIYoez10hGG
7kBHEaah.oH5U1t6OQj2Rf.:17654:0:99999:7:::
bin:*:16925:0:99999:7:::
daemon:*:16925:0:99999:7:::
bobby:!!:17656:0:99999:7:::
user1:!!:17656:0:99999:7:::
```

/etc/shadow 文件保存投影加密之后的口令以及与口令相关的一系列信息，每个用户的信息在/etc/shadow 文件中占用一行，并且被:分隔为 9 个域。shadow 文件字段说明见表 3-3。

表 3-3　shadow 文件字段说明

字段	说明
1	用户登录名
2	加密后的用户账户口令，*表示非登录用户,!! 表示没有设置密码
3	从 1970 年 1 月 1 日起，到最近一次口令被修改的天数
4	从 1970 年 1 月 1 日起，到用户可以更改密码的天数，即最短口令存活期
5	从 1970 年 1 月 1 日起，到用户必须更改密码的天数，即最长口令存活期
6	口令过期前提前多少天提醒用户更改口令
7	口令过期后多少天账户被禁用
8	口令被禁用的具体日期（相对日期，从 1970 年 1 月 1 日至禁用时）
9	保留域，用于功能扩展

3. /etc/login.defs 文件

建立用户账户时会根据/etc/login.defs 文件的配置设置用户账户的某些选项。该配置文件的有效设置内容及中文注释如下。

```
MAIL_DIR        /var/spool/mail     //用户邮箱目录

MAIL_FILE       .mail
PASS_MAX_DAYS   99999               //账户密码最长有效天数
PASS_MIN_DAYS   0                   //账户密码最短有效天数
```

```
PASS_MIN_LEN     5                              //账户密码的最小长度
PASS_WARN_AGE    7                              //账户密码过期前提前警告的天数
UID_MIN                    1000                 //用 useradd 命令创建账户时自动产生的最小 UID 值
UID_MAX                    60000                //用 useradd 命令创建账户时自动产生的最大 UID 值
GID_MIN                    1000                 //用 groupadd 命令创建组时自动产生的最小 GID 值
GID_MAX                    60000                //用 groupadd 命令创建组时自动产生的最大 GID 值
USERDEL_CMD      /usr/sbin/userdel_local        //如果定义的话，将在删除用户时执行，以删除相应
                                                //用户的计划作业和打印作业等
CREATE_HOME      yes                            //创建用户账户时是否为用户创建主目录
```

3.1.3　理解组文件

组账户的信息存放在/etc/group 文件中，而关于组管理的信息（组口令、组管理员等）则存放在/etc/gshadow 文件中。

1. /etc/group 文件

group 文件位于/etc 目录，用于存放用户的组账户信息，对于该文件的内容，任何用户都可以读取。每个组账户的信息在/etc/group 文件中占用一行，并且被:分隔为 4 个域。每一行各域的内容如下（使用 **cat   /etc/group**）。

组名称:组口令（一般为空，用 **x** 占位）:**GID**:组成员列表

group 文件的内容格式如下。

```
root:x:0:
bin:x:1:
daemon:x:2:
bobby:x:1001:user1,user2
user1:x:1002:
```

可以看出，root 账户的 GID 为 0，没有其他组成员。/etc/group 文件的组成员列表中如果有多个用户账户属于同一个组，则各成员之间以,分隔。在/etc/group 文件中，用户账户的主组并不把该用户账户作为成员列出，只有用户账户的附属组才会把该用户账户作为成员列出。例如，用户账户 bobby 的主组是 bobby，但/etc/group 文件中组 bobby 的成员列表中并没有用户账户 bobby，只有用户账户 user1 和 user2。

2. /etc/gshadow 文件

/etc/gshadow 文件用于存放组的加密口令、组管理员等信息，该文件只有 root 用户可以读取。每个组账户的信息在/etc/gshadow 文件中占用一行，并被:分隔为 4 个域。每一行中各域的内容如下。

组名称:加密后的组口令（若没有组口令就用! 表示）:组的管理员:组成员列表

gshadow 文件的内容格式如下。

```
root:::
bin:::
daemon:::
bobby:!::user1,user2
user1:!::
```

3.2　项目设计与准备

服务器安装完成后，需要对用户账户和组、文件权限等内容进行管理。

在进行本项目的教学与实验前，需要做好如下准备。

（1）已经安装好的 RHEL 7。

（2）ISO 映像文件。

（3）VMware 15.5 以上虚拟机软件。

（4）设计教学或实验用的用户及权限列表。

本项目的所有实例都在服务器 Server01 上完成。

3.3 项目实施

用户账户管理包括新建用户账户、设置用户账户口令和维护用户账户等内容。

任务 3-1 新建用户账户

在系统新建用户账户可以使用 useradd 或者 adduser 命令。useradd 命令的语法格式如下。

```
useradd [选项] <username>
```

useradd 命令有很多选项，见表 3-4。

表 3-4 useradd 命令选项

选项	说明
-c comment	用户账户的注释性信息
-d home_dir	指定用户账户的主目录
-e expire_date	禁用账户的日期，格式为 YYYY-MM-DD
-f inactive_days	设置账户过期多少天后用户账户被禁用。如果为 0，账户一旦过期就立即被禁用；如果为-1，则账户过期后，将不被禁用
-g initial_group	用户账户所属主组的组名称或者 GID
-G group-list	用户账户所属的附属组列表，多个组之间用逗号分隔
-m	若用户账户主目录不存在，则创建它
-M	不要创建用户账户主目录
-n	不要为用户账户创建用户私人组
-p passwd	加密的口令
-r	创建 UID 小于 1000 的不带主目录的系统账号
-s shell	指定用户账户的登录 shell，默认为/bin/bash
-u UID	指定用户账户的 UID，它必须是唯一的，且大于 999

【例 3-1】新建用户账户 user3，UID 为 1010，指定其所属的私有组为 group1（group1 组的标识符为 1010），主目录为/home/user3，shell 为/bin/bash，密码为 123456，账户永不过期。

```
[root@RHEL7-1 ~]# groupadd -g 1010  group1
[root@RHEL7-1 ~]# useradd -u 1010 -g 1010  -d /home/user3 -s /bin/bash -p 123456 -f
-1 user3
[root@RHEL7-1 ~]# tail -1 /etc/passwd
user3:x:1010:1000::/home/user3:/bin/bash
```

如果新建用户账户已经存在，那么在执行 useradd 命令时，系统会提示该用户已经存在。

```
[root@RHEL7-1 ~]# useradd user3
useradd: user user3 exists
```

任务 3-2　设置用户账户口令

设置用户账户口令的命令是 passwd 命令和 chage 命令。

1. passwd 命令

指定和修改用户账户口令的命令是 passwd。超级用户可以为自己和其他用户设置口令，而普通用户只能为自己设置口令。passwd 命令的语法格式如下。

```
passwd [选项] [username]
```

passwd 命令的常用选项见表 3-5。

表 3-5　passwd 命令的常用选项

选项	说明
-l	锁定（停用）用户账户
-u	口令解锁
-d	将用户账户口令设置为空，这与未设置口令的账户不同。未设置口令的账户无法登录系统，而口令为空的账户可以
-f	强迫用户下次登录时必须修改口令
-n	指定口令的最短存活期
-x	指定口令的最长存活期
-w	口令要到期前提前警告的天数
-i	口令过期后多少天停用账户
-S	显示账户口令的简短状态信息

【例 3-2】假设当前用户为 root，则下面的两个命令分别为 root 用户修改自己的口令和修改 user1 用户的口令。

```
//root 用户修改自己的口令，直接用 passwd 命令即可
[root@RHEL7-1 ~]# passwd

//root 用户修改 user1 用户的口令
[root@RHEL7-1 ~]# passwd user1
```

需要注意的是，普通用户在修改口令时，passwd 命令会首先询问原来的口令，只有验证通过才可以修改；而 root 用户在为用户指定口令时，不需要知道原来的口令。为了系统安全，用户应选择包含字母、数字和特殊符号组合的复杂口令，且口令长度应至少为 8 个字符。

如果密码复杂度不够，则系统会提示"**无效的密码：密码未通过字典检查 - 它基于字典单词**"。这时有两种处理方法，一是再次输入刚才输入的简单密码，系统也会接受；另一种方法是更改为符合要求的密码。例如，P@ssw02d 为包含大小写字母、数字、特殊符号等长度为 8 位的字符组合。

2. chage 命令

修改用户账户口令也可以用 chage 命令实现。chage 命令的常用选项见表 3-6。

表 3-6　chage 命令的常用选项

选项	说明
-l	列出账户口令属性的各个数值
-m	指定口令最短存活期
-M	指定口令最长存活期

续表

选项	说明
-W	口令要到期前提前警告的天数
-I	口令过期后多少天停用账户
-E	用户账户到期作废的日期
-d	设置口令上一次修改的日期

【例 3-3】设置 user1 用户账户的最短口令存活期为 6 天，最长口令存活期为 60 天，口令到期前 5 天提醒用户修改口令。设置完成后查看各属性值。

```
[root@RHEL7-1 ~]# chage -m 6 -M 60 -W 5 user1
[root@RHEL7-1 ~]# chage -l user1
最近一次口令修改时间                    ：5 月 04，2018
口令过期时间                           ：7 月 03，2018
口令失效时间                           ：从不
账户过期时间                           ：从不
两次改变口令之间相距的最小天数          ：6
两次改变口令之间相距的最大天数          ：60
在口令过期之前警告的天数               ：5
```

任务 3-3 维护用户账户

维护用户账户包括修改、锁定和恢复、删除用户账户。

1. 修改用户账户

usermod 命令用于修改用户账户的属性，其语法格式如下。

usermod [选项] 用户名

前文曾反复强调，Linux 系统中的一切都是文件，因此在系统中创建用户账户也就是修改配置文件的过程。用户的信息保存在/etc/passwd 文件中，可以直接用文本编辑器来修改其中的用户账户参数项目，也可以用 usermod 命令修改已经创建的用户账户的信息，诸如 UID、基本或扩展用户组、默认终端等。usermod 命令的选项及作用见表 3-7。

表 3-7 usermod 命令的选项及作用

选项	作用
-c	填写用户账户的备注信息
-d -m	参数-m 与参数-d 连用，可重新指定用户账户的家目录并自动把旧的数据转移过去
-e	账户的到期时间，格式为 YYYY-MM-DD
-g	变更所属用户组
-G	变更扩展用户组
-L	锁定用户账户，禁止其登录系统
-U	解锁用户账户，允许其登录系统
-s	变更默认终端
-u	修改 UID

下面来看一下用户账户 user1 的默认信息。

```
[root@RHEL7-1 ~]# id user1
uid=1002(user1) gid=1002(user1) 组=1002(user1),1001(bobby)
```

将用户账户 user1 加入 root 用户组中，这样扩展组列表中会出现 root 用户组的字样，而基本组不会受到影响。

```
[root@RHEL7-1 ~]# usermod -G root user1
[root@RHEL7-1 ~]# id user1
uid=1002(user1) gid=1002(user1) 组=1002(user1),0(root)
```

再来试试用-u 参数修改 user1 的 UID。除此之外，我们还可以用-g 参数修改用户的基本组 ID，用-G 参数修改用户的扩展组 ID。

```
[root@RHEL7-1 ~]# usermod -u 8888 user1
[root@RHEL7-1 ~]# id user1
uid=8888(user1) gid=1002(user1) 组=1002(user1),0(root)
```

修改用户账户 user1 的主目录为/var/user1，把启动 shell 修改为/bin/tcsh，完成后恢复到初始状态。

```
[root@RHEL7-1 ~]# usermod -d /var/user1 -s /bin/tcsh user1
[root@RHEL7-1 ~]# tail -3 /etc/passwd
user1:x:8888:1002::/var/user1:/bin/tcsh
user2:x:1003:1003::/home/user2:/bin/bash
user3:x:1010:1000::/home/user3:/bin/bash
[root@RHEL7-1 ~]# usermod -d /var/user1 -s /bin/bash user1
```

2. 锁定和恢复用户账户

有时需要临时锁定一个用户账户而不删除它。锁定用户账户可以用 passwd 命令或 usermod 命令实现，也可以直接修改/etc/passwd 或/etc/shadow 文件。

例如，暂时锁定和恢复 user1 账户可以使用以下 3 种方法实现。

（1）使用 passwd 命令（要被锁定的用户账户的密码必须是使用 passwd 命令生成的）

使用 passwd 命令锁定 user1 账户，利用 grep 命令查看，可以看到被锁定的账户密码字段前面有!!。

```
[root@RHEL7-1 ~]# passwd user1                //修改 user1 密码
更改用户 user1 的密码。
新的密码:
重新输入新的密码:
passwd: 所有的身份验证令牌已经成功更新。
[root@RHEL7-1 ~]# grep user1 /etc/shadow      //查看用户账户 user1 的口令文件
user1:$6$eU8yss28$Z/K7OiEkY2nGBPqkN/G95jkyYiIcwb.BasEw1NlLYn2ZwwZkmAGxCddrC6UaC5
W0k4QD5w/gSP3KMhAG5RIha0:19368:0:99999:7:::
[root@RHEL7-1 ~]# passwd -l user1             //锁定用户 user1
锁定用户 user1 的密码。
passwd: 操作成功
[root@RHEL7-1 ~]# grep user1 /etc/shadow      //查看锁定用户账户的口令文件，注意!!
user1:!!$6$OgsexIrQ01J5Gjkh$MIIyxgtA1nutGfbwXid6tVD8HlDBkjagaOqu7bEjQee/QAhpLPKq
5v8OMTI0xRkY3KMhzDJvvndOkaj2R3nn//:18495:6:60:5:::
[root@RHEL7-1 ~]# passwd -u user1         //解除 user1 账户的锁定，重新启用 user1 账户
```

（2）使用 usermod 命令

使用 usermod 命令锁定 user1 账户，利用 grep 命令查看，可以看到被锁定的账户密码字段前面有!。

```
[root@RHEL7-1 ~]# grep user1 /etc/shadow        //user1 账户锁定前的口令显示
user1:$6$OgsexIrQ01J5Gjkh$MIIyxgtA1nutGfbwXid6tVD8HlDBkjagaOqu7bEjQee/QAhpLPKq5v
8OMTI0xRkY3KMhzDJvvndOkaj2R3nn//:18495:6:60:5:::
[root@RHEL7-1 ~]# usermod -L user1               //锁定 user1 账户
[root@RHEL7-1 ~]# grep user1 /etc/shadow        //user1 账户锁定后的口令显示
user1:!$6$OgsexIrQ01J5Gjkh$MIIyxgtA1nutGfbwXid6tVD8HlDBkjagaOqu7bEjQee/QAhpLPKq5
v8OMTI0xRkY3KMhzDJvvndOkaj2R3nn//:18495:6:60:5:::
[root@RHEL7-1 ~]# usermod -U user1               //解除 user1 账户的锁定
```

（3）直接修改用户账户的配置文件

可以在/etc/passwd 文件或/etc/shadow 文件中关于 user1 账户的 passwd 字段的第一个字符前面加上*，达到锁定账户的目的，在需要恢复时删除*即可。

如果只是禁止用户账户登录系统，则可以将其启动 shell 设置为/bin/false 或者/dev/null。

3. 删除用户账户

要删除一个用户账户，可以直接删除/etc/passwd 和/etc/shadow 文件中相应用户信息行，或者用 userdel 命令进行删除。userdel 命令的语法格式如下。

```
userdel [-r] 用户名
```

如果不加-r 选项，则 userdel 命令会在系统中所有与账户有关的文件中（如/etc/passwd、/etc/shadow、/etc/group）将用户的信息全部删除。

如果加-r 选项，则在删除用户账户的同时，系统还将用户账户主目录以及其下的所有文件和目录全部删除。另外，如果用户使用 E-mail，则/var/spool/mail 目录下的用户文件也将被删掉。

任务 3-4 管理组

管理组包括维护组账户和为组添加用户账户等内容。

1. 维护组账户

创建组和删除组的命令与创建和删除账户的命令相似。创建组可以使用 groupadd 或者 addgroup 命令。例如，创建一个新的组，组的名称为 testgroup，可用以下命令。

```
[root@RHEL7-1 ~]# groupadd testgroup
```

删除一个组可以用 groupdel 命令，例如，删除刚创建的 testgroup 组可用以下命令。

```
[root@RHEL7-1 ~]# groupdel testgroup
```

需要注意的是，如果要删除的组是某个用户账户的主组，则该组不能被删除。

修改组的命令是 groupmod，其语法格式如下。

```
groupmod [选项] 组名
```

groupmod 命令的选项见表 3-8。

表 3-8 groupmod **命令的选项**

选项	说明
−g gid	把 GID 改成 gid
−n group-name	把组的名称改为 group-name
−o	强制接受更改的组的 GID 为重复的号码

2. 为组添加用户账户

在 Red Hat Linux 中使用不带任何参数的 useradd 命令创建用户账户时，会同时创建一个和用户账户同名的组，这个组称为该用户账户的主组。当一个组中必须包含多个用户账户时，就需要使用附属组。在附属组中增加、删除用户账户都用 gpasswd 命令。gpasswd 命令的语法格式如下。

```
gpasswd [选项] [用户] [组]
```

只有 root 用户和组管理员才能够使用这个命令。gpasswd 命令的选项见表 3-9。

表 3-9　gpasswd 命令的选项

选项	说明
–a	把用户账户加入组
–d	把用户账户从组中删除
–r	取消组的密码
–A	给组指派管理员

例如，要把 user1 加入 testgroup 组，并指派 user1 为管理员，可以执行下列命令。

```
[root@RHEL7-1 ~]# groupadd testgroup
[root@RHEL7-1 ~]# gpasswd -a user1 testgroup
[root@RHEL7-1 ~]# gpasswd -A user1 testgroup
```

任务 3-5　使用 su 命令与 sudo 命令

大家在实验环境中很少遇到安全问题，并且为了避免因权限导致配置服务失败，建议读者使用 root 管理员身份来学习本书。但是在生产环境中，还是要对安全多一份敬畏之心，不要用 root 管理员身份去做所有事情，因为一旦执行了错误的命令，可能会直接导致系统崩溃。Linux 系统考虑安全性，使得许多系统命令和服务只能被 root 管理员使用，但是这也让普通用户受到了更多的权限束缚，从而无法顺利完成特定的工作任务。下面就来解决这个问题。

1. su 命令

su 命令可以解决切换用户身份的需求，使得当前用户在不退出登录的情况下，顺畅地切换到其他用户身份。比如，从 root 管理员切换至普通用户的代码如下。

```
[root@RHEL7-1 ~]# id
uid=0(root) gid=0(root) 组=0(root) 环境=unconfined_u:unconfined_r: unconfined_t:
s0-s0:c0.c1023
[root@RHEL7-1 ~]# useradd -G testgroup test
[root@RHEL7-1 ~]# su - test
[test@RHEL7-1 ~]$ id
uid=8889(test) gid=8889(test) 组=8889(test),1011(testgroup) 环境=unconfined_u:
unconfined_r:unconfined_t:s0-s0:c0.c1023
```

细心的你一定会发现，上面的 su 命令与用户名之间有一个减号（–），这意味着完全切换到新的用户身份，即把环境变量信息也变更为新用户身份的相应信息，而不是保留原始的信息。强烈建议在切换用户身份时添加这个减号（–）。

另外，当从 root 管理员切换到普通用户时是不需要密码验证的，而从普通用户切换成 root 管理员就需要进行密码验证了，这也是一个必要的安全检查。示例如下。

```
[test@RHEL7-1 ~]$ su root
Password:
[root@RHEL7-1 ~]# su - test
上一次登录: 日 5月  6 05:22:57 CST 2018pts/0 上
```

```
[test@RHEL7-1 ~]$ exit
logout
[root@RHEL7-1 ~]#
```

2. sudo 命令

尽管像上面这样使用 su 命令后，普通用户可以完全切换到 root 管理员身份来完成相应工作，但这会暴露 root 管理员的密码，从而增大了系统密码被黑客获取的风险，因此上述操作并不是最安全的方案。为此，需要用到 sudo 命令，请扫码学习。

拓展阅读

sudo 命令

任务 3-6　使用用户管理器管理用户账户和组

默认图形界面的用户管理器是没有安装的，因此在图形界面使用用户管理器需要安装 system-config-users 工具。

1. 安装 system-config-users 工具

（1）下列命令用于检查是否安装了 system-config-users 工具。

```
[root@RHEL7-1 ~]# rpm -qa|grep system-config-users
```

（2）如果没有安装，则可以使用 yum 命令安装所需软件包。

① 挂载 ISO 安装映像，相关代码如下。

```
//挂载光盘到 /iso 下
[root@RHEL7-1 ~]# mkdir /iso
[root@RHEL7-1 ~]# mount /dev/cdrom /iso
mount: /dev/sr0 写保护，将以只读方式挂载
```

② 制作用于安装的 yum 源文件，相关代码如下。

```
[root@RHEL7-1 ~]# vim /etc/yum.repos.d/dvd.repo
```

dvd.repo 文件的内容如下（后面不再赘述）。

```
# /etc/yum.repos.d/dvd.repo
# or for ONLY the media repo, do this:
# yum --disablerepo=\* --enablerepo=c6-media [command]
[dvd]
name=dvd
#特别注意本地源文件的表示，需用 3 个/
baseurl=file:///iso
gpgcheck=0
enabled=1
```

③ 使用 yum 命令查看 system-config-users 软件包的信息，如图 3-1 所示。

```
[root@RHEL7-1 ~]# yum info system-config-users
```

④ 使用 yum 命令安装 system-config-users。

```
[root@RHEL7-1 ~]# yum clean all
                //安装前先清除缓存
[root@RHEL7-1 ~]# yum install system-config-users -y
```

```
[root@rhel7-1 ~]# yum info system-config-users
已加载插件：langpacks, product-id, search-disabled-repos, subscription-manager
This system is not registered with an entitlement server. You can use subscripti
on-manager to register.
可安装的软件包
名称       : system-config-users
架构       : noarch
版本       : 1.3.5
发布       : 2.el7
大小       : 339 k
源         : dvd
简介       : A graphical interface for administering users and groups
网址       : http://fedorahosted.org/system-config-users
协议       : GPLv2+
描述       : system-config-users is a graphical utility for administrating
           : users and groups.  It depends on the libuser library.
```

图 3-1　使用 yum 命令查看
system-config-users 软件包的信息

正常安装完成后，最后的提示信息如下。

```
……
已安装：
```

```
    system-config-users.noarch 0:1.3.5-2.el7
作为依赖被安装：
    system-config-users-docs.noarch 0:1.0.9-6.el7
完毕！
```

所有软件包安装完毕，可以使用 rpm 命令再一次进行查询。

```
[root@RHEL7-1 etc]# rpm -qa | grep system-config-users
system-config-users-docs-1.0.9-6.el7.noarch
system-config-users-1.3.5-2.el7.noarch
```

2. 用户管理器

使用命令 system-config-users 会打开图 3-2 所示的"用户管理者"窗口。

使用"用户管理者"窗口可以方便地执行添加用户账户或组、编辑用户账户或组的属性、删除用户账户或组、加入或退出组等操作。图形界面比较简单，在此不再赘述。不过提醒一下，system-config 还有许多其他应用，大家可以试着安装并操作。

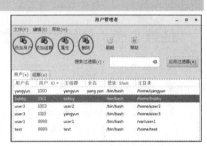

图 3-2 "用户管理者"窗口

任务 3-7　使用常用的账户管理命令

账户管理命令可以在非图形化操作中对账户进行有效管理。

1. vipw 命令

vipw 命令用于直接对用户账户文件/etc/passwd 进行编辑，使用的默认编辑器是 vi。在对/etc/passwd 文件进行编辑时将自动锁定该文件，编辑结束后对该文件进行解锁，保证了文件的一致性。vipw 命令在功能上等同于 vi /etc/passwd 命令，但是比直接使用 vi 命令更安全。该命令的语法格式如下。

```
[root@RHEL7-1 ~]# vipw
```

2. vigr 命令

vigr 命令用于直接对组文件/etc/group 进行编辑。在用 vigr 命令对/etc/group 文件进行编辑时将自动锁定该文件，编辑结束后对该文件进行解锁，保证了文件的一致性。vigr 命令在功能上等同于 vi/etc/group 命令，但是比直接使用 vi 命令更安全。vigr 命令的语法格式如下。

```
[root@RHEL7-1 ~]# vigr
```

3. pwck 命令

pwck 命令用于验证用户账户文件认证信息的完整性。该命令检测/etc/passwd 文件和/etc/shadow 文件每行中字段的格式和值是否正确。pwck 命令的语法格式如下。

```
[root@RHEL7-1 ~]#pwck
```

4. grpck 命令

grpck 命令用于验证组文件认证信息的完整性。该命令还可检测/etc/group 文件和/etc/gshadow 文件每行中字段的格式和值是否正确。grpck 命令的语法格式如下。

```
[root@RHEL7-1 ~]#grpck
```

5. id 命令

id 命令用于显示一个用户账户的 UID 和 GID 以及用户账户所属的组列表。在命令行输入 id 直接按 Enter 键将显示当前用户的 ID 信息。id 命令的语法格式如下。

```
id  [选项] 用户名
```

例如，显示 user1 的 UID、GID 信息的代码如下。

```
[root@RHEL7-1 ~]# id user1
uid=8888(user1) gid=1002(user1) 组=1002(user1),0(root),1011(testgroup)
```

6. finger、chfn、chsh 命令

使用 finger 命令可以查看用户的相关信息，包括用户账户的主目录、启动 shell、用户名、地址、电话等存放在/etc/passwd 文件中的记录信息。管理员和其他用户都可以用 finger 命令来了解当前用户账户的信息（finger 命令默认没有安装，需要单独安装该命令）。finger 命令的使用示例如下。

```
finger [选项] 用户名
[root@RHEL7-1 ~]# finger
Login    Name      Tty      Idle Login Time   Office     Office Phone
root     root      tty1      4 Sep 1 14:22
root     root      pts/0       Sep 1 14:39 (192.168.1.101)
```

finger 命令的常用选项如表 3-10 所示。

表 3-10 finger 命令的常用选项

选项	说明
-l	以长格式显示用户信息，是默认选项
-m	关闭以用户名查询账户的功能，如不加此选项，则用户可以用一个用户名来查询对应账户的信息
-s	以短格式查看用户账户的信息
-p	不显示 plan（plan 信息是用户账户主目录下的.plan 等文件）

用户自己可以使用 chfn 和 chsh 命令来修改 finger 命令显示的内容。chfn 命令可以修改办公地址、办公电话和住宅电话等。chsh 命令用来修改启动 shell。用户在用 chfn 命令和 chsh 命令修改个人账户信息时会被提示要输入密码。chfn 命令的使用示例如下。

```
[user1@Server ~]$ chfn
Changing finger information for user1.
Password:
Name [oneuser]:oneuser
Office []: network
Office Phone []: 66773007
Home Phone []: 66778888
Finger information changed.
```

用户可以直接输入 chsh 命令或使用-s 选项来指定要更改的启动 shell。例如，若 user1 想把自己的启动 shell 从 bash 改为 tcsh，则可以使用以下两种方法。

方法一：

```
[user1@Server ~]$ chsh
Changing shell for user1.
Password:
New shell [/bin/bash]: /bin/tcsh
shell changed.
```

方法二：

```
[user1@Server ~]$ chsh -s /bin/tcsh
Changing shell for user1.
```

7. whoami 命令

whoami 命令用于显示当前用户账户的名称，与 id -un 命令的作用相同。

```
[user1@Server ~]$ whoami
User1
```

8. newgrp 命令

newgrp 命令用于转换用户账户的当前组到指定的主组，对于没有设置组口令的组账户，只有组的成员才可以使用 newgrp 命令将当前组转换到指定的组。如果组设置了口令，则其他组的用户只要拥有组口令，就可以将当前组转换到指定的组。应用示例如下。

```
[root@RHEL7-1 ~]# id                    //显示当前用户账户的 gid
  uid=0(root)  gid=0 ( root )    groups=0(root),1(bin),2(daemon),3(sys),4(adm),
6(disk),10(wheel)
[root@RHEL7-1 ~]# newgrp group1         //改变用户账户的主组
[root@RHEL7-1 ~]# id
  uid=0(root)       gid=500(group1)    groups=0(root),1(bin),2(daemon),3(sys),4(adm),
6(disk),10(wheel)
[root@RHEL7-1 ~]# newgrp                 //newgrp 命令不指定组时转换为用户的私有组
[root@RHEL7-1 ~]# id
  uid=0(root)  gid=0(root)  groups=0(root),1(bin),2(daemon),3(sys),4(adm),6(disk),
10(wheel)
```

使用 groups 命令可以列出指定用户账户的组。示例如下。

```
[root@RHEL7-1 ~]# whoami
root
[root@RHEL7-1 ~]# groups
root bin daemon sys adm disk wheel
```

3.4 企业实战与应用——账户管理实例

下面是一个账户管理的实例。

1. 情境

假设需要的账户数据如表 3-11 所示，你该如何操作？

表 3-11 账户数据

账户名称	账户全名	支持次要群组	是否可登录主机	口令
myuser1	1st user	mygroup1	可以	password
myuser2	2nd user	mygroup1	可以	password
myuser3	3rd user	无额外支持	不可以	password

2. 解决方案

（1）处理账号相关属性的数据。

```
[root@RHEL7-1 ~]# groupadd mygroup1
[root@RHEL7-1 ~]# useradd -G mygroup1 -c "1st user" myuser1
[root@RHEL7-1 ~]# useradd -G mygroup1 -c "2nd user" myuser2
[root@RHEL7-1 ~]# useradd -c "3rd user" -s /sbin/nologin myuser3
```

（2）处理账号的口令相关属性的数据。

```
[root@RHEL7-1 ~]# echo "password" | passwd --stdin myuser1
[root@RHEL7-1 ~]# echo "password" | passwd --stdin myuser2
[root@RHEL7-1 ~]# echo "password" | passwd --stdin myuser3
```

> **特别注意** myuser1 与 myuser2 都支持次要群组，但该群组不见得存在，因此需要先手动创建。再者，myuser3 是"不可登录主机"的账户，因此需要使用/sbin/nologin 来设置，这样该账户就成为非登录账户了。

3.5 拓展阅读：中国国家顶级域名（CN）

你知道我国是在哪一年真正拥有了互联网吗？中国国家顶级域名（CN）服务器是哪一年完成设置的呢？

1994 年 4 月 20 日，一条 64Kbit/s 的国际专线从中国科学院计算机网络信息中心通过美国 Sprint 公司连入 Internet，实现了我国与 Internet 的全功能连接。从此我国被国际上正式承认为真正拥有全功能 Internet 的国家。此事被我国新闻界评为 1994 年我国十大科技新闻之一，被国家统计公报列为 1994 年我国重大科技成就之一。

1994 年 5 月 21 日，在钱天白教授和德国卡尔斯鲁厄大学的协助下，中国科学院计算机网络信息中心完成了中国国家顶级域名（CN）服务器的设置，改变了我国的顶级域名（CN）服务器一直放在国外的历史。钱天白、钱华林分别担任中国国家顶级域名（CN）的行政联络员和技术联络员。

3.6 项目实训：管理用户账户和组

1. 视频位置
实训前请扫描二维码，观看"项目实训 管理用户和组"慕课。

慕课

项目实训 管理
用户和组

2. 项目实训目的
- 熟悉 Linux 用户账户的访问权限。
- 掌握在 Linux 系统中增加、修改、删除用户账户或用户组的方法。
- 掌握用户账户管理及安全管理。

3. 项目背景
某公司有 60 个员工，分别在 5 个部门工作。每个员工的工作内容不同，需要在服务器上为每个员工创建不同的账户，把相同部门的员工的账户放在一个组中，每个账户都有自己的工作目录。另外，需要根据工作性质对每个部门和每个员工在服务器上的可用空间进行限制。

4. 项目实训内容
练习设置用户账户的访问权限，练习账户的创建、修改、删除。

5. 做一做
根据项目实训视频进行项目实训，检查学习效果。

3.7 练习题

一、填空题
1. Linux 操作系统是_____的操作系统，它允许多个用户同时登录到系统，使用系统资源。
2. Linux 系统下的用户账户分为两种：_____和_____。
3. root 账户的 UID 为_____；普通账户的 UID 可以在创建时由管理员指定，如果不指定，则 UID 默认从_____开始按顺序编号。

4. 在 Linux 系统中，创建用户账户的同时也会创建一个与用户账户同名的组，该组是用户账户的_____。普通组的 ID 默认也从_____开始编号。

5. 一个用户账户可以同时是多个组的成员，其中某个组是该用户账户的_____（私有组），其他组为该用户账户的_____（标准组）。

6. 在 Linux 系统中，所创建的用户账户及其相关信息（密码除外）均放在_____配置文件中。

7. 由于所有用户账户对/etc/passwd 文件均有_____权限，为了增强系统的安全性，用户账户经过加密之后的口令都存放在_____文件中。

8. 组账户的信息存放在_____文件中，而关于组管理的信息（组口令、组管理员等）则存放在_____文件中。

二、选择题

1. （　　）目录存放用户密码信息。

    A. /etc   B. /var   C. /dev   D. /boot

2. 命令（　　）可创建用户 ID 是 200、组 ID 是 1000、用户账户主目录为/home/user01 的用户账户。

    A. useradd –u:200 –g:1000 –h:/home/user01 user01

    B. useradd –u=200 –g=1000 –d=/home/user01 user01

    C. useradd –u 200 –g 1000 –d /home/user01 user01

    D. useradd –u 200 –g 1000 –h /home/user01 user01

3. 用户登录系统后首先进入（　　）。

    A. /home   B. /root 的主目录

    C. /usr   D. 用户自己的家目录

4. 在使用了 shadow 口令的系统中，/etc/passwd 和/etc/shadow 两个文件的权限正确的是（　　）。

    A. –rw–r––––– , –r––––––––   B. –rw–r––r–– , –r–r–r––

    C. –rw–r––r–– , –r––––––––   D. –rw–r––rw– , –r–––––r––

5. （　　）可以删除一个用户账户并同时删除用户账户的主目录。

    A. rmuser –r   B. deluser –r   C. userdel –r   D. usermgr –r

6. 系统管理员应该采用的安全措施有（　　）。

    A. 把 root 账户密码告诉每一位用户

    B. 设置 Telnet 服务来提供远程系统维护

    C. 经常检测账户数量、内存信息和磁盘信息

    D. 当员工辞职后，立即删除对应用户账户

7. 在/etc/group 中有一行 students::600:z3,14,w5，这表示有（　　）个用户在 students 组里。

    A. 3   B. 4   C. 5   D. 不知道

8. 命令（　　）可以用来检测用户 lisa 的信息。

    A. finger lisa   B. grep lisa /etc/passwd

    C. find lisa /etc/passwd   D. who lisa

项目4
配置与管理文件系统

04

项目导入

Linux 系统的网络管理员需要学习 Linux 文件系统和磁盘管理的相关知识。尤其对于初学者来说，文件的权限与属性是学习 Linux 的一个相当重要的关卡，如果没有这部分的知识储备，那么当你遇到 Permission deny 的错误提示时将会一头雾水。

项目目标

- 理解 Linux 文件系统结构。
- 能够进行Linux操作系统的文件权限管理，熟悉磁盘和文件权限管理工具。
- 掌握 Linux 操作系统权限管理的应用。

素养目标

- 了解"计算机界的诺贝尔奖"——图灵奖，了解科学家姚期智，激发学生的求知欲，从而唤醒学生沉睡的潜能。
- "观众器者为良匠，观众病者为良医。""为学日益，为道日损。"青年学生要多动手、多动脑，只有多实践、多积累，才能提高技艺，也才能成为优秀的"工匠"。

4.1 项目知识准备

文件系统是磁盘上有特定格式的一片区域，操作系统可利用文件系统保存和管理文件。全面理解文件系统与目录，是对网络运维人员的基本要求。

4.1.1 认识 Linux 文件系统

用户在硬件存储设备中执行的文件建立、写入、读取、修改、转存与控制等操作都是依靠文件系统来完成的。文件系统的作用是合理规划硬盘，以保证用户正常的使用需求。Linux 系统支持数 10 种文件系统，而最常见的文件系统如下。

微课

Linux 的文件系统

（1）ext3：一款日志文件系统，能够在系统宕机时避免文件系统资料丢失，并能自动修复数据的不一致与错误。然而，当硬盘容量较大时，所需的修复时间会很长，而且也不能百分之百地保证资料不会丢失。它会把整个磁盘的每个写入动作的细节都预先记录下来，以便在发生宕机后能回溯到被中断的部分，然后尝试进行修复。

（2）ext4：ext3 的改进版本，作为 RHEL 6 系统中的默认文件系统，它支持的存储容量高达 1EB（1EB=1 073 741 824GB），且能够有无限多的子目录。另外，ext4 文件系统能够批量分配 block（块），从而极大地提高了读写效率。

（3）XFS：一种高性能的日志文件系统，是 RHEL 7 中默认的文件系统。它的优势在发生宕机后显得尤其明显，即可以快速地恢复可能被破坏的文件，而且强大的日志功能只用花费极低的计算和存储性能。它最大可支持的存储容量为 18EB，这几乎满足了所有需求。

日常需要在硬盘中保存的数据实在太多了，因此 Linux 系统中有一个名为 super block 的"硬盘地图"。Linux 并不是把文件内容直接写入这个"硬盘地图"里面，而是在里面记录着整个文件系统的信息。因为，如果把所有的文件内容都写入这里面，则它的体积将变得非常大，而且文件内容的查询与写入速度也会变得很慢。Linux 只是把每个文件的权限与属性记录在 inode 中，每个文件占用一个独立的 inode 表格。该表格的大小默认为 128B，里面记录着如下信息。

- 文件的访问权限（read、write、execute）。
- 文件的所有者与所属组（owner、group）。
- 文件的大小（size）。
- 文件的创建或内容修改时间（ctime）。
- 文件的最后一次访问时间（atime）。
- 文件的修改时间（mtime）。
- 文件的特殊权限（SUID、SGID、SBIT）。
- 文件的真实数据地址（point）。

而文件的实际内容则保存在 block 中（大小可以是 1KB、2KB 或 4KB），一个 inode 的默认大小仅为 128B（ext3），记录一个 block 则消耗 4B。当文件的 inode 被写满后，Linux 系统会自动分配出一个 block，专门用于像 inode 那样记录其他 block 的信息，这样把各个 block 的内容串到一起，就能够让用户读到完整的文件内容了。对于存储文件内容的 block，有下面两种常见情况（以 4KB 的 block 为例进行说明）。

- 情况 1：文件很小（1KB），但依然会占用一个 block，因此会潜在地浪费 3KB。
- 情况 2：文件很大（5KB），那么会占用两个 block（5KB-4KB 后剩下的 1KB 也要占用一个 block）。

计算机系统在发展过程中产生了众多的文件系统，为了使用户在读取或写入文件时不用关心底层的硬盘结构，Linux 内核中的软件层为用户程序提供了一个 VFS（Virtual File System，虚拟文件系统）接口，这样用户在实际操作文件时就是统一对这个虚拟文件系统进行操作了。图 4-1 所示为 VFS 的结构示意图。从中可见，实际文件系统在 VFS 下隐藏了自己的特性和细节，这样用户在日常使用时会觉得"文件系统都是一样的"，也就可以随意使用各种命令在任何文件系统中进行各种操作了（如使用 cp 命令来复制文件）。

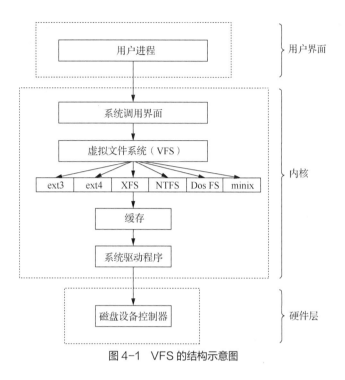
图 4-1　VFS 的结构示意图

4.1.2　理解 Linux 文件系统的目录结构

在 Linux 系统中，目录、字符设备、块设备、套接字、打印机等都被抽象成了文件：Linux 系统中的一切都是文件，那么又应该如何找到它们呢？在 Windows 操作系统中，找到一个文件要依次进入该文件所在的磁盘分区（假设是 D 盘），然后进入该分区下的具体目录，最终找到对应文件。但是在 Linux 系统中并不存在 C、D、E、F 等盘符，Linux 系统中的一切文件都是从"根（/）"目录开始的，并按照文件系统层次化标准（Filesystem Hierarchy Standard，FHS）采用树形结构来存放文件，以及定义了常见目录的用途。另外，Linux 系统中的文件和目录名称是严格区分大小写的。例如，root、rOOt、Root、rooT 均代表不同的目录，并且文件名称中不得包含斜杠（/）。Linux 系统中的文件存储结构如图 4-2 所示。

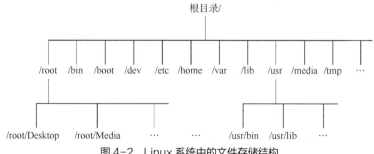
图 4-2　Linux 系统中的文件存储结构

在 Linux 系统中，常见的目录及相应的存放内容见表 4-1。

表 4-1　Linux 系统中常见的目录及相应的存放内容

目录名称	存放内容
/	Linux 文件的最上层根目录
/boot	开机所需文件——内核、开机菜单以及所需配置文件等
/dev	以文件形式存放任何设备与接口
/etc	配置文件
/home	用户账户家目录
/bin	用户的可运行程序，如 ls、cp 等，也包含其他 shell，如 bash 和 cs 等
/lib	开机时用到的函数库，以及/bin 与/sbin 下面的命令要调用的函数
/sbin	开机过程中需要的命令
/media	用于挂载设备文件的目录
/opt	第三方的软件
/root	管理员账户的家目录
/srv	一些网络服务的数据文件目录
/tmp	任何人均可使用的临时"共享"目录
/proc	虚拟文件系统，如系统内核、进程、外部设备及网络状态等
/usr/local	用户自行安装的软件
/usr/sbin	Linux 系统开机时不会使用到的软件、命令、脚本
/usr/share	帮助与说明文件，也可放置共享文件
/var	主要存放经常变化的文件，如日志
/lost+found	当文件系统发生错误时，将一些丢失的文件片段存放在这里

4.1.3　理解绝对路径与相对路径

绝对路径与相对路径的概念如下。

- 绝对路径：由/目录开始写起的文件名或目录名称，如/home/dmtsai/basher。
- 相对路径：相对于目前路径的文件名写法，如./home/dmtsai 或../../home/dmtsai/等。

> **技巧**　开头不是/的就属于相对路径的写法。

相对路径是以当前文件所在路径的相对位置来表示的。例如，当前在/home 这个目录下，如果想要进入/var/log 这个目录，有以下两种方法。

- cd　　/var/log：绝对路径。
- cd　　../var/log：相对路径。

因为当前在/home 目录下，所以要回到上一层目录（../）之后，才能进入/var/log 目录。特别注意以下两个特殊的目录。

- . ：代表当前的目录，也可以使用./来表示。
- .. ：代表上一层目录，也可以用../来代表。

此处的.和..很重要，例如，常常看到的 cd ..或./command 之类的指令表达方式，就是代表上一层与目前所在目录的工作状态。

4.2 项目设计与准备

在进行本项目的教学与实验前，需要做好如下准备。

（1）已经安装好的 RHEL 7。

（2）RHEL 7 安装光盘或 ISO 映像文件。

（3）设计教学或实验用的用户账户及权限列表。

本项目的所有实例都在服务器 RHEL7-1 上完成。

4.3 项目实施

本项目包括管理 Linux 文件权限、修改文件与目录的默认权限与隐藏权限、理解文件访问控制列表 3 个任务。

任务 4-1 管理 Linux 文件权限

1. 理解文件和文件权限

文件是 Linux 操作系统用来存储信息的基本结构，是一组信息的集合。文件通过文件名来唯一标识。Linux 中的文件名称最长可允许 255 个字符，这些字符可用 A～Z、0～9、.、_、-等符号来表示。与其他操作系统相比，Linux 最大的不同就是没有"扩展名"的概念，也就是说，文件的名称和该文件的种类并没有直接的关联。例如，sample.txt 可能是一个运行文件，而 sample.exe 也有可能是文本文件，甚至可以不使用扩展名。另一个特性是 Linux 文件名区分大小写。例如，sample.txt、Sample.txt、SAMPLE.txt、samplE.txt 在 Linux 系统中都代表不同的文件，但在 DOS 和 Windows 操作系统中却是指同一个文件。在 Linux 系统中，如果文件名以.开始，则表示该文件为隐藏文件，需要使用 ls -a 命令才能让其显示出来。

在 Linux 中的每一个文件或目录都包含有访问权限，这些访问权限决定了谁能访问和如何访问这些文件和目录。通过设定权限可以使用以下 3 种访问方式限制访问权限。

- 只允许用户自己访问。
- 允许一个预先指定的用户组中的用户访问。
- 允许系统中的任何用户访问。

同时，用户能够控制一个给定的文件或目录的访问程度。一个文件或目录可能有读、写及执行权限。创建一个文件时，系统会自动赋予文件所有者读和写的权限，这样可以允许所有者查看文件内容和修改文件。文件所有者可以将这些权限改变为任何他想指定的权限。一个文件也许只有读权限，禁止任何修改，也可能只有执行权限，只允许它像一个程序一样执行。

根据赋予权限的不同，3 种不同的用户（所有者、用户组或其他用户）能够访问不同的目录或者文件。所有者是创建文件的用户，文件的所有者能够授予所在用户组的其他成员以及系统中除所属组之外的其他用户的文件访问权限。

每一个用户针对系统中的所有文件都有其自身的读、写和执行权限。第 1 套权限控制用户访问自己的文件的权限，即所有者权限。第 2 套权限控制用户组访问其中某个用户的文件的权限。第 3 套权限控制其他所有用户访问某个用户的文件的权限。这 3 套权限赋予用户不同类型（即所有者、用户组和其他用户）的读、写及执行权限，就构成了一个有 9 种类型的权限组。

我们可以用 ls -l 或者 ll 命令显示文件的详细信息，其中包括权限。示例代码如下。

```
[root@RHEL7-1 ~]# ll
total 84
drwxr-xr-x   2 root root  4096 Aug  9 15:03 Desktop
-rw-r--r--   1 root root  1421 Aug  9 14:15 anaconda-ks.cfg
-rw-r--r--   1 root root  6107 Aug  9 14:15 install.log.syslog
drwxr-xr-x   2 root root  4096 Sep  1 13:54 webmin
```

上面列出了各种文件的详细信息，共分 7 组。各组信息的含义如图 4-3 所示。

图 4-3　文件信息示意图

2. 文件的各种属性信息

（1）第 1 组信息为文件类型权限。

每一行的第一个字符一般用来区分文件的类型，一般取值为 d、-、l、b、c、s、p，具体含义如下。

- d：表示这是一个目录，在 ext 文件系统中目录也是一种特殊的文件。
- -：表示该文件是一个普通的文件。
- l：表示该文件是一个符号链接文件，实际上它指向另一个文件。
- b、c：分别表示该文件为块设备或其他的外围设备，是特殊类型的文件。
- s、p：这些文件关系到系统的数据结构和管道，通常很少见到。

每一行的第 2～10 个字符表示文件的访问权限。这 9 个字符每 3 个为一组，左边 3 个字符表示所有者权限，中间 3 个字符表示与所有者同属一组的用户的权限，右边 3 个字符是其他用户的权限。具体含义如下。

- 字符 2、3、4 表示该文件所有者的权限，有时也简称为 u（user）的权限。
- 字符 5、6、7 表示该文件所有者所属组的组成员的权限，简称为 g（group）的权限。例如，此文件所有者属于 user 组群，该组群中有 6 个成员，这 6 个成员都有此处指定的权限。
- 字符 8、9、10 表示该文件所有者所属组群以外的用户的权限，简称为 o（other）的权限。

这 9 个字符根据权限种类的不同，也分为 3 种类型。

- r（read，读取）：对文件而言，具有读取文件内容的权限；对目录来说，具有浏览目录的权限。
- w（write，写入）：对文件而言，具有新增、修改文件内容的权限；对目录来说，具有删除、移动目录内文件的权限。
- x（execute，执行）：对文件而言，具有执行文件的权限；对目录来说，具有进入目录的权限。
- -：表示不具有该项权限。

下面举例说明。

- brwxr--r--：该文件是块设备文件，文件所有者具有读、写与执行的权限，其他用户则具有读取的权限。
- -rw-rw-r-x：该文件是普通文件，文件所有者与同组用户对文件具有读、写的权限，而其他用户仅具有读取和执行的权限。
- drwx--x--x：该文件是目录文件，目录所有者具有读、写与进入目录的权限，其他用户能进入该目录，却无法读取任何数据。
- lrwxrwxrwx：该文件是符号链接文件，文件所有者、同组用户和其他用户都对该文件具有读、写和执行权限。

每个用户都拥有自己的账户主目录，通常在/home 目录下，这些主目录的默认权限为 rwx------；执行 mkdir 命令所创建的目录，其默认权限为 rwxr-xr-x。用户可以根据需要修改目录的权限。

此外，默认的权限可用 umask 命令修改，方法非常简单，只需执行 umask 777 命令，便代表屏蔽所有的权限，因而之后建立的文件或目录，其权限都变成 000，以此类推。通常 root 账户搭配 umask 命令的数值为 022、027 和 077，普通用户则是采用 002，这样所产生的默认权限依次为 755、750、700、775。有关权限的数字表示法，后文会有详细说明。

用户登录系统时，用户环境就会自动执行 umask 命令来决定文件、目录的默认权限。

（2）第 2 组信息表示有多少文件名连接到此节点（inode）。

每个文件都会将其权限与属性记录到文件系统的 inode 中，不过，我们使用的目录树却是使用文件来记录的，因此每个文件名都会连接到一个 inode。这个属性记录的就是有多少不同的文件名连接到同一个 inode。

（3）第 3 组信息表示文件（或目录）的所有者账号。

（4）第 4 组信息表示文件的所属群组。

在 Linux 系统下，用户账户会附属于一个或多个群组中。例如，class1、class2、class3 均属于 projecta 群组，假设某个文件所属的群组为 projecta，且该文件的权限为-rwxrwx---，则 class1、class2、class3 对该文件都具有读、写、执行的权限（看群组权限）。但如果是不属于 projecta 的其他用户账户，对此文件就不具有任何权限。

（5）第 5 组信息为文件的容量大小，默认单位为 B。

（6）第 6 组信息为文件的创建日期或最近的修改日期。

第 6 组信息的内容分别为日期（月/日）及时间。如果文件被修改的时间距离现在太久了，那么时间部分会仅显示年份。如果想要显示完整的时间格式，则可以用 ls 命令的选项来实现，即 ls -l --full-time。

（7）第 7 组信息为这个文件的文件名。

比较特殊的是：如果文件名之前有一个.，则代表这个文件为隐藏文件。请大家使用 ls 及 ls -a 这两个指令去体验一下什么是隐藏文件。

3. 使用数字表示法修改权限

在文件建立时系统会自动为其设置权限，如果这些默认权限无法满足需要，则可以使用 chmod 命令来修改权限。通常在修改权限时可以用两种方式来表示权限类型：数字表示法和文字表示法。

chmod 命令的语法格式如下。

```
chmod    选项    文件
```

所谓数字表示法，是指将读取、写入和执行权限分别以数字 4、2、1 来表示，没有授予的部分就表示为 0，然后把所授予的权限相加。表 4-2 是用数字表示法修改权限的几个例子。

表 4-2　用数字表示法修改权限的例子

原始权限	转换为数字	数字表示法
rwxrwxr-x	（421）（421）（401）	775
rwxr-xr-x	（421）（401）（401）	755
rw-rw-r--	（420）（420）（400）	664
rw-r--r--	（420）（400）（400）	644

例如，为文件/etc/file 设置权限：赋予所有者和组群成员读取和写入的权限，而其他人只有读取权限，则应该将权限设为 rw-rw-r--，而该权限的数字表示法为 664，因此可以输入下面的命令来设置权限。

```
[root@RHEL7-1 ~]# touch /etc/file
[root@RHEL7-1 ~]# chmod 664 /etc/file
[root@RHEL7-1 ~]# ll /etc/file
-rw-rw-r--. 1 root root 0 5月 20 23:15 /etc/file
```

再如，要将.bashrc 文件所有的权限都设定启用，就使用如下命令。

```
[root@RHEL7-1 ~]# ls   -al   .bashrc
-rw-r--r--. 1 root root 176 12月 29 2013 .bashrc
[root@RHEL7-1 ~]# chmod  777   .bashrc
[root@RHEL7-1 ~]# ls   -al   .bashrc
-rwxrwxrwx. 1 root root 176 12月 29 2013 .bashrc
```

如果要将权限变成 rwxr-xr--呢？权限的数字就成为[4+2+1][4+0+1][4+0+0]=754，所以需要使用 chmod 754 filename 命令。另外，在实际的系统运行中最常发生的一个问题就是，常常我们以 vim 编辑器编辑好一个 shell 的文本批处理文件 test.sh 后，它的权限通常是 rw-rw-r--，也就是 664。如果要将该文件变成可执行文件，并且不要让其他人修改此文件，就需要 rwxr-xr-x 这样的权限。此时就要执行 chmod 755 test.sh 指令。

> **技巧** 如果有些文件不希望被其他人看到，则可以将文件的权限设定为 rwxr-----，执行 chmod 740 filename 指令。

4. 使用文字表示法修改权限

使用权限的文字表示法时，系统用 4 种字母来表示不同的用户。

- u：user，表示所有者。
- g：group，表示所有者所在的组。
- o：others，表示其他用户。
- a：all，表示以上 3 种用户。

使用下面 3 种字符的组合表示法设置操作权限。

- r：read，读取。
- w：write，写入。
- x：execute，执行。

操作符号包括以下几种。

- +：添加某种权限。
- -：删除某种权限。
- =：赋予给定权限并取消原来的权限。

以文字表示法修改文件权限时，上例中设置 rw-rw-r 权限的命令如下。

```
[root@RHEL7-1 ~]# chmod u=rw,g=rw,o=r /etc/file
```

修改目录权限和修改文件权限的方法相同，都是使用 chmod 命令，但不同的是，要使用通配符 *来表示目录中的所有文件。

例如，要同时将/etc/test 目录中的所有文件权限设置为所有人都可读取及写入，应该使用下面的命令。

```
[root@RHEL7-1 ~]# mkdir /etc/test;touch /etc/test/f1.doc
[root@RHEL7-1 ~]# chmod a=rw /etc/test/*
```

或者下面的命令。

```
[root@RHEL7-1 ~]# chmod 666 /etc/test/*
```

如果目录中包含其他子目录，则必须使用-R（Recursive）参数来同时设置所有文件及子目录的权限。

利用 chmod 命令也可以修改文件的特殊权限。例如，设置/etc/file 文件的 SUID 权限的方法如下。

```
[root@RHEL7-1 ~]# ll /etc/file
-rw-rw-rw-. 1 root root 0 5月 20 23:15 /etc/file
[root@RHEL7-1 ~]# chmod u+s /etc/file
[root@RHEL7-1 ~]# ll /etc/file
-rwSrw-rw-. 1 root root 0 5月 20 23:15 /etc/file
```

特殊权限也可以采用数字表示法。SUID、SGID 和 sticky 权限分别对应 4、2 和 1。使用 chmod 命令设置文件权限时，可以在普通权限的数字前面加上一位数字来表示特殊权限。示例如下。

```
[root@RHEL7-1 ~]# chmod 6664 /etc/file
[root@RHEL7-1 ~]# ll /etc/file
-rwSrwSr-- 1 root root 22 11-27 11:42 file
```

下面是使用文字表示法修改权限的实例。

【例 4-1】"设定"一个文件的权限为 rwxr-xr-x 可使用如下命令。

```
[root@RHEL7-1 ~]# chmod u=rwx,go=rx .bashrc
# 注意: u=rwx,go=rx 是连在一起的，中间没有空格
[root@RHEL7-1 ~]# ls -al .bashrc
-rwxr-xr-x 1 root root 395 Jul 4 11:45.bashrc
```

相关说明如下。

- user（u）: 具有读、写、执行的权限。
- group 与 others（go）: 具有读与执行的权限。

【例 4-2】假如设置 rwxr-xr--这样的权限又该如何操作呢？可以使用 chmod u=rwx, g=rx, o=r filename 来设定。此外，如果不知道原先的文件属性，而想增加.bashrc 文件的所有人均有写入的权限，那么可以使用如下命令。

```
[root@RHEL7-1 ~]# ls -al .bashrc
-rwxr-xr-x 1 root root 395 Jul 4 11:45.bashrc
[root@RHEL7-1 ~]# chmod a+w .bashrc
[root@RHEL7-1 ~]# ls -al .bashrc
-rwxrwxrwx 1 root root 395 Jul 4 11:45.bashrc
```

【例 4-3】如果要去掉.bashac 文件的所有人的执行权限，那么该如何操作呢？例如，要去掉所有人的执行权限可以使用如下命令。

```
[root@RHEL7-1 ~]# chmod a-x .bashrc
[root@RHEL7-1 ~]# ls -al .bashrc
-rw-rw-rw- 1 root root 395 Jul 4 11:45.bashrc
```

> **特别提示** 在+与-的状态下，只要不是指定的项目，权限就不会变动。例如，在上面的例子中，由于仅去掉 x 权限，因此其他权限值保持不变。也就是说，如果想让用户拥有执行的权限，但又不知道该文件原来有的权限，利用 chmod a+x filename 就可以让该程序拥有执行的权限。

拓展阅读

理解权限与指令间的关系

5. 理解权限与指令间的关系

权限对于用户来说非常重要，因为权限可以限制用户能不能读取、建立、删除、修改文件或目录。

任务 4-2　修改文件与目录的默认权限与隐藏权限

文件权限包括读（r）、写（w）、执行（x）等基本权限，决定文件类型的属性包括目录（d）、普通文件（-）、符号链接文件（l）等。修改权限的方法（chgrp 命令、chown 命令、chmod）在前文已经提起。在 Linux 的 ext2、ext3、ext4 文件系统下，除基本的 r、w、x 权限外，还可以设定系统隐藏属性。设置系统隐藏属性使用 chattr 命令，而使用 lsattr 命令可以查看隐藏属性。

另外，基于安全机制方面的考虑，设定文件不可修改的特性，即使是文件的所有者，也不能对文件进行修改，这非常重要。

1. 理解文件预设权限：umask

你可能会问：建立文件或目录时，默认权限是什么呢？默认权限与 umask 有密切关系，umask 指定的就是用户在建立文件或目录时系统默认的权限值。那么如何得知或设定 umask 呢？请看下面的命令及运行结果。

```
[root@RHEL7-1 ~]# umask
0022            <==与一般权限有关的是后面 3 个数字
[root@RHEL7-1 ~]# umask  -S
u=rwx,g=rx,o=rx
```

查阅默认权限的方式有两种：一种是直接使用 umask，可以看到数字形态的权限设定；另一种是加入-S（Symbolic）选项，以符号类型的方式显示权限。

但是，umask 会有 4 组数字，而不是只有 3 组。第一组是特殊权限用的，稍后会讲到。现在先看后面的 3 组。

目录与文件的默认权限是不一样的。x 权限对于目录是非常重要的，但是一般文件不应该有 x 权限，因为一般文件通常是用于数据的记录。所以，预设的情况如下。

• 若用户建立文件，则预设没有 x 权限，即只有 r、w 这两个权限，也就是权限值最大为 666，预设权限为 rw-rw-rw-。

• 若用户建立目录，则由于 x 与是否可以进入此目录有关，因此默认所有权限均开放，即权限值为 777，预设权限为 rwxrwxrwx。

umask 的分值指的是该默认值需要减掉的权限（r、w、x 分别对应的是 4、2、1），具体说明如下。

• 去掉写入权限时，umask 的分值输入 2。

• 去掉读取权限时，umask 的分值输入 4。

• 去掉读取和写入权限时，umask 的分值输入 6。

- 去掉执行和写入权限时，umask 的分值输入 3。

 思考 5 分是什么？就是读取与执行的权限。

以上文的例子来说，因为 umask 的分值为 022，所以 user 并没有被去掉任何权限，不过 group 与 others 的权限被去掉了 2（也就是 w 权限），那么用户的权限如下。

- 建立文件时：(-rw-rw-rw-) -(-----w--w-)=-rw-r--r--。
- 建立目录时：(drwxrwxrwx) -(d----w--w-)=drwxr-xr-x。

是这样吗？请看测试结果。

```
[root@RHEL7-1 ~]# umask
0022
[root@RHEL7-1 ~]# touch test1
[root@RHEL7-1 ~]# mkdir test2
[root@RHEL7-1 ~]# ll
-rw-r--r-- 1 root root    0 Sep 27 00:25 test1
drwxr-xr-x 2 root root 4096 Sep 27 00:25 test2
```

2. 利用 umask

假如你与同学进行的是同一个项目，你们的账户属于相同群组，并且/home/class/目录是你们的项目目录。想象一下，有没有可能你所制作的文件你的同学无法编辑。如果是这样，该怎么办呢？

这个问题可能经常发生。以上面的实例来说，test1 的权限是 644。也就是说，如果 umask 的分值为 022，那么新建的数据只有用户自己具有 w 权限，同群组的人只有 r 权限，他们肯定无法对文件进行修改。这样怎么能共同制作项目呢？

因此，当我们需要新建文件给同群组的用户共同编辑时，umask 的群组就不能去掉 w 权限。这时 umask 的分值应该是 002，这样才能使新建文件的权限是 rw-rw-r--。那么如何设定 umask 的分值呢？直接在 umask 后面输入 002 就可以了。命令运行情况如下。

```
[root@RHEL7-1 ~]# umask 002
[root@RHEL7-1 ~]# touch test3
[root@RHEL7-1 ~]# mkdir test4
[root@RHEL7-1 ~]# ll
-rw-rw-r-- 1 root root    0 Sep 27 00:36 test3
drwxrwxr-x 2 root root 4096 Sep 27 00:36 test4
```

umask 与新建文件及目录的默认权限有很大关系。这个属性可以用在服务器上，尤其是文件服务器（File Server）上。例如，在创建 samba 服务器或者 FTP 服务器时，显得尤为重要。

思考 假设 umask 的分值为 003，在此情况下建立的文件与目录的权限又是怎样的呢？

umask 的分值为 003，所以去掉的权限为 w、x，相关权限如下。

- 文件：(-rw-rw-rw-) -(--------wx)=-rw-rw-r--。
- 目录：(drwxrwxrwx) -(d------wx)=drwxrwxr--。

警示　直接使用文件默认属性 666 及目录默认属性 777 与 umask 相减来计算文件属性，这是
不对的。从上面例子来看，如果使用默认属性相减，则文件属性变成：666-003=663，
即-rw-rw--wx，原本文件已经去除了 x 的默认属性，又怎么可能突然间"冒"出来
呢？所以，这个地方一定要特别小心。

root 账户的默认 umask 分值 022 是基于安全的考虑。对于一般用户，通常 umask 分值为 002，
即保留同群组的写入权限。关于预设 umask 可以参考/etc/bashrc 文件中的内容。

3. 设置文件隐藏属性

（1）chattr 命令

chattr 命令用于改变文件属性，其语法格式如下。

```
chattr [-RV][-v<版本编号>][+/-/=<属性>][文件或目录……]
```

这项指令可改变存放在 ext4 文件系统上的文件或目录属性，这些属性共有以下 8 种。

- a：系统只允许在文件之后追加数据，不允许任何进程覆盖或截断这个文件。如果目录具有
这个属性，则系统将只允许在目录下建立和修改文件，而不允许删除任何文件。
- b：不更新文件或目录的最后存取时间。
- c：将文件或目录压缩后存放。
- d：将文件或目录排除在操作之外。
- i：不得任意改动文件或目录。
- s：保密性删除文件或目录。
- S：即时更新文件或目录。
- u：预防意外删除。

chattr 的相关选项说明如下。其中，最重要的是+i 与+a 这两个选项。由于这些属性是隐藏的，
所以需要使用 lsattr 命令。

- -R：递归处理，将指定目录下的所有文件及子目录一并处理。
- -v<版本编号>：设置文件或目录版本。
- -V：显示指令执行过程。
- +<属性>：开启文件或目录的该项属性。
- -<属性>：取消文件或目录的该项属性。
- =<属性>：指定文件或目录的该项属性。

【例 4-4】请尝试在/tmp 目录下建立文件，加入 i 属性，并尝试删除。

```
[root@RHEL7-1 ~]# cd    /tmp
[root@RHEL7-1 tmp]# touch attrtest        <==建立一个空文件
[root@RHEL7-1 tmp]# chattr +i attrtest <==给予 i 属性
[root@RHEL7-1 tmp]# rm attrtest           <==尝试删除，查看结果
rm:remove write-protected regular empty file 'attrtest'?y
rm:cannot remove 'attrtest':Operation not permitted <==操作不允许
# 用 root 账户也没有办法将这个文件删除
```

将该文件的 i 属性取消的代码如下。

```
[root@RHEL7-1 tmp]# chattr -i attrtest
```

这个指令很重要，尤其是在保障系统的数据安全方面。

此外，如果是 log file（日志文件），就需要添加 a 属性：增加但不能修改与删除旧有数据。

（2）lsattr 命令

lsattr 命令用于显示文件的隐藏属性，其语法格式如下。

```
lsattr [-adR]文件或目录
```

该命令的选项说明如下。

- -a：将隐藏的文件属性显示出来。
- -d：如果是目录，则仅列出目录本身的属性而非目录内的文件名。
- -R：连同子目录的数据也一并列出来。

lsattr 命令的使用示例如下。

```
[root@RHEL7-1 tmp]# chattr +aiS attrtest
[root@RHEL7-1 tmp]# lsattr attrtest
--S-ia---------- attrtest
```

使用 chattr 命令设定文件属性后，可以利用 lsattr 命令来查阅隐藏的文件属性。不过，这两个指令在使用上必须特别小心，否则会给人造成很大的困扰。例如，如果将/etc/shadow 文件设定为具有 i 属性，则在若干天后会发现无法新增用户。

拓展阅读

设置文件特殊
权限：SUID、
SGID、SBIT

4. 设置文件特殊权限：SUID、SGID、SBIT

在复杂多变的生产环境中，只设置文件的 r、w、x 权限无法满足我们对安全和灵活性的需求，因此便有了 SUID、SGID 与 SBIT 的特殊权限位。这是一种对文件权限进行设置的特殊功能，可以与一般权限同时使用，以弥补一般权限不能实现的功能。

任务 4-3　理解文件访问控制列表

前文讲解的一般权限、特殊权限、隐藏权限都有一个共性——权限是针对某一类用户设置的。如果希望对某个指定的用户进行单独的权限控制，就需要用到文件访问控制列表（Access Control List，ACL）。通俗来讲，基于普通文件或目录设置 ACL 其实就是针对指定的用户或用户组设置文件或目录的操作权限。另外，如果针对某个目录设置了 ACL，则目录中的文件会继承其 ACL；若针对文件设置了 ACL，则文件不再继承其所在目录的 ACL。

为了更直观地体会到 ACL 对文件权限控制的强大效果，读者可以先切换到普通用户账户，然后尝试进入 root 管理员账户的家目录中。在没有针对普通用户账户对 root 管理员账户的家目录设置 ACL 之前，其执行结果如下。

```
[root@RHEL7-1 ~]# su - bobby
Last login: Sat Mar 21 16:31:19 CST 2017 on pts/0
[bobby@RHEL7-1 ~]$ cd /root
-bash: cd: /root: Permission denied
[bobby@RHEL7-1 root]$ exit
```

1. setfacl 命令

setfacl 命令用于管理文件的 ACL 规则，其语法格式如下。

```
setfacl [参数] 文件名称
```

文件的 ACL 提供的是在所有者、所有者所属组、其他用户的读、写、执行权限之外的特殊权限控制，使用 setfacl 命令可以针对单一用户或用户组、单一文件或目录来进行读、写、执行权限的控制。其中，针对目录需要使用-R 选项；针对普通文件可以使用-m 选项；如果想要删除某个文件的 ACL，则可以使用-b 选项。下面设置用户在/root 目录上的权限。

```
[root@RHEL7-1 ~]# setfacl -Rm u:bobby:rwx /root
[root@RHEL7-1 ~]# su - bobby
Last login: Sat Mar 21 15:45:03 CST 2017 on pts/1
[bobby@RHEL7-1 ~]$ cd /root
[bobby@RHEL7-1 root]$ ls
anaconda-ks.cfg Downloads Pictures Public
[bobby@RHEL7-1 root]$ cat anaconda-ks.cfg
[bobby@RHEL7-1 root]$ exit
```

那么，怎样查看文件上有哪些 ACL 呢？常用的 ls 命令是看不到 ACL 信息的，但是可以看到文件权限的最后一个点（.）变成了加号（+），这就意味着该文件已经设置了 ACL。

```
[root@RHEL7-1 ~]# ls -ld /root
dr-xrwx---+ 14 root root 4096 May 4 2017 /root
```

2. getfacl 命令

getfacl 命令用于显示文件上设置的 ACL 信息，其语法格式如下。

```
getfacl 文件名称
```

设置 ACL 使用的是 setfacl 命令；查看 ACL 使用的是 getfacl 命令。下面使用 getfacl 命令显示在 root 管理员账户的家目录上设置的所有 ACL 信息。

```
[root@RHEL7-1 ~]# getfacl /root
getfacl: Removing leading '/' from absolute path names
# file: root
# owner: root
# group: root
user::r-x
user:bobby:rwx
group::r-x
mask::rwx
other::---
```

4.4 企业实战与应用

下面是企业实战案例。

1. 情境及需求

情境：假设系统中有两个账户，分别是 alex 与 arod，这两个账户除了支持自己的群组，还共同支持一个名为 project 的群组。如这两个账户需要共同拥有/srv/ahome/目录的开发权，且该目录不允许其他账户进入查阅，则该目录的权限应如何设定？请先以传统权限说明，再以 SGID 的功能进行解析。

目标：了解为何项目开发时，目录最好设定 SGID 的权限。

前提：多个账户支持同一群组，且共同拥有目录的使用权。

需求：需要使用 root 账户身份运行 chmod、chgrp 等命令，帮用户设定好他们的开发环境。这也是管理员的重要任务之一。

2. 解决方案

（1）制作出这两个账户的相关数据，如下所示。

```
[root@RHEL7-1 ~]# groupadd project          <==增加新的群组
[root@RHEL7-1 ~]# useradd -G project alex  <==建立 alex 账户，且支持 project
```

```
[root@RHEL7-1 ~]# useradd -G project arod   <==建立 arod 账户，且支持 project
[root@RHEL7-1 ~]# id alex          <==查阅 alex 账户的属性
uid=1008(alex) gid=1012(alex) 组=1012(alex),1011(project) <==确定有支持
[root@RHEL7-1 ~]# id arod
id=1009(arod) gid=1013(arod) 组=1013(arod),1011(project)
```

（2）建立所需要开发的项目目录。

```
[root@RHEL7-1 ~]# mkdir    /srv/ahome
[root@RHEL7-1 ~]# ll  -d  /srv/ahome
drwxr-xr-x 2 root root 4096 Sep 29 22:36/srv/ahome
```

（3）从上面的输出结果可以发现 alex 与 arod 账户都不能在该目录内建立文件，因此需要进行权限与属性的修改。由于其他用户均不可进入此目录，所以该目录的群组应为 project，权限应为 770。

```
[root@RHEL7-1 ~]# chgrp project /srv/ahome
[root@RHEL7-1 ~]# chmod 770  /srv/ahome
[root@RHEL7-1 ~]# ll -d /srv/ahome
drwxrwx---  2 root project 4096 Sep 29 22:36/srv/ahome
# 从上面的权限来看，由于 alex 和 arod 账户均支持 project，所以似乎没问题了
```

（4）分别以两个用户账户来测试，情况会如何呢？先用 alex 账户建立文件，再用 arod 账户去处理。

```
[root@RHEL7-1 ~]# su  -  alex    <==先切换成 alex 来处理
[alex@RHEL7-1~]$ cd   /srv/ahome <==切换到群组的工作目录
[alex@RHEL7-1 ahome]$ touch abcd <==建立一个空的文件
[alex@RHEL7-1 ahome]$ exit   <==退出 alex 账户
[root@RHEL7-1 ~]# su   -  arod
[arod@RHEL7-1 ~]$ cd    /srv/ahome
[arod@RHEL7-1 ahome]$ ll abcd
-rw-rw-r--  1 alex alex 0 Sep 29 22:46 abcd
# 仔细看一下上面的文件，群组是 alex，而群组 arod 并不支持
# 因此对于 abcd 这个文件来说，arod 账户只是其他用户，只有 r 权限
[arod@RHEL7-1 ahome]$ exit
```

由上面的结果可以知道，若单纯使用传统的 r、w、x 权限，则对 alex 账户建立的 abcd 这个文件来说，arod 账户可以删除它，但是不能编辑它。若要实现目标，就需要用到特殊权限。

（5）加入 SGID 的权限，并进行测试。

```
[root@RHEL7-1 ~]# chmod 2770    /srv/ahome
[root@RHEL7-1 ~]# ll   -d   /srv/ahome
drwxrwxs---  2 root project 4096 Sep 29 22:46/srv/ahome
```

（6）使用 alex 账户建立一个文件，并且查阅文件权限。

```
[root@RHEL7-1 ~]# su - alex
[alex@RHEL7-1~]$ cd  /srv/ahome
[alex@RHEL7-1 ahome]$ touch 1234
[alex@RHEL7-1 ahome]$ ll 1234
-rw-rw-r--  1 alex project 0 Sep 29 22:53 1234
# 现在 alex 账户、arod 账户建立的新文件所属群组都是 project
# 由于这两个账户均属于此群组，再加上 umask 都是 002，所以这两个账户才可以互相修改对方的文件
```

最终的结果显示，此目录的权限最好是 2770，文件的所有者属于 root 即可，至于群组，只有为

两个账户共同支持的 project 才可以。

4.5 拓展阅读：图灵奖

你知道图灵奖吗？你知道哪位华人科学家获得过此殊荣吗？

图灵奖（Turing Award）全称 A.M. 图灵奖（A.M. Turing Award），是由美国计算机协会（Association for Computing Machinery，ACM）于 1966 年设立的计算机奖项，名称取自艾伦·马西森·图灵（Alan Mathison Turing），旨在奖励对计算机事业做出重要贡献的个人。图灵奖对获奖条件要求极高，评奖程序极严，一般每年仅授予一名计算机科学家。图灵奖是计算机领域的国际最高奖项，被誉为"计算机界的诺贝尔奖"。

2000 年，华人科学家姚期智获图灵奖。

4.6 项目实训：管理文件权限

慕课

项目实训 管理
文件权限

1. 视频位置
实训前请扫描二维码，观看"项目实训　管理文件权限"慕课。

2. 项目实训目的
- 掌握利用 chmod 及 chgrp 等命令实现 Linux 文件权限管理的方法。
- 掌握磁盘限额的实现方法（下个项目会详细讲解）。

3. 项目背景
某公司有 60 个员工，分别在 5 个部门工作。每个员工的工作内容不同，需要在服务器上为每个员工创建不同的账户，把相同部门的员工的账户放在一个组中，每个账户都有自己的工作目录。另外，需要根据工作性质对每个部门和每个员工在服务器上的可用空间进行限制。

假设有用户账户 user1，请设置 user1 对/dev/sdb1 分区的磁盘限额，将 user1 对 blocks 的 soft 设置为 5000，hard 设置为 10000；inodes 的 soft 设置为 5000，hard 设置为 10000。

4. 项目实训内容
练习 chmod、chgrp 等命令的使用，练习在 Linux 下实现磁盘限额的方法。

5. 做一做
根据项目实训视频进行项目实训，检查学习效果。

4.7 练习题

一、填空题
1. 文件系统是磁盘上有特定格式的一片区域，操作系统利用文件系统_____和_____文件。
2. ext 文件系统在 1992 年 4 月完成，称为_____，是第一个专门针对 Linux 操作系统的文件系统。
3. ext 文件系统结构的核心组成部分是_____、_____和_____。
4. Linux 的文件系统是采用阶层式的_____结构，该结构中的最上层是_____。
5. 默认的权限可用_____命令修改，方法非常简单，只需执行_____命令，便代表屏蔽所有的权限，因而之后建立的文件或目录，其权限都变成_____。

6. _____代表当前的目录，也可以使用./来表示。_____代表上一层目录，也可以用../来表示。

7. 若文件名前多一个.，则代表该文件为_____，可以使用_____命令查看隐藏文件。

8. 想要让用户拥有文件 filename 的执行权限，但又不知道该文件原来的权限是什么，应该执行_____命令。

二、选择题

1. 存放 Linux 基本命令的目录是（   ）。

   A. /bin   B. /tmp   C. /lib   D. /root

2. 对于普通用户创建的新目录，（   ）是默认的访问权限。

   A. rwxr-xr-x   B. rw-rwxrw-   C. rwxrwxr-x   D. rwxrwxrw-

3. 如果当前目录是/home/sea/china，那么 china 的父目录是（   ）。

   A. /home/sea   B. /home/   C. /   D. /sea

4. 系统中有用户账户 user1 和 user2 同属于 users 组。在 user1 用户账户目录下有一个文件 file1，它拥有 644 的权限，如果 user2 想修改 user1 用户账户目录下的 file1 文件，则应拥有（   ）权限。

   A. 744   B. 664   C. 646   D. 746

5. 用 ls -al 命令列出下面的文件列表，则（   ）是符号链接文件。

   A. -rw------- 2 hel-s users 56 Sep 09 11:05 hello

   B. -rw------- 2 hel-s users 56 Sep 09 11:05 goodbye

   C. drwx----- 1 hel users 1024 Sep 10 08:10 zhang

   D. lrwx----- 1 hel users 2024 Sep 12 08:12 cheng

6. 如果 umask 的分值设置为 022，则默认的新建文件的权限为（   ）。

   A. ----w--w-   B. rwxr-xr-x   C. r-xr-x---   D. rw-r--r--

项目5
配置与管理磁盘

项目导入

Linux 系统的网络管理员应掌握配置和管理磁盘的技巧。如果 Linux 服务器有多个用户经常需要存取数据，则为了维护所有用户对磁盘容量的公平使用，磁盘配额（Quota）就是一个非常有用的工具。另外，独立磁盘冗余阵列（Redundant Arrays of Independent Disks，RAID）及逻辑卷管理器（Logical Volume Manager，LVM），这些工具都可以帮助你管理与维护用户可用的磁盘容量。

项目目标

- 掌握Linux下的磁盘管理工具的使用方法。
- 掌握设置磁盘限额的方法。
- 掌握 Linux 下的软 RAID 和 LVM 的使用方法。

素养目标

- 了解国家科学技术奖中最高等级的奖项——国家最高科学技术奖，激发学生的科学精神和爱国情怀。
- "盛年不重来，一日难再晨。及时当勉励，岁月不待人。"盛世之下，青年学生要惜时如金，学好知识，报效国家。

5.1 项目知识准备

掌握硬盘和分区的基础知识是完成本项目的基础。

5.1.1 物理设备的命名规则

微课

配置与管理硬盘

Linux 系统中的一切都是文件，硬件设备也不例外。既然是文件，就必须有文件名称。系统内核中的 udev 设备管理器会自动把硬件名称规范起来，目的是让用户通过设备文件的名字可以大致了解设备的属性以及分区信息等。这对于陌生的设备来说特别方便。另外，udev 设备管理器的服务会一直以守护进程的形式运行并监听内核发出的信号来管理/dev 目录下的设备文件。Linux 系统中常见的硬件设备的文件名称见表 5-1。

表 5-1　Linux 系统中常见的硬件设备的文件名称

硬件设备	文件名称
IDE 设备	/dev/hd[a–d]
SCSI、SATA、U 盘	/dev/sd[a–p]
软驱	/dev/fd[0–1]
打印机	/dev/lp[0–15]
光驱	/dev/cdrom
鼠标	/dev/mouse
磁带机	/dev/st0 或/dev/ht0

由于现在的 IDE（Integrated Drive Electronics，电子集成驱动器）设备已经很少见了，所以一般的硬盘设备都是以"/dev/sd"开头的。而一台主机上可以有多个硬盘，因此系统采用 a～p 来代表 16 块不同的硬盘（默认从 a 开始分配），而且硬盘的分区编号也有如下规定。

- 主分区或扩展分区的编号从 1 开始，到 4 结束。
- 逻辑分区从编号 5 开始。

> **注意**　/dev 目录中的 sda 设备之所以是 a，并不是由插槽决定的，而是由系统内核的识别顺序决定的。大家以后在使用 iSCSI 网络存储设备时就会发现，明明主板上第 2 个插槽是空着的，但系统却能识别到/dev/sdb 这个设备。sda3 表示编号为 3 的分区，而不能判断 sda 设备上已经存在了 3 个分区。

那么/dev/sda5 这个设备文件名称包含哪些信息呢？答案如图 5-1 所示。

首先，/dev 目录中保存的应当是硬件设备文件；其次，sd 表示存储设备，a 表示系统中同类接口中第一个被识别到的设备；最后，5 表示这个设备是一个逻辑分区。一言以蔽之，/dev/sda5 表示的就是"这是系统中第一个被识别到的硬件设备中分区编号为 5 的逻辑分区的设备文件"。

图 5-1　设备文件名称

5.1.2　硬盘相关知识

硬盘设备是由大量的扇区组成的，每个扇区的容量为 512B，其中第一个扇区最重要。第一个扇区里面保存着主引导记录与分区表信息。就第一个扇区来讲，主引导记录需要占用 446B，分区表占 64B，结束符占用 2B；其中分区表中每记录一个分区信息就需要 16B，这样一来最多只有 4 个分区信息可以写到第一个扇区中，这 4 个分区就是 4 个主分区。第一个扇区中的数据信息如图 5-2 所示。

第一个扇区最多只能创建出 4 个分区，于是为了解决分区个数不够的问题，可以将第一个扇区的分区表中的 16B（原本要写入主分区信息）的空间（称为扩展分区）拿出来指向另外一个分区。也就是说，扩展分区其实并不是一个真正的分区，而更像是一个占用 16B 分区表空间的指针——一个指向另外一个分区的指针。这样一来，用户一般会选择使用 3 个主分区加 1 个扩展分区的方法，然后在扩展分区中创建出数个逻辑分区，从而满足多分区（大于 4 个）的需求。主分区、扩展分区、逻辑分区可以像图 5-3 那样来规划。

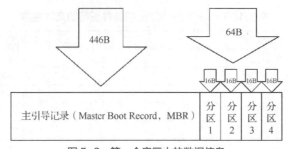

图 5-2　第一个扇区中的数据信息

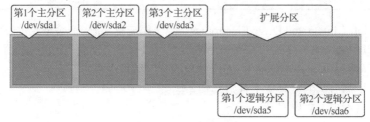

图 5-3　硬盘分区的规划

注意　严格地讲，扩展分区不是一个实际意义上的分区，它仅是一个指向下一个分区的指针，这种指针结构将形成一个单向链表。

思考　/dev/sdb8 是什么意思？

5.2　项目设计与准备

一般情况下，RHEL 7 虚拟机默认安装在 SCSI 硬盘上。

小知识　硬盘和磁盘是一样的吗？当然不是。硬盘是计算机最主要的存储设备。硬盘（Hard Disk Drive，HDD）是由一个或者多个铝制或者玻璃制的碟片组成的。这些碟片外覆盖有铁磁性材料。

磁盘是计算机的外部存储器中类似磁带的装置。为了防止磁盘表面划伤而导致数据丢失，磁盘圆形的磁性盘片通常会封装在一个方形的密封盒子里。磁盘分为软磁盘和硬磁盘，一般情况下，硬磁盘就是指硬盘。

在虚拟机 RHEL7-1 中新增一块 SCSI 硬盘，新增的硬盘为/dev/sdb。添加硬盘的步骤如下：在虚拟机主界面中选中 RHEL7-1，执行"编辑虚拟机设置"命令，再单击"添加"→"下一步"按钮，选择磁盘类型后根据向导完成硬盘的添加。

注意　（1）只有在虚拟机电源处于关闭状态时，才能添加 IDE 和 NVMe 硬盘。（2）添加硬盘后，可能需要重启计算机才能生效。

下面所有的操作都在服务器 RHEL7-1 上进行。

5.3 项目实施

安装 Linux 操作系统有一个步骤是进行硬盘分区,可以采用 Disk Druid、RAID 和 LVM 等方式进行分区。除此之外,在 Linux 操作系统中还有 fdisk、cfdisk、parted 等分区工具。

任务 5-1 熟练使用常用磁盘管理工具

 注意 下面所有的命令都以新增一块 SCSI 硬盘为前提,新增的硬盘为/dev/sdb。请在开始本任务前在虚拟机中增加该硬盘,然后启动系统。

1. fdisk 命令

fdisk 磁盘分区工具在 DOS、Windows 和 Linux 中都有相应的应用程序。在 Linux 系统中,fdisk 是基于菜单的命令。对硬盘进行分区时,可以在 fdisk 命令后面直接加上要分区的硬盘文件名称作为参数。例如,对新增加的第 2 块 SCSI 硬盘(20GB)进行分区的操作如下。

```
[root@RHEL7-1 ~]# fdisk /dev/sdb
Command (m for help):
```

在 Command 提示后面输入相应的命令来选择需要的操作,例如,输入 m 命令是列出所有可用命令。表 5-2 所示是 fdisk 命令的选项及功能说明。

表 5-2 fdisk 命令的选项及功能说明

命令	功能	命令	功能
a	调整硬盘启动分区	q	不保存更改,退出 fdisk 命令
d	删除硬盘分区	t	更改分区类型
l	列出所有支持的分区类型	u	切换所显示的分区大小的单位
m	列出所有命令	w	把修改写入硬盘分区表,然后退出
n	创建新分区	x	列出高级选项
p	列出硬盘分区表		

下面以在/dev/sdb 硬盘上创建大小为 500MB、文件系统类型为 ext4 的/dev/sdb1 主分区为例,讲解 fdisk 命令的用法。

(1)利用如下命令打开 fdisk 操作菜单。

```
[root@RHEL7-1 ~]# fdisk /dev/sdb
Command (m for help):
```

(2)输入 p,查看当前分区表。从命令执行结果可以看到,/dev/sdb 硬盘并无任何分区。

```
//利用p命令查看当前分区表
Command (m for help): p
磁盘 /dev/sdb: 21.5 GB, 21474836480 字节, 41943040 个扇区
Units = 扇区 of 1 * 512 = 512 bytes
扇区大小(逻辑/物理): 512 字节 / 512 字节
I/O 大小(最小/最佳): 512 字节 / 512 字节
磁盘标签类型: dos
磁盘标识符: 0xb3338f4e
```

```
设备 Boot    Start    End    Blocks   Id System
Command（m for help）：
```

以上显示了/dev/sdb 硬盘的参数和分区情况。/dev/sdb 硬盘大小为 21.5GB，磁盘有 41 943 040 个扇头，每个扇区大小为 512 字节。从第 7 行开始是分区情况，依次是分区名、是否为启动分区、起始柱面、终止柱面、分区的总块数、分区 ID、文件系统类型。

```
[root@RHEL7-1 ~]# fdisk /dev/sda
Command（m for help）：p
磁盘 /dev/sda: 42.9 GB, 42949672960 字节, 83886080 个扇区
Units = 扇区 of 1 * 512 = 512 bytes
扇区大小(逻辑/物理)：512 字节 / 512 字节
I/O 大小(最小/最佳)：512 字节 / 512 字节
磁盘标签类型: dos
磁盘标识符: 0x000f30db

设备          Boot     Start       End       Blocks      Id  System
/dev/sda1     *        2048        587775    292864      83  Linux
/dev/sda2              587776      20117503  9764864     83  Linux
/dev/sda3              20117504    35741695  7812096     83  Linux
/dev/sda4              35741696    83886079  24072192    5   Extended
/dev/sda5              35745792    51369983  7812096     83  Linux
/dev/sda6              51372032    66996223  7812096     83  Linux
/dev/sda7              66998272    74809343  3905536     82  Linux swap / Solaris
/dev/sda8              74811392    76763135  975872      83  Linux
```

（3）输入 n，创建一个新分区；输入 p，选择创建主分区（创建扩展分区输入 e，创建逻辑分区输入 l）；输入数字 1，创建第一个主分区（主分区和扩展分区编号可选数字 1～4，逻辑分区的数字标识从 5 开始）；输入此分区的起始、结束扇区，以确定当前分区的大小。也可以使用+sizeM 或者+sizeK 的方式指定分区大小。具体操作如下。

```
Command（m for help）：n        //利用 n 命令创建新分区
Command action
  e   extended
  p   primary partition（1-4）
p                              //输入字符 p，以创建主分区
Partition number（1-4）：1
First cylinder（1-130, default 1）：
Using default value 1
Last cylinder or +size or +sizeM or +sizeK（1-130, default 130）：+500M
```

（4）输入 l 可以查看已知的分区类型及其 id，其中列出 Linux 的 id 为 83。输入 t，指定/dev/sdb1 的文件系统类型为 Linux。操作如下。

```
//设置/dev/sdb1 分区类型为 Linux
Command（m for help）：t
Selected partition 1
Hex code（type L to list codes）：83
```

 提示 如果不知道文件系统类型的 id 是多少，则可以在上面输入 l 查找。

（5）分区结束后，输入 w，把分区信息写入分区表并退出。

（6）用同样的方法建立磁盘分区/dev/sdb2、/dev/sdb3。

（7）如果要删除磁盘分区，则在 fdisk 菜单下输入 d，并选择相应的磁盘分区即可。删除后输入 w，保存退出。

```
//删除/dev/sdb3分区，并保存退出
Command (m for help): d
Partition number (1, 2, 3): 3
Command (m for help): w
```

2. mkfs 命令

硬盘分区后，下一步的工作就是建立文件系统。类似于 Windows 下的格式化硬盘，在硬盘分区上建立文件系统会冲掉分区上的数据，而且不可恢复，因此在建立文件系统之前要确认分区上的数据不再使用。建立文件系统的命令是 mkfs，其语法格式如下。

```
mkfs    [参数]    文件系统
```

mkfs 命令常用的选项说明如下。

- -t: 指定要创建的文件系统类型。
- -c: 建立文件系统前首先检查坏块。
- -l file: 从 file 文件中读磁盘坏块列表，file 文件一般是由磁盘坏块检查程序产生的。
- -V: 输出建立文件系统的详细信息。

例如，在/dev/sdb1 上建立 ext4 类型的文件系统，建立时检查磁盘坏块并显示详细信息。

```
[root@RHEL7-1 ~]# mkfs -t ext4 -V -c /dev/sdb1
```

完成了存储设备的分区和格式化操作，接下来就要挂载并使用存储设备了。与之相关的步骤也非常简单：首先创建一个用于挂载设备的挂载点目录；然后使用 mount 命令将存储设备与挂载点进行关联；最后使用 df -h 命令查看挂载状态和硬盘使用量信息。

```
[root@RHEL7-1 ~]# mkdir /newFS
[root@RHEL7-1 ~]# mount /dev/sdb1 /newFS/
[root@RHEL7-1 ~]# df -h
Filesystem      Size  Used Avail  Use%  Mounted on
dev/sda2        9.8G   86M  9.2G    1%   /
devtmpfs        897M     0  897M    0%   /dev
tmpfs           912M     0  912M    0%   /dev/shm
tmpfs           912M  9.0M  903M    1%   /run
tmpfs           912M     0  912M    0%   /sys/fs/cgroup
/dev/sda8       8.0G  3.0G  5.1G   38%   /usr
/dev/sda7       976M  2.7M  907M    1%   /tmp
/dev/sda3       7.8G   41M  7.3G    1%   /home
/dev/sda5       7.8G  140M  7.2G    2%   /var
/dev/sda1       269M  145M  107M   58%   /boot
/dev/sdb1       477M  2.3M  445M    1%   /newFS
tmpfs           183M   36K  183M    1%   /run/user/0 S
```

3. fsck 命令

fsck 命令主要用于检查文件系统的正确性，并对 Linux 磁盘进行修复。fsck 命令的语法格式如下。

```
fsck    [参数选项]    文件系统
```

fsck 命令常用的选项说明如下。

- -t: 给定文件系统类型，若在/etc/fstab 中已有定义或内核本身已支持的，则不需要添加此项。

- -s：一个个地执行 fsck 命令进行检查。
- -A：对/etc/fstab 中所有列出来的分区进行检查。
- -C：显示完整的检查进度。
- -d：列出 fsck 的 debug 结果。
- -P：在同时有-A 选项时，多个 fsck 的检查一起执行。
- -a：如果检查中发现错误，则自动修复。
- -r：如果检查有错误，则询问用户是否修复。

例如，检查分区/dev/sdb1 上是否有错误，如果有错误就自动修复（**必须先把磁盘卸载才能检查分区**）。

```
[root@RHEL7-1 ~]# umount /dev/sdb1
[root@RHEL7-1 ~]# fsck -a /dev/sdb1
fsck 1.35 (28-Feb-2004)
/dev/sdb1: clean, 11/128016 files, 26684/512000 blocks
```

4. dd 命令

使用 dd 命令建立和使用交换文件。

当系统的交换分区不能满足系统的要求而磁盘上又没有可用空间时，可以使用交换文件提供虚拟内存。

```
[root@RHEL7-1 ~]# dd if=/dev/zero of=/swap bs=1024 count=10240
```

上述命令的执行结果是在硬盘的根目录下建立了一个块大小为 1024B、块数为 10240 的名为 swap 的交换文件。该文件的大小为 1024B × 10240=10MB。

建立 swap 交换文件后，使用 mkswap 命令说明该文件用于交换空间。

```
[root@RHEL7-1 ~]# mkswap /swap
```

利用 swapon 命令可以激活交换空间，也可以利用 swapoff 命令卸载被激活的交换空间。

```
[root@RHEL7-1 ~]# swapon /swap
[root@RHEL7-1 ~]# swapoff /swap
```

5. df 命令

df 命令用来查看文件系统的磁盘空间占用情况。可以利用该命令来获取硬盘被占用了多少空间，以及目前还有多少空间等信息，还可以利用该命令获得文件系统的挂载位置。

df 命令的语法格式如下。

```
df [参数选项]
```

df 命令的常见选项说明如下。

- -a：显示所有文件系统磁盘使用情况，包括 0 块的文件系统，如/proc 文件系统。
- -k：以 KB 为单位显示。
- -i：显示 i 节点信息。
- -t：显示各指定类型的文件系统的磁盘空间使用情况。
- -x：列出不是某一指定类型文件系统的磁盘空间使用情况（与-t 选项的作用相反）。
- -T：显示文件系统类型。

例如，列出各文件系统的磁盘空间占用情况。

```
[root@RHEL7-1 ~]# df
Filesystem     1K-blocks      Used  Available  Use%   Mounted on
......
```

```
/dev/sda3      8125880          41436   7648632  1%      /home
/dev/sda5      8125880          142784  7547284  2%      /var
/dev/sda1       275387          147673  108975   58%     /boot
tmpfs           186704          36      186668   1%       /run/user/0
```

列出各文件系统的 i 节点的使用情况。

```
[root@RHEL7-1 ~]# df -ia
Filesystem      Inodes   IUsed  IFree    IUse%    Mounted on
rootfs            -        -      -        -             /
sysfs             0        0      0        -        /sys
proc              0        0      0        -        /proc
devtmpfs        229616    411   229205    1%       /dev
......
```

列出文件系统类型。

```
[root@RHEL7-1 ~]# df -T
Filesystem      Type     1K-blocks    Used Available   Use%    Mounted on
/dev/sda2       ext4     10190100     98264  9551164   2% /
devtmpfs        devtmpfs  918464         0   918464    0% /dev
......
```

6. du 命令

du 命令用于显示磁盘空间的使用情况。该命令逐级显示指定目录的每一级子目录占用文件系统数据块的情况。du 命令的语法格式如下。

du [参数选项] [文件或目录名称]

du 命令的选项说明如下。

- -s：对每个 name 参数只给出占用的数据块总数。
- -a：递归显示指定目录中各文件及其子目录中各文件占用的数据块数。
- -b：以字节为单位列出磁盘空间使用情况（AS 4.0 中默认以 KB 为单位）。
- -k：以 KB 为单位列出磁盘空间使用情况。
- -c：在统计后加上一个总计（系统默认设置）。
- -l：计算所有文件大小，对硬链接文件重复计算。
- -x：跳过在不同文件系统上的目录，不予统计。

例如，以字节为单位列出所有文件和目录的磁盘空间占用情况的命令如下。

```
[root@RHEL7-1 ~]# du -ab
```

7. mount 与 umount 命令

（1）mount 命令

在磁盘上建立好文件系统之后，还需要把新建立的文件系统挂载到操作系统上才能使用。这个过程称为挂载。文件系统所挂载到的目录被称为挂载点（Mount Point）。Linux 系统提供了/mnt 和/media 两个专门的挂载点。一般而言，挂载点应该是一个空目录，否则目录中原来的文件将被系统隐藏。通常将光盘和软盘挂载到/media/cdrom（或者/mnt/cdrom）和/media/floppy（或者/mnt/ floppy）中，其对应的设备文件名分别为/dev/cdrom 和/dev/fd0。

文件系统可以在系统引导过程中自动挂载，也可以手动挂载，手动挂载文件系统的命令是mount。该命令的语法格式如下。

mount 选项 设备 挂载点

mount 命令的主要选项说明如下。

- -t：指定要挂载的文件系统的类型。

- −r: 如果不想修改要挂载的文件系统，则可以使用该选项以只读方式进行挂载。
- −w: 以可写的方式挂载文件系统。
- −a: 挂载/etc/fstab 文件中记录的设备。

把文件系统类型为 ext4 的磁盘分区/dev/sdb1 挂载到/newFS 目录下，可以使用如下命令。

```
[root@RHEL7-1 ~]# mount -t ext4 /dev/sdb1 /newFS
```

挂载光盘可以使用下列命令。

```
[root@RHEL7-1 ~]# mkdir /media/cdrom
```

```
[root@RHEL7-1 ~]# mount -t iso9660 /dev/cdrom /media/cdrom
```

（2）umount 命令

文件系统可以被挂载，也可以被卸载。卸载文件系统的命令是 umount。umount 命令的语法格式如下。

```
umount 设备 | 挂载点
```

例如，卸载光盘可以使用如下命令。

```
[root@RHEL7-1 ~]# umount /dev/cdrom
```

或者

```
[root@RHEL7-1 ~]# umount /media/cdrom
```

注意 光盘在没有卸载之前，无法从驱动器中弹出。正在使用的文件系统不能卸载。

8. 文件系统的自动挂载

要实现每次开机自动挂载文件系统，可以通过编辑/etc/fstab 文件来实现。在/etc/fstab 中列出了引导系统时需要挂载的文件系统，以及文件系统的类型和挂载参数。系统在引导过程中会读取/etc/fstab 文件，并根据该文件的配置参数挂载相应的文件系统。以下是一个/etc/fstab 文件的内容。

```
[root@RHEL7-1 ~]# cat /etc/fstab
# This file is edited by fstab-sync - see 'man fstab-sync' for details
LABEL=/              /               ext4     defaults                      1 1
LABEL=/boot          /boot           ext4     defaults                      1 2
none                 /dev/pts        devpts   gid=5,mode=620                0 0
none                 /dev/shm        tmpfs    defaults                      0 0
none                 /proc           proc     defaults                      0 0
none                 /sys            sysfs    defaults                      0 0
LABEL=SWAP-sda2      swap            swap     defaults                      0 0
/dev/sdb2            /media/sdb2     ext4     rw,grpquota,usrquota          0 0
/dev/hdc             /media/cdrom    auto     pamconsole,exec,noauto,managed 0 0
/dev/fd0             /media/floppy   auto     pamconsole,exec,noauto,managed 0 0
```

/etc/fstab 文件的每一行对应一个文件系统，每一行又包含 6 列，这 6 列的内容如下。

```
fs_spec   fs_file   fs_vfstype   fs_mntops   fs_freq   fs_passno
```

具体含义如下。

- fs_spec: 将要挂载的设备文件。
- fs_file: 文件系统的挂载点。
- fs_vfstype: 文件系统类型。
- fs_mntops: 挂载时的参数选项，各选项之间用逗号隔开。
- fs_freq: 由 dump 程序决定文件系统是否需要备份，0 表示不备份，1 表示备份。
- fs_passno: 由 fsck 程序决定引导时是否检查磁盘及次序，取值可以为 0、1、2。

例如，实现每次开机自动将文件系统类型为 VFAT 的分区/dev/sdb3 挂载到/media/sdb3 目录下，需要在/etc/fstab 文件中添加下面一行内容。这样，重新启动计算机后，/dev/sdb3 就能自动挂载相应文件系统了。

```
/dev/sdb3    /media/sdb3    vfat    defaults    0  0
```

任务 5-2　配置与管理磁盘配额

拓展阅读

配置与管理磁盘
配额

Linux 是一个多用户操作系统，为了防止某个用户或组群占用过多的磁盘空间，可以通过磁盘配额功能限制用户和组群对磁盘空间的使用。在 Linux 系统中可以通过索引节点数和磁盘块数来限制用户和组群对磁盘空间的使用。

- 限制用户和组的索引节点数是指限制用户和组可以创建的文件数量。
- 限制用户和组的磁盘块数是指限制用户和组可以使用的磁盘容量。

> **注意**　任务 5-2 和任务 5-3 都是基于任务 5-1 中对磁盘/dev/sdb 的各种处理。为了使后续的实训能正常进行，特重申如下几个问题：/dev/sdb 的第 2 个分区是独立分区；将/dev/sdb2 挂载到/disk2；使用/etc/fstab 配置文件完成自动挂载；重启计算机，使自动挂载生效。

任务 5-3　在 Linux 中配置软 RAID

RAID 用于将多个小型磁盘驱动器合并成一个磁盘阵列，以提高存储性能和容错功能。RAID 可分为软 RAID 和硬 RAID，其中，软 RAID 是通过软件实现多个硬盘冗余，而硬 RAID 一般通过 RAID 卡来实现 RAID。前者配置简单，管理也比较灵活，对于中小型企业来说不失为一种好的选择。硬 RAID 在性能方面具有一定优势，但往往花费比较大。

RAID 作为高性能的存储系统，已经得到了越来越广泛的应用。从 RAID 概念的提出到现在，RAID 已经发展了 6 个级别，分别是 0、1、2、3、4、5。但是最常用的是 0、1、3、5 这 4 个级别。

- RAID 0：将多个磁盘合并成一个大的磁盘，不具有冗余，并行 I/O，速度最快。RAID 0 也称为带区集。它是将多个磁盘并列起来，形成一个大硬盘。在存放数据时，RAID 0 将数据按磁盘的数量来进行分段，然后同时将这些数据写进这些盘中。RAID 0 技术示意图如图 5-4 所示。

在所有的级别中，RAID 0 的速度是最快的。但是 RAID 0 没有冗余功能，如果一个磁盘（物理）损坏，则所有的数据都无法使用。

- RAID 1：把磁盘阵列中的硬盘分成相同的两组，使其互为映像，当任一磁盘介质出现故障时，可以利用映像上的数据进行恢复，从而提高系统的容错能力。对数据的操作仍采用分块后并行传输的方式。所以 RAID 1 相比 RAID 0 不仅提高了读写速度，还加强了系统的可靠性，其缺点是硬盘的利用率低，只有 50%。RAID 1 技术示意图如图 5-5 所示。

图 5-4　RAID 0 技术示意图　　　图 5-5　RAID 1 技术示意图

● RAID 3：以一个硬盘来存储数据的奇偶校验位，数据则分段存储于其余硬盘中。RAID 3 存放数据的原理和 RAID 0、RAID 1 不同。它像 RAID 0 一样以并行的方式来存储数据，但速度没有 RAID 0 快。如果数据盘（物理）损坏，则只要将坏的硬盘换掉，RAID 控制系统会根据校验盘的数据校验位在新盘中重建坏盘上的数据。不过，如果校验盘（物理）损坏的话，则全部数据都将无法使用。利用单独的校验盘来保护数据虽然没有映像的安全性高，但是硬盘利用率得到了很大的提高，为 $n-1$，其中 n 为使用 RAID 3 的硬盘总数量。

● RAID 5：向阵列中的磁盘写数据，奇偶校验数据存放在阵列中的各个盘上，允许单个磁盘出错。RAID 5 也是以数据校验位来保证数据的安全的，但它不以单独的硬盘来存放数据的校验位，而是将数据段的校验位交互存放于各个硬盘上，这样任何一个硬盘损坏，都可以根据其他硬盘上的校验位来重建损坏的数据，其硬盘的利用率为 $n-1$。RAID 5 技术示意图如图 5-6 所示。

图5-6　RAID 5 技术示意图

RHEL 提供了对软 RAID 技术的支持。在 Linux 系统中建立软 RAID 可以使用 mdadm 工具。

1. 实现软 RAID 的环境

下面以 4 个硬盘/dev/sdb、/dev/sdc、/dev/sdd、/dev/sde 为例来讲解 RAID 5 的创建方法。此处利用 VMware 虚拟机，需事先安装 4 块 SCSI 硬盘。

2. 创建 4 个磁盘分区

使用 fdisk 命令重新创建 4 个磁盘分区/dev/sdb1、/dev/sdc1、/dev/sdd1、/dev/sde1，其容量都一致，都为 500MB，并设置分区类型 id 为 fd（Linux raid autodetect）。下面以创建/dev/sdb1 磁盘分区为例（先删除原来的分区，如果是新磁盘就直接分区）介绍具体操作。

```
[root@RHEL7-1 ~]# fdisk /dev/sdb
Welcome to fdisk (util-linux 2.23.2).
Changes will remain in memory only, until you decide to write them.
Be careful before using the write command.
Command (m for help): d                             //删除分区命令
Partition number (1,2, default 2):
Partition 2 is deleted                              //删除分区 2
Command (m for help): d                             //删除分区命令
Selected partition 1
Partition 1 is deleted
Command (m for help): n                             //创建分区
Partition type:
   p   primary (0 primary, 0 extended, 4 free)
   e   extended
Select (default p): p                               //创建主分区
Using default response p
Partition number (1-4, default 1): 1                //创建第一个主分区
First sector (2048-41943039, default 2048):
Using default value 2048
Last sector, +sectors or +size{K,M,G} (2048-41943039, default 41943039): +500M
                                                    //分区容量为 500MB
Partition 1 of type Linux and of size 500 MiB is set
```

```
Command (m for help): t                          //设置文件系统
Selected partition 1
Hex code (type L to list all codes): fd          //设置文件系统为 fd
Changed type of partition 'Linux' to 'Linux raid autodetect'
Command (m for help): w                          //存盘退出
```

用同样方法创建其他 3 个硬盘分区，最后的分区结果如下（已去掉无用信息）。

```
[root@RHEL7-1 ~]# fdisk -l
Device Boot    Start      End       Blocks   Id  System
/dev/sdb1      2048       1026047   512000   fd  Linux raid autodetect
/dev/sdc1      2048       1026047   512000   fd  Linux raid autodetect
/dev/sdd1      2048       1026047   512000   fd  Linux raid autodetect
/dev/sde1      2048       1026047   512000   fd  Linux raid autodetect
```

3. 使用 mdadm 命令创建 RAID 5

RAID 设备名称为/dev/md$X$，其中 X 为设备编号，该编号从 0 开始。

```
[root@RHEL7-1 ~]#mdadm --create /dev/md0 --level=5 --raid-devices=3
--spare-devices=1 /dev/sd[b-e]1
mdadm: array /dev/md0 started.
```

上述命令中指定 RAID 设备名为/dev/md0，级别为 5，使用 3 个设备建立 RAID，空余一个备用。在上面的语句中，最后面是装置文件名，这些装置文件名可以是整个磁盘，如/dev/sdb，也可以是磁盘上的分区，如/dev/sdb1 之类。不过，这些装置文件名的总数必须等于--raid-devices 与--spare-devices 的和。在此例中，/dev/sd[b-e]1 是一种简写，表示/dev/sdb1、/dev/sdc1、/dev/sdd1、/dev/sde1，其中/dev/sde1 为备用。

4. 为新建立的/dev/md0 建立类型为 ext4 的文件系统

```
[root@RHEL7-1 ~]mkfs -t ext4 -c /dev/md0
```

5. 查看建立的 RAID 5 的具体情况（注意哪个分区是备用）

```
[root@RHEL7-1 ~]mdadm --detail /dev/md0
/dev/md0:
          Version : 1.2
    Creation Time : Mon May 28 05:45:21 2018
       Raid Level : raid5
       Array Size : 1021952 (998.00 MiB 1046.48 MB)
    Used Dev Size : 510976 (499.00 MiB 523.24 MB)
     Raid Devices : 3
    Total Devices : 4
      Persistence : Superblock is persistent

      Update Time : Mon May 28 05:47:36 2018
            State : clean
   Active Devices : 3
  Working Devices : 4
   Failed Devices : 0
    Spare Devices : 1

           Layout : left-symmetric
       Chunk Size : 512K

Consistency Policy : resync

             Name : RHEL7-1:0  (local to host RHEL7-2)
```

```
          UUID : 082401ed:7e3b0286:58eac7e2:a0c2f0fd
        Events : 18

    Number   Major   Minor   Raid   Device        State
       0       8      17       0    active sync   /dev/sdb1
       1       8      33       1    active sync   /dev/sdc1
       4       8      49       2    active sync   /dev/sdd1
       3       8      65       -    spare         /dev/sde1
```

6. 挂载 RAID 设备

将 RAID 设备/dev/md0 挂载到指定的目录/media/md0 中，并显示该设备中的内容。

```
[root@RHEL7-1 ~]# mkdir /media/md0
[root@RHEL7-1 ~]# mount /dev/md0 /media/md0 ; ls /media/md0
lost+found
[root@RHEL7-1 ~]# cd /media/md0
//写入一个 50MB 的文件 50_file 供数据恢复时测试用
[root@RHEL7-1 md0]# dd if=/dev/zero of=50_file count=1 bs=50M; ll
1+0 records in
1+0 records out
52428800 bytes (52 MB) copied, 0.550244 s, 95.3 MB/s
total 51216
-rw-r--r--. 1 root root 52428800 May 28 16:00 50_file
drwx------. 2 root root    16384 May 28 15:54 lost+found
[root@RHEL7-1 ~]# cd
```

7. RAID 设备的数据恢复

如果 RAID 设备中的某个硬盘损坏，则系统会自动停止这个硬盘的工作，让备用的那个硬盘代替损坏的硬盘继续工作。例如，假设/dev/sdc1 损坏，则更换损坏的 RAID 成员的方法如下。

（1）将损坏的 RAID 成员标记为失效。

```
[root@RHEL7-1 ~]#mdadm /dev/md0 --fail /dev/sdc1
```

（2）移除失效的 RAID 成员。

```
[root@RHEL7-1 ~]#mdadm /dev/md0 --remove /dev/sdc1
```

（3）更换硬盘设备，添加一个新的 RAID 成员（注意查看上面 RAID 5 的情况）。备用硬盘一般会自动替换。

```
[root@RHEL7-1 ~]#mdadm /dev/md0 --add /dev/sde1
```

（4）查看 RAID 5 下的文件是否损坏，同时再次查看 RAID 5 的情况。命令如下。

```
[root@RHEL7-1 ~]#ll /media/md0
[root@RHEL7-1 ~]#mdadm --detail /dev/md0
/dev/md0:
    ......
    Number   Major   Minor   Raid   Device        State
       0       8      17       0    active sync   /dev/sdb1
       3       8      65       1    active sync   /dev/sde1
       4       8      49       2    active sync   /dev/sdd1
```

RAID 5 中的失效硬盘已被成功替换。

说明 mdadm 命令中凡是以--引出的选项，均与-加单词首字母的方式等价。例如，--remove 等价于-r，--add 等价于-a。

（5）当不再使用 RAID 设备时，可以使用命令 mdadm　–S　/dev/mdX 停止 RAID 设备。需要注意的是，应先卸载再停止。

```
[root@RHEL7-2 ~]# umount /dev/md0  /media/md0
umount: /media/md0: not mounted
[root@RHEL7-2 ~]# mdadm  -S  /dev/md0
mdadm: stopped /dev/md0
```

任务 5-4　配置软 RAID 的企业案例

下面是配置软 RAID 的企业实战案例。

1. 环境需求

* 利用 4 个分区组成 RAID 5。
* 每个分区容量约为 1GB，需要注意的是，RAID 5 的每个分区容量最好一致。
* 1 个分区设定为 spare disk，它的大小与其他 RAID 所需分区一样大。
* 将此 RAID 5 装置挂载到/mnt/raid 目录下。

在本案例中使用一个 20GB 的单独磁盘，该磁盘的分区代号使用 5~9。

2. 利用 fdisk 创建所需的磁盘设备（使用扩展分区划分逻辑分区）

```
[root@RHEL7-1 ~]# fdisk /dev/sdb
Command (m for help): n
Partition type:
p   primary (1 primary, 0 extended, 3 free)
e   extended
Select (default p): e                    //选择扩展分区
Partition number (2-4, default 2): 4
First sector (1026048-41943039, default 1026048):
Using default value 1026048
Last sector, +sectors or +size{K,M,G} (1026048-41943039, default 41943039): +10G
                                        //扩展分区总共 10GB
Partition 4 of type Extended and of size 10 GiB is set
Command (m for help): n                  //新建分区命令
Partition type:
   p   primary (1 primary, 1 extended, 2 free)
   l   logical (numbered from 5)
Select (default p): l                    //在扩展分区中新建逻辑分区
Adding logical partition 5
First sector (1028096-21997567, default 1028096): 5 //新建逻辑分区/dev/sdb5
Using default value 1028096
Last sector, +sectors or +size{K,M,G} (1028096-21997567, default 21997567): +1G
                                        //逻辑分区/dev/sdb5 大小为 1GB
Partition 5 of type Linux and of size 1 GiB is set
Command (m for help): t                  //设置文件系统命令
Partition number (1,4,5, default 5): 5
Hex code (type L to list all codes): fd  //设置/dev/sdb5 文件系统为 fd
Changed type of partition 'Linux' to 'Linux raid autodetect'
......
```

用同样方法设置/dev/sdb6、/dev/sdb7、/dev/sdb8、/dev/sdb9，最后记得输入 w 存盘。分区结果如下。

```
[root@RHEL7-1 ~]# fdisk -l /dev/sdb
......
Device Boot      Start       End      Blocks    Id  System
/dev/sdb1         2048    1026047     512000    fd  Linux raid autodetect
/dev/sdb4      1026048   21997567   10485760     5  Extended
/dev/sdb5      1028096    3125247    1048576    fd  Linux raid autodetect
/dev/sdb6      3127296    5224447    1048576    fd  Linux raid autodetect
/dev/sdb7      5226496    7323647    1048576    fd  Linux raid autodetect
/dev/sdb8      7325696    9422847    1048576    fd  Linux raid autodetect
/dev/sdb9      9424896   11522047    1048576    fd  Linux raid autodetect
#上面的 5～9 号就是我们需要的 partition
```

3. 使用 mdadm 命令创建 RAID 5（先卸载，再停止/dev/md0，因为 md0 用到了/dev/sdb）

```
[root@RHEL7-1 ~]# umount /dev/md0

[root@RHEL7-1 ~]# mdadm -S   /dev/md0

[root@RHEL7-1 ~]# mdadm --create --auto=yes  /dev/md0 --level=5   --raid- devices=4
--spare-devices=1    /dev/sdb{5,6,7,8,9}
#这里通过{}将重复的项目简化
```

4. 查看建立的 RAID 5 的具体情况

```
[root@RHEL7-1 ~]# mdadm --detail   /dev/md0
/dev/md0:
       ......

Number   Major   Minor   RaidDevice State
     0       8      21        0        active sync   /dev/sdb5
     1       8      22        1        active sync   /dev/sdb6
     2       8      23        2        active sync   /dev/sdb7
     5       8      24        3        active sync   /dev/sdb8

     4       8      25        -        spare   /dev/sdb9
```

5. 格式化与挂载（使用 RAID 5）

```
[root@RHEL7-1 ~]# mkfs  -t ext4   /dev/md0                    #格式化/dev/md0
[root@RHEL7-1 ~]# mkdir    /mnt/raid
[root@RHEL7-1 ~]# mount   /dev/md0     /mnt/raid
[root@RHEL7-1 ~]# df
Filesystem      1K-blocks     Used Available Use% Mounted on
......
tmpfs             186704       20   186684    1%  /run/user/0
/dev/md0         3027728     9216  2844996    1%  /mnt/raid
```

6. 测试 RAID 5 的自动容灾功能（/dev/sdb9 自动替换了/dev/sdb6）

```
[root@RHEL7-2 ~]# mdadm /dev/md0  --fail /dev/sdb6
mdadm: set /dev/sdb6 faulty in /dev/md0
[root@RHEL7-2 ~]# mdadm --detail /dev/md0
/dev/md0:
       ......
Number   Major   Minor   Raid    Device       State
     0       8      21       0     active sync    /dev/sdb5
     4       8      25       1     active sync    /dev/sdb9
     2       8      23       2     active sync    /dev/sdb7
     5       8      24       3     active sync    /dev/sdb8

     1       8      22       -     faulty         /dev/sdb6
```

任务 5-5　使用 LVM

前面学习的硬盘设备管理技术虽然能够有效地提高硬盘设备的读写速度以及数据的安全性，但是在硬盘分好区或者部署为 RAID 磁盘阵列之后，再想修改硬盘分区的大小就不容易了。换句话说，当用户想要随着实际需求的变化调整硬盘分区的大小时，会受到硬盘"灵活性"的限制。这时就需要用到另外一项非常普及的硬盘设备资源管理工具——LVM。LVM 允许用户对硬盘资源进行动态调整。

LVM 是 Linux 系统对硬盘分区进行管理的一种工具，其创建初衷是弥补硬盘设备在创建分区后不易修改分区大小的缺陷。尽管对传统的硬盘分区进行强制扩容或缩容从理论上来讲是可行的，但是可能造成数据丢失。LVM 是在硬盘分区和文件系统之间添加了一个逻辑层，它提供了一个抽象的卷组，可以把多个硬盘进行卷组合并。这样一来，用户无须关心物理硬盘设备的底层架构和布局，就可以实现对硬盘分区的动态调整。LVM 的技术架构如图 5-7 所示。

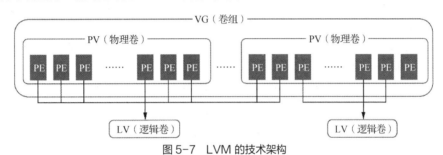

图 5-7　LVM 的技术架构

物理卷处于 LVM 的最底层，可以将其理解为物理硬盘、硬盘分区或者 RAID 磁盘阵列。卷组建立在物理卷之上，一个卷组可以包含多个物理卷，而且在卷组创建之后也可以继续向其中添加新的物理卷。逻辑卷是用卷组中空闲的资源建立的，并且逻辑卷在建立后可以动态地扩展或缩小空间。这就是 LVM 的核心理念。

1. 部署 LVM

一般而言，在生产环境中无法精确地预估每个硬盘分区在日后的使用情况，因此会出现原先分配的硬盘分区不够用的情况。比如，伴随着业务量的增加，用于存放交易记录的数据库目录的体积也随之增加；分析并记录用户的行为导致日志目录的体积不断变大，这些都会导致原有的硬盘分区在使用上捉襟见肘。另外，还存在对较大的硬盘分区进行精简缩容的情况。

可以通过部署 LVM 来解决上述问题。部署 LVM 时，需要逐个配置物理卷、卷组和逻辑卷。常用的 LVM 部署命令见表 5-3。

表 5-3　常用的 LVM 部署命令

功能或命令	物理卷管理	卷组管理	逻辑卷管理
扫描	pvscan	vgscan	lvscan
建立	pvcreate	vgcreate	lvcreate
显示	pvdisplay	vgdisplay	lvdisplay
删除	pvremove	vgremove	lvremove
扩展		vgextend	lvextend
缩小		vgreduce	lvreduce

　　为了避免多个实验之间的冲突，请大家自
行将虚拟机还原到初始状态，并在虚拟机中重
新添加 3 个新硬盘设备，如图 5-8 所示。

　　在虚拟机中添加多个新硬盘设备的目的
是更好地演示 LVM 理念中用户无须关心底层
物理硬盘设备的特性。首先需要对添加的 2 个
新硬盘进行创建物理卷的操作，可以将该操作
简单理解成让硬盘设备支持 LVM，或者理解
成把硬盘设备加入 LVM 可用的硬件资源池
中，然后对这两个硬盘进行卷组合并，卷组的
名称可以由用户自定义。接下来根据需求把合
并后的卷组切割出一个约为 150MB 的逻辑卷
设备。最后把这个逻辑卷设备格式化成 ext4
文件系统后挂载使用。下面对每一个步骤再进
行一些简单的描述。

图 5-8　在虚拟机中添加 3 个新硬盘设备

　　（1）让新添加的两个硬盘设备支持 LVM。

```
[root@RHEL7-1 ~]# pvcreate /dev/sdb /dev/sdc
 Physical volume "/dev/sdb" successfully created.
  Physical volume "/dev/sdc" successfully created.
```

　　（2）把两个硬盘设备加入 storage 卷组中，然后查看卷组的状态。

```
[root@RHEL7-1 ~]# vgcreate storage /dev/sdb /dev/sdc
 Volume group "storage" successfully created
[root@RHEL7-1 ~]# vgdisplay
 --- Volume group ---
 VG Name              storage
 ......
 VG Size              39.99 GiB
 PE Size              4.00 MiB
 Total PE             10238
```

　　（3）切割出一个约为 150MB 的逻辑卷设备。

　　这里需要注意切割单位的问题。在对逻辑卷进行切割时有两种计量单位。一种是以容量为单位，
所使用的参数为-L，例如，使用-L 150M 生成一个大小为 150MB 的逻辑卷；另一种是以基本单元
的个数为单位，所使用的参数为-l，每个基本单元的大小默认为 4MB，例如，使用-l 37 可以生成一
个大小为 37×4=148MB 的逻辑卷。

```
[root@RHEL7-1 ~]# lvcreate -n vo -l 37 storage
 Logical volume "vo" created
[root@RHEL7-1 ~]# lvdisplay
 --- Logical volume ---
 ......
 # open 0
 LV Size 148.00 MiB
 Current LE 37
 Segments 1
 ......
```

（4）把生成好的逻辑卷进行格式化，然后挂载使用。

Linux 系统会把 LVM 中的逻辑卷设备存放在/dev 设备目录中（实际上是做了一个符号链接），同时会以卷组的名称来建立一个目录，其中保存了逻辑卷的设备映射文件（即/dev/卷组名称/逻辑卷名称）。

```
[root@RHEL7-1 ~]# mkfs.ext4 /dev/storage/vo
mke2fs 1.42.9 (28-Dec-2013)
Filesystem label=
OS type: Linux
Block size=1024 (log=0)
......
Allocating group tables: done
Writing inode tables: done
Creating journal (4096 blocks): done
Writing superblocks and filesystem accounting information: done
[root@RHEL7-1 ~]# mkdir /bobby
[root@RHEL7-1 ~]# mount /dev/storage/vo /bobby
```

（5）查看挂载状态，并将挂载状态写入配置文件，使其永久生效（做下个实验时一定要恢复到初始状态）。

```
[root@RHEL7-1 ~]# df -h
ilesystem                  Size      Used      Avail     Use%      Mounted on
......
tmpfs                      183M      20K       183M      1%        /run/user/0
/dev/mapper/storage-vo     140M      1.6M      128M      2%        /bobby
[root@RHEL7-1 ~]# echo "/dev/storage/vo /bobby ext4 defaults 0 0">>/etc/fstab
```

2. 扩容 LVM

在前面的实验中，卷组是由两个硬盘设备共同组成的。用户在使用存储设备时感觉不到设备底层的架构和布局，更不用关心底层是由多少个硬盘组成的，只要卷组中有足够的资源，就可以一直为逻辑卷扩容。扩容前请一定要记得卸载设备和挂载点的关联，命令如下。

```
[root@RHEL7-1 ~]# umount /bobby
```

（1）增加新的物理卷到卷组。

当卷组中没有足够的空间分配给逻辑卷时，可以用给卷组增加物理卷的方法来增加卷组的空间。下面先让/dev/sdd 磁盘支持 LVM，再将/dev/sdd 物理卷加到 storage 卷组。

```
[root@RHEL7-1 ~]# pvcreate /dev/sdd
[root@RHEL7-1 ~]# vgextend storage /dev/sdd
Volume group "storage" successfully extended
[root@RHEL7-1 ~]# vgdisplay
```

（2）把上一个实验中的逻辑卷 vo 扩展至 290MB。

```
[root@RHEL7-1 ~]# lvextend -L 290M /dev/storage/vo
Rounding size to boundary between physical extents: 292.00 MiB.
Size of logical volume storage/vo changed from 148.00 MiB (37 extents) to 292.00 MiB
(73 extents).
  Logical volume storage/vo successfully resized.
```

（3）检查硬盘完整性，并重置硬盘容量。

```
[root@RHEL7-1 ~]# e2fsck -f /dev/storage/vo
e2fsck 1.42.9 (28-Dec-2013)
```

```
Pass 1: Checking inodes, blocks, and sizes
Pass 2: Checking directory structure
Pass 3: Checking directory connectivity
Pass 4: Checking reference counts
Pass 5: Checking group summary information
/dev/storage/vo: 11/38000 files(0.0% non-contiguous),10453/151552 blocks
[root@RHEL7-1 ~]# resize2fs /dev/storage/vo
resize2fs 1.42.9 (28-Dec-2013)
Resizing the filesystem on /dev/storage/vo to 299008 (1k) blocks.
The filesystem on /dev/storage/vo is now 299008 blocks long.
```

（4）重新挂载硬盘设备并查看挂载状态。

```
[root@RHEL7-1 ~]# mount -a
[root@RHEL7-1 ~]# df -h
Filesystem             Size   Used  Avail Use% Mounted on
......
tmpfs                  183M   20K   183M   1%  /run/user/0
/dev/mapper/storage-vo 279M   2.1M  259M   1%  /bobby
```

3. 缩容 LVM

相较于扩容逻辑卷，在对逻辑卷进行缩容操作时，丢失数据的风险更大。所以在生产环境中执行相应操作时，一定要提前备份好数据。另外，Linux 系统规定，在对逻辑卷进行缩容操作之前，要先检查文件系统的完整性（当然这也是为了保证数据安全）。在执行缩容操作前记得先把文件系统卸载掉。

```
[root@RHEL7-1 ~]# umount /bobby
```

（1）检查文件系统的完整性。

```
[root@RHEL7-1 ~]# e2fsck -f /dev/storage/vo
```

（2）把逻辑卷 vo 的容量缩小到 120MB。

```
[root@RHEL7-1 ~]# resize2fs /dev/storage/vo 120M
resize2fs 1.42.9 (28-Dec-2013)
Resizing the filesystem on /dev/storage/vo to 122880 (1k) blocks.
The filesystem on /dev/storage/vo is now 122880 blocks long.
[root@RHEL7-1 ~]# lvreduce -L 120M /dev/storage/vo
 WARNING: Reducing active logical volume to 120.00 MiB
 THIS MAY DESTROY YOUR DATA (filesystem etc.)
Do you really want to reduce vo? [y/n]: y
 Reducing logical volume vo to 120.00 MiB
 Logical volume vo successfully resized
```

（3）重新挂载文件系统并查看系统状态。

```
[root@RHEL7-1 ~]# mount -a
[root@RHEL7-1 ~]# df -h
Filesystem               Size  Used  Avail  Use% Mounted on
......
/dev/mapper/storage-vo  113M  1.6M  103M   2%   /bobby
```

4. 删除 LVM

当在生产环境中想要重新部署 LVM 或者不再使用 LVM 时，可执行 LVM 的删除操作。为此，需要提前备份好重要的数据信息，然后依次删除逻辑卷、卷组、物理卷设备，这个顺序不可颠倒。

（1）取消逻辑卷与目录的挂载关联，删除配置文件中永久生效的设备参数。

```
[root@RHEL7-1 ~]# umount /bobby
[root@RHEL7-1 ~]# vim /etc/fstab
……
/dev/cdrom              /media/cdrom iso9660   defaults   0 0
#dev/storage/vo /bobby ext4 defaults 0 0      //删除，或在前面加上#
```

（2）删除逻辑卷设备，需要输入 y 来确认操作。

```
[root@RHEL7-1 ~]# lvremove /dev/storage/vo
Do you really want to remove active logical volume vo? [y/n]: y
 Logical volume "vo" successfully removed
```

（3）删除卷组，此处只给出卷组名称即可，不需要设备的绝对路径。

```
[root@RHEL7-1 ~]# vgremove storage
 Volume group "storage" successfully removed
```

（4）删除物理卷设备。

```
[root@RHEL7-1 ~]# pvremove /dev/sdb /dev/sdc
 Labels on physical volume "/dev/sdb" successfully wiped
 Labels on physical volume "/dev/sdc" successfully wiped
```

在上述操作执行完毕，再执行 lvdisplay、vgdisplay、pvdisplay 命令来查看 LVM 的信息时就不会再看到相关信息了（前提是上述步骤的操作是正确的）。

任务 5-6   硬盘配额配置企业案例（XFS 文件系统）

Linux 是一个多用户的操作系统，为了防止某个用户或组群占用过多的硬盘空间，可以通过硬盘配额功能限制用户和组群对硬盘空间的使用。在 Linux 操作系统中，可以通过索引节点数和硬盘块数来限制用户和组群对硬盘空间的使用。

- 限制用户和组的索引节点数是指限制用户和组可以创建的文件数量。
- 限制用户和组的硬盘块数是指限制用户和组可以使用的硬盘容量。

1. 环境需求

- 目的账户：5 名员工的账户分别是 myquotal、myquota2、myquota3、myquota4 和 myquota5，5 个账户的密码都是 password，而且这 5 个账户所属的初始组都是 myquotagrp。其他账户属性则使用默认值。

- 账户的硬盘容量限制值：5 个用户都能够取得 300MB 的硬盘使用量（hard），文件数量则不予限制。此外，只要容量使用超过 250MB，就予以警告（soft）。

- 组的配额：由于系统中还有其他用户存在，因此限制 myquotagrp 组最多能使用 1000MB 的容量。也就是说，如果 myquotal、myquota2 和 myquota3 都用了 280MB 的容量，那么其他两人最多只能使用 1000MB－280MB×3=160MB 的硬盘容量。这就是用户与组同时设定时会产生的效果。

- 宽限时间的限制：每个用户在超过 soft 限制值容量之后，都还能有 14 天的宽限时间。

> **注意** 本例中的/home 必须是独立分区，文件系统是 XFS。在项目 1 中的配置分区时已详细介绍。使用命令"**df -T /home**"可以查看**/home** 独立分区的名称。

2. 使用 script 建立 Quota 实训所需的环境

创建账户环境时，由于有 5 个账户，因此使用 script。

```
[root@Server01 ~]# vim addaccount.sh
#!/bin/bash
# 使用 script 来建立实验 Quota 所需的环境
groupadd myquotagrp
for username in myquota1 myquota2 myquota3 myquota4 myquota5
do
        useradd  -g myquotagrp $username
        echo  "password"|passwd --stdin $username
done

[root@Server01 ~]# sh addaccount.sh
```

3. 查看文件系统支持

要使用 Quota，就必须有文件系统的支持。假设已经使用了预设支持 Quota 的核心，接下来就要启动文件系统的支持。不过，由于 Quota 仅针对整个文件系统进行规划，所以要先检查/home 是否是独立的文件系统。这需要使用 df 命令。

```
[root@RHEL7-1 ~]# df -h /home
文件系统         容量   已用  可用   已用%    挂载点
/dev/sda3       7.5G   86M  7.4G   2%       /home      <==/home 是独立分区/dev/sda3
[root@RHEL7-1 ~]# mount |grep home
/dev/sda3 on /home type xfs
(rw,relatime,seclabel,attr2,inode64,noquota) //noquota 表示未启用配额
```

从上面的数据来看，这部主机的/home 确实是独立的文件系统，因此可以直接限制/dev/ sda3。如果你的系统的/home 并非独立的文件系统，那么可能得针对根目录来规范。不过，不建议在根目录下设定配额。此外，由于 VFAT 文件系统并不支持 Linux Quota 功能，所以要使用 mount 命令查询/home 的文件系统是什么。如果是 ext3、ext4、XFS，则支持 Quota。

> **特别注意**（1）/home 的独立分区号可能有所不同，这与项目 1 中分区规划和分区划分的顺序有关，可通过命令 df -h /home 查看/home 是否为独立分区。在本例中，/home 的独立分区是/dev/sda3。
> （2）XFS 的配额设置不同于 ext4 文件系统的配额设置。若读者想了解 ext4 的配额设置方法，则可联系编者获取有关资料。

4. 编辑配置文件 fstab 启用硬盘配额

（1）编辑配置文件 fstab，在/home 目录下添加 uquota,grpquota 参数，存盘并退出后重启系统。

```
[root@RHEL7-1 ~]# vim /etc/fstab
......
UUID=8f0b542d-b306-4eed-bacd-70b3bb9589bf /home xfs
defaults,uquota,grpquota        0 0
[root@RHEL7-1 ~]# reboot
```

（2）在重启系统后使用 mount 命令进行查看，即可发现/home 目录已经支持硬盘配额技术了。

```
[root@RHEL7-1 ~]# mount | grep home
/dev/sda3 on /home type xfs
(rw,relatime,seclabel,attr2,inode64,usrquota,grpquota)
//usrquota 表示对/home 启用了用户硬盘配额，grpquota 表示对/home 启用了组硬盘配额
```

（3）针对/home 目录增加其他用户的写入权限，保证用户能够正常写入数据。

```
[root@RHEL7-1 ~]# chmod -Rf o+w /home
```

5. 使用 xfs_quota 命令设置硬盘配额

接下来使用 xfs_quota 命令设置账户 myquota1 对/home 目录的硬盘配额。

具体的配额控制包括硬盘使用量的 soft 限制和 hard 限制，分别为 250MB 和 300MB，文件数量的 soft 限制和 hard 限制无要求。

（1）配置 hard 限制和 soft 限制，并输出/home 的配额报告。

```
[root@RHEL7-1 ~]# xfs_quota -x -c 'limit bsoft=250m bhard=300m isoft=0 ihard=0
myquota1' /home
[root@RHEL7-1 ~]# xfs_quota -x -c report /home
User quota on /home (/dev/sda3)
                              Blocks
User ID         Used        Soft        Hard    Warn/Grace
---------- ---------- ---------- ---------- --------------------
root              0           0           0    00 [--------]
yangyun        3904           0           0    00 [--------]
myquota1         12      256000      307200    00 [--------]
......

                              Blocks
Group ID        Used        Soft        Hard    Warn/Grace
---------- ---------- ---------- ---------- --------------------
root              0           0           0    00 [--------]
......
```

（2）其他 4 个账户的设定可以使用 Quota 复制。

```
#将 myquota1 的限制值复制给其他 4 个账户
[root@RHEL7-1 ~]# edquota -p myquota1 -u myquota2
[root@RHEL7-1 ~]# edquota -p myquota1 -u myquota3
[root@RHEL7-1 ~]# edquota -p myquota1 -u myquota4
[root@RHEL7-1 ~]# edquota -p myquota1 -u myquota5
[root@RHEL7-1 ~]# xfs_quota -x -c report /home
User quota on /home (/dev/sda3)
                              Blocks
User ID         Used        Soft        Hard    Warn/Grace
---------- ---------- ---------- ---------- --------------------
root              0           0           0    00 [--------]
yangyun        3904           0           0    00 [--------]
user1            20           0           0    00 [--------]
myquota1         12      256000      307200    00 [--------]
myquota2         12      256000      307200    00 [--------]
myquota3         12      256000      307200    00 [--------]
myquota4         12      256000      307200    00 [--------]
myquota5         12      256000      307200    00 [--------]
......
```

（3）更改组的配额。

配额的单位是 B，1000MB=1 048 576B，这就是 hard 限制数，soft 限制设为 900000B，如下所示。输入 i 后开始配置。配置完成后，按 Esc 键，输入:wq 存盘并退出。

```
[root@RHEL7-1 ~]# edquota -g myquotagrp
Disk quotas for group    myquotagrp(gid 1007)
 Filesystem      blocks    soft        hard        inodes   soft    hard
 /dev/sda3       0        900000      1048576      35       0       0
```

这样配置表示 myquota1、myquota2、myquota3、myquota4、myquota5 账户最多使用 300MB 的硬盘空间，使用量超过 250MB 就发出警告，而 myquota 组最多使用 1000MB 的硬盘空间。也就是说，虽然 myquota1 等用户都有 300MB 的最大硬盘空间使用权限，但他们都属于 myquota 组，他们能使用的硬盘空间总量不得超过 1GB。

（4）将宽限时间改成 14 天。同样，配置完成后，按 Esc 键，输入:wq 存盘并退出。

```
[root@RHEL7-1 ~]# edquota -t
Grace period before enforcing soft limits for users:
Time units may be:days,hours,minutes,or seconds
 Filesystem        Block grace period    Inode grace period
 /dev/sda3             14days               7days
#原本是 7 天，改为 14 天
```

6. 使用 repquota 命令查看文件系统的配额报表

```
[root@RHEL7-1 ~]# repquota /dev/sda3
** Report for user quotas on device /dev/sda3
Block grace time: 14days; Inode grace time: 7days
                        Block limits              File   limits
User          used    soft    hard    grace    used    soft  hard grace
----------------------------------------------------------------------
root      --    0       0       0                3       0     0
yangyun   --   48       0       0               16       0     0
myquota1  --   12     256000  307200            7       0     0
myquota2  --   12     256000  307200            7       0     0
myquota3  --   12     256000  307200            7       0     0
myquota4  --   12     256000  307200            7       0     0
myquota5  --   12     256000  307200            7       0     0
```

7. 测试与管理

硬盘配额的测试过程如下（以 myquota1 账户为例）。

```
[root@RHEL7-1 ~]# su - myquota1
Last login: Mon May 28 04:41:39 CST 2018 on pts/0
//写入一个 200MB 的文件 file1，dd 命令的应用可以复习项目 2 的相关知识
[myquota1@RHEL7-1 ~]$ dd if=/dev/zero of=file1 count=1 bs=200M
1+0 records in
1+0 records out
209715200 bytes (210MB) copied, 0.276878 s, 757 MB/s
//再写入一个 200MB 的文件 file2
[myquota1@RHEL7-1 ~]$ dd if=/dev/zero of=file2 count=1 bs=200M
dd: 写入'file2' 出错：超出硬盘限额              //警告
记录了 1+0 的读入
记录了 0+0 的写出
104792064 bytes (105 MB, 100 MiB) copied, 0.177332 s, 591 MB/s //超过 300MB 的部分无法写入
```

特别注意 本次任务结束，请将自动挂载文件**/etc/fstab** 恢复到最初状态，以免后续实训中对 **/dev/ sda3** 等设备的操作影响到挂载，而使系统无法启动。

5.4 拓展阅读：国家最高科学技术奖

国家最高科学技术奖于 2000 年由中华人民共和国国务院设立，由国家科学技术奖励工作办公室负责，是我国 5 个国家科学技术奖中最高等级的奖项，授予在当代科学技术前沿取得重大突破、在科学技术发展中卓有建树，或者在科学技术创新、科学技术成果转化和高新技术产业化中创造巨大社会效益或经济效益的科学技术工作者。

根据国家科学技术奖励工作办公室官网显示，国家最高科学技术奖每年评选一次，授予人每次不超过两名，由国家主席亲自签署、颁发荣誉证书、奖章和奖金。截至 2021 年 11 月，共有 35 位杰出科学工作者获得国家最高科学技术奖。其中，计算机科学家王选院士获此殊荣。

5.5 项目实训

项目实训 1：管理文件系统

慕课

项目实训 管理
文件系统

1. 视频位置
实训前请扫描二维码观看"项目实训 管理文件系统"慕课。

2. 项目实训目的
- 掌握 Linux 下文件系统的创建、挂载及卸载的方法。
- 掌握文件系统的自动挂载的方法。

3. 项目背景
某企业的 Linux 服务器中新增了一个硬盘/dev/sdb，请使用 fdisk 命令新建/dev/sdb1 主分区和/dev/sdb2 扩展分区，并在扩展分区中新建逻辑分区/dev/sdb5，使用 mkfs 命令分别创建 VFAT 和 ext3 类型的文件系统，然后用 fsck 命令检查这两个文件系统，最后把这两个文件系统挂载到系统上。

4. 项目实训内容
练习 Linux 系统下文件系统的创建、挂载与卸载及自动挂载的实现。

5. 做一做
根据项目实训视频进行项目实训，检查学习效果。

项目实训 2：管理 LVM 逻辑卷

1. 视频位置
实训前请扫描二维码观看"项目实训 管理 LVM 逻辑卷"慕课。

2. 项目实训目的
- 掌握部署 LVM 的方法。
- 掌握管理 LVM 的基本方法。

慕课

项目实训 管理
LVM 逻辑卷

3. 项目背景
某企业在 Linux 服务器中新增了一个硬盘/dev/sdb，要求 Linux 系统的分区能自动调整磁盘容量。请使用 fdisk 命令新建 LVM 类型的分区，分别是/dev/sdb1、/dev/sdb2、/dev/sdb3 和/dev/sdb4，在这 4 个分区上创建物理卷、卷组和逻辑卷，并将逻辑卷挂载。

4. 项目实训内容

物理卷、卷组、逻辑卷的创建，卷组、逻辑卷的管理。

5. 做一做

根据项目实训视频进行项目的实训，检查学习效果。

项目实训 3：管理动态磁盘

慕课

项目实训　管理
动态磁盘

1. 视频位置

实训前请扫描二维码观看"项目实训　管理动态磁盘"慕课。

2. 项目实训目的

掌握在 Linux 系统中利用 RAID 技术实现磁盘阵列的方法。

3. 项目背景

某企业为了保护重要数据，购买了同一厂家生产的 4 块 SCSI 硬盘。要求在这 4 块硬盘上创建 RAID 5 卷，以实现磁盘容错。

4. 项目实训内容

利用 mdadm 命令创建并管理 RAID 卷。

5. 做一做

根据项目实训视频进行项目的实训，检查学习效果。

5.6 练习题

一、填空题

1. ＿＿＿＿＿是光盘所使用的标准文件系统。

2. RAID 的中文全称是＿＿＿＿＿，它用于将多个小型磁盘驱动器合并成一个＿＿＿＿＿，以提高存储性能和＿＿＿＿＿功能。RAID 可分为＿＿＿＿＿和＿＿＿＿＿，软 RAID 通过软件实现多个硬盘＿＿＿＿＿。

3. LVM 的中文全称是＿＿＿＿＿，最早应用在 IBM AIX 系统上。它的主要作用是＿＿＿＿＿及调整磁盘分区大小，并且可以让多个分区或者物理硬盘作为＿＿＿＿＿来使用。

4. 可以通过＿＿＿＿＿和＿＿＿＿＿来限制用户和组群对磁盘空间的使用。

二、选择题

1. 假定内核支持 VFAT 分区，则（　　　）可将/dev/hda1 这一个 Windows 分区加载到/win 目录。

　　A. mount　－t　windows　/win　/dev/hda1　　　　B. mount　－fs=msdos　/dev/hda1　　/win

　　C. mount　－s　win　/dev/hda1 /win　　　　D. mount －t　vfat　/dev/hda1　/win

2. （　　　）是关于/etc/fstab 的正确描述。

　　A. 启动系统后，由系统自动产生

　　B. 用于管理文件系统信息

　　C. 用于设置命名规则：是否可以用"Tab"键来命名一个文件

　　D. 保存硬件信息

3. 若想在一个新分区上建立文件系统，则应该使用命令（　　　）。

　　A. fdisk　　　　　　　B. makefs　　　　　　　C. mkfs　　　　　　　D. format

4. Linux 文件系统的目录结构看起来像一棵倒挂的树，文件都按其作用分门别类地放在相关的目录中。现有一个外部设备文件，我们应该将其放在（　　　）目录中。

    A. /bin   B. /etc   C. /dev   D. lib

三、简答题

1. RAID 技术主要是为了解决什么问题？

2. RAID 0 和 RAID 5 哪个更安全？

3. 位于 LVM 最底层的是物理卷还是卷组？

4. LVM 对逻辑卷的扩容和缩容操作有何异同点？

5. LVM 的快照卷能使用几次？

6. LVM 的删除顺序是怎么样的？

项目6

配置网络和使用SSH 服务

06

项目导入

对于 Linux 系统的网络管理员来说，掌握 Linux 服务器的网络配置是至关重要的，同时管理远程主机也是网络管理员必须熟练掌握的。这些是后续网络服务配置的基础。

本项目讲解如何使用 nmtui 命令配置网络参数，以及通过 nmcli 命令查看网络信息并管理网络会话服务，从而让你能够在不同工作场景中快速调整网络运行的参数。本项目还将深入介绍 SSH 协议与 sshd 服务程序的理论知识、Linux 系统的远程管理方法以及在系统中配置服务程序的方法。

项目目标

- 掌握常见的网络服务的配置。
- 掌握远程控制服务的配置。

- 掌握不间断会话服务的配置。

素养目标

- 了解为什么会推出 IPv6。我国推出的"雪人计划"是一项利国利民的工程，这一计划必将助力中华民族的伟大复兴，激发学生的爱国情怀和学习动力。

- "路漫漫其修远兮，吾将上下而求索。"国产化替代之路"道阻且长，行则将至，行而不辍，未来可期"。青年学生更应坚信中华民族的伟大复兴终会有时！

6.1 项目知识准备

微课

配置网络和使用
SSH 服务

Linux 主机要与网络中的其他主机通信，首先网络配置要正确。网络配置通常包括主机名、IP 地址、子网掩码、默认网关、域名系统（Domain Name System，DNS）服务器等的设置，其中确保网络处于连接状态是首要任务。

1. 检查并设置有线网络处于连接状态

单击桌面右上角的"启动"按钮 ⏻，单击 Connect 按钮，设置有线网络处于连接状态，如图 6-1 所示。

设置完成后，桌面右上角将出现有线网络连接的小图标，如图 6-2 所示。

图 6-1 设置有线网络处于连接状态

图 6-2　有线网络处于连接状态

特别提示　必须首先使有线网络处于连接状态，这是一切配置的基础，切记。

2. 使用 nmtui 命令修改主机名

RHEL 7 有以下 3 种形式的主机名。

- 静态的（Static）。"静态"主机名也称为内核主机名，是系统在启动时从/etc/hostname 自动初始化的主机名。
- 瞬态的（Transient）。"瞬态"主机名是在系统运行时临时分配的主机名，由内核管理。例如，通过 DHCP（Dynamic Host Configuration Protocol，动态主机配置协议）或 DNS 服务器分配的 localhost 就是这种形式的主机名。
- 灵活的（Pretty）。"灵活"主机名是 UTF-8 格式的自由主机名，以展示给终端用户。

与之前版本不同，RHEL 7 中的主机名配置文件为/etc/hostname，可以在配置文件中直接更改主机名。下面先使用 nmtui 命令修改主机名。

```
[root@RHEL7-1 ~]# nmtui
```

在图 6-3、图 6-4 所示的界面中进行配置。

图 6-3　配置 hostname　　　　图 6-4　修改主机名为 RHEL 7-1

使用 NetworkManager 的 nmtui 界面修改了静态主机名后（/etc/hostname 文件），不会通知 hostnamectl。要想强制让 hostnamectl 知道静态主机名已经被修改，需要重启 hostnamed 服务。

```
[root@RHEL7-1 ~]# systemctl restart systemd-hostnamed
```

3. 使用 hostnamectl 修改主机名

（1）查看主机名。

```
[root@RHEL7-1 ~]# hostnamectl status
   Static hostname: RHEL7-1
   Pretty hostname: RHEL7-1
      ……
```

（2）设置新的主机名。

```
[root@RHEL7-1 ~]# hostnamectl set-hostname my.smile60.cn
```

（3）查看修改后的主机名。

```
[root@RHEL7-1 ~]# hostnamectl status
   Static hostname: my.smile60.cn
      ……
```

4. 使用 NetworkManager 的命令行接口 nmcli 修改主机名

nmcli 可以修改/etc/hostname 中的静态主机名。

```
//查看主机名
[root@RHEL7-1 ~]# nmcli general hostname
my.smile60.cn
//设置新主机名
[root@RHEL7-1 ~]# nmcli general hostname RHEL7-1
[root@RHEL7-1 ~]# nmcli general hostname
RHEL7-1
//重启 hostnamed 服务让 hostnamectl 知道静态主机名已经被修改
[root@RHEL7-1 ~]# systemctl restart systemd-hostnamed
```

6.2 项目设计与准备

本项目要用到 RHEL7-1 和 Client1，要完成的任务如下。

（1）配置 RHEL7-1 和 Client1 的网络参数。

（2）创建会话。

（3）配置远程服务。

其中，RHEL7-1 的 IP 地址为 192.168.10.1/24，Client1 的 IP 地址为 192.168.10.20/24，两台计算机的网络连接方式都是**桥接模式**。

6.3 项目实施

下面介绍如何在 Linux 系统上配置服务。在此之前，必须先保证主机之间能够顺畅地通信。如果网络不通，则即便服务配置正确，用户也无法顺利访问，所以，配置网络并确保网络的连通性是学习配署 Linux 服务之前的一个重要知识点。

任务 6-1　使用系统菜单配置网络

单击桌面右上角的网络连接图标 ，打开网络配置界面，按图 6-5～图 6-8 一步步完成网络信息查询和网络配置。

图 6-5　单击 Wired Settings
　　　　按钮

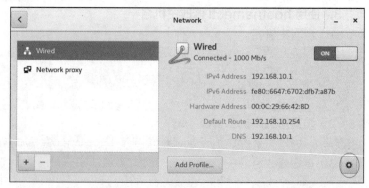

图 6-6　网络配置：ON 激活连接、单击齿轮图标进行配置

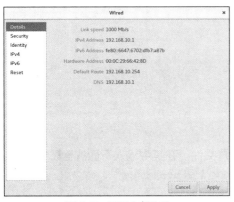

图 6-7　配置有线连接

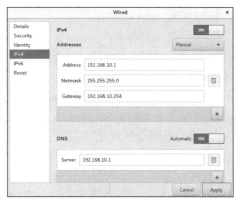

图 6-8　配置 IPv4 地址等信息

配置完成后，单击 Apply 按钮应用配置，回到图 6-9 所示的界面。注意网络连接应该设置在 ON 状态，如果在 OFF 状态，则进行修改。注意，有时需要重启系统配置才能生效。

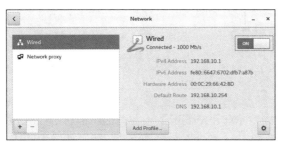

图 6-9　网络配置界面

> **建议**　首选使用系统菜单配置网络。从 RHEL 7 开始，图形界面已经非常完善，在 Linux 系统桌面依次单击 Applications→System Tools→Settings→Network 同样可以打开网络配置界面。

任务 6-2　通过网卡配置文件配置网络

正确配置网卡 IP 地址是两台服务器可以相互通信的前提。在 Linux 系统中，一切都是文件，因此配置网络服务的工作其实就是编辑网卡配置文件。

在 RHEL 5、RHEL 6 中，网卡配置文件的前缀为 eth，第 1 块网卡为 eth0，第 2 块网卡为 eth1，以此类推。而在 RHEL 7 中，网卡配置文件的前缀为 ifcfg，加上网卡名称共同组成网卡配置文件的名字，如 ifcfg-ens33。

现在有一个名称为 ifcfg-ens33 的网卡设备，我们将其配置为开机自启动，并且 IP 地址、子网、网关等信息由人工指定，步骤如下。

（1）切换到/etc/sysconfig/network-scripts 目录中（存放着网卡的配置文件）。

（2）使用 vim 编辑器修改网卡文件 ifcfg-ens33，逐项写入下面的配置参数并保存退出。由于每台设备的硬件及架构是不一样的，所以请读者使用 ifconfig 命令自行确认网卡的默认名称。

- 设备类型：TYPE=Ethernet。
- 地址分配模式：BOOTPROTO=static。

- 网卡名称：NAME=ens33。
- 是否启动：ONBOOT=yes。
- IP 地址：IPADDR=192.168.10.1。
- 子网掩码：NETMASK=255.255.255.0。
- 网关地址：GATEWAY=192.168.10.1。
- DNS 服务器地址：DNS1=192.168.10.1。

（3）重启网络服务并测试网络是否连通。

进入网卡配置文件所在的目录，然后编辑网卡配置文件，在其中输入下面的信息。

```
[root@RHEL7-1 ~]# cd /etc/sysconfig/network-scripts/
[root@RHEL7-1 network-scripts]# vim ifcfg-ens33
TYPE=Ethernet
PROXY_METHOD=none
BROWSER_ONLY=no
BOOTPROTO=static
NAME=ens33
UUID=9d5c53ac-93b5-41bb-af37-4908cce6dc31
DEVICE=ens33
ONBOOT=yes
IPADDR=192.168.10.1
NETMASK=255.255.255.0
GATEWAY=192.168.10.1
DNS1=192.168.10.1
```

执行重启网卡设备的命令（在正常情况下不会有提示信息），然后通过 ping 命令测试网络能否连通。由于在 Linux 系统中 ping 命令不会自动终止，所以需要手动按 Ctrl+C 组合键来强行结束进程。

```
[root@RHEL7-1 network-scripts]# systemctl restart network
[root@RHEL7-1 network-scripts]# ping 192.168.10.1
PING 192.168.10.1 (192.168.10.1) 56(84) bytes of data.
64 bytes from 192.168.10.1: icmp_seq=1 ttl=64 time=0.095 ms
64 bytes from 192.168.10.1: icmp_seq=2 ttl=64 time=0.048 ms
......
```

 注意 使用配置文件进行网络配置，需要启动 network 服务，而从 RHEL 7 以后，network 服务已被 NetworkManager 服务替代，所以不建议使用配置文件配置网络参数。

任务 6-3 使用图形界面配置网络

使用图形界面配置网络是比较方便、简单的一种网络配置方式。

（1）使用 nmtui 命令进入图形配置界面。

```
[root@RHEL7-1 network-scripts]# nmtui
```

（2）选中 Edit a Connection 选项，如图 6-10 所示，按 Enter 键。

（3）配置过程如图 6-11、图 6-12 所示。

 注意 本书中所有的服务器主机 IP 地址均为 192.168.10.1，而客户端主机 IP 地址一般设为 192.168.10.20 及 192.168.10.30。之所以这样做，就是为了后面服务器配置的方便。

图 6-10　选中 Edit a connection 选项

图 6-11　选中要编辑的网卡名称，单击<Edit...>（编辑）按钮

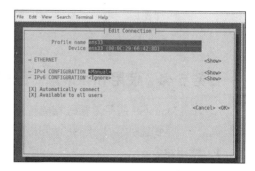

图 6-12　把网络 IPv4 的配置方式改成 Manual（手动）

（4）单击<Show>（显示）按钮，显示信息配置框，如图 6-13 所示，在服务器主机的网络配置信息中填写 IP 地址 192.168.10.1/24 等信息，单击<OK>按钮，如图 6-14 所示。

图 6-13　填写 IP 地址

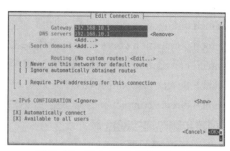

图 6-14　单击<OK>按钮保存配置

（5）单击<Back>按钮回到 nmtui 图形界面初始状态，选中 Activate a connection 选项，如图 6-15 所示，激活刚才的连接* ens33。前面有*表示激活，如图 6-16 所示。

图 6-15　选中 Activate a connection 选项

图 6-16　激活（Activate）连接或使连接失效（Deactivate）

（6）至此，在 Linux 系统中配置网络的步骤就结束了。使用 ifconfig 命令查看 ens33 目前的设置。

```
[root@RHEL7-1 ~]# ifconfig
ens33: flags=4163<UP,BROADCAST,RUNNING,MULTICAST>  mtu 1500
        inet 192.168.10.1  netmask 255.255.255.0  broadcast 192.168.10.255
        inet6 fe80::c0ae:d7f4:8f5:e135  prefixlen 64  scopeid 0x20<link>
        ether 00:0c:29:66:42:8d  txqueuelen 1000  (Ethernet)
        RX packets 151  bytes 16024 (15.6 KiB)
        RX errors 0  dropped 0  overruns 0  frame 0
```

```
        TX packets 186  bytes 18291 (17.8 KiB)
        TX errors 0  dropped 0 overruns 0  carrier 0  collisions 0
......
```

任务 6-4　使用 nmcli 命令配置网络

NetworkManager 服务是管理和监控网络设置的守护进程，设备即网络接口，连接是对网络接口的配置。一个网络接口可以有多个连接配置，但同时只有一个连接配置生效。

1. 常用命令

- nmcli connection show：显示所有连接。
- nmcli connection show --active：显示所有活动的连接。
- nmcli connection show "ens33"：显示网络连接配置。
- nmcli device status：显示设备状态。
- nmcli device show ens33：显示网络接口属性。
- nmcli connection add help：查看帮助。
- nmcli connection reload：重新加载配置。
- nmcli connection down test2：禁用 test2 的配置，注意一个网卡可以有多个连接配置。
- nmcli connection up test2：启用 test2 的配置。
- nmcli device disconnect ens33：禁用 ens33 网卡（物理网卡）。
- nmcli device connect ens33：启用 ens33 网卡。

2. 创建和删除连接配置

（1）创建新连接配置 default（IP 通过 DHCP 自动获取）。

```
[root@RHEL7-1 ~]# nmcli connection show
NAME    UUID                                  TYPE            DEVICE
ens33   9d5c53ac-93b5-41bb-af37-4908cce6dc31  802-3-ethernet  ens33
virbr0  f30a1db5-d30b-47e6-a8b1-b57c614385aa  bridge          virbr0
[root@RHEL7-1 ~]# nmcli connection add con-name default type Ethernet ifname ens33
Connection 'default' (ffe127b6-ece7-40ed-b649-7082e86c0775) successfully added.
```

（2）删除连接配置 default。

```
[root@RHEL7-1 ~]# nmcli connection delete default
Connection 'default' (ffe127b6-ece7-40ed-b649-7082e86c0775) successfully deleted.
```

（3）创建新的连接配置 test2，指定静态 IP，不自动连接。

```
[root@RHEL7-1 ~]# nmcli connection add con-name test2 ipv4.method manual ifname ens33
autoconnect no type Ethernet ipv4.addresses 192.168.10.100/24 gw4 192.168.10.1
Connection 'test2' (7b0ae802-1bb7-41a3-92ad-5a1587eb367f) successfully added.
```

（4）参数说明如下。

- con-name：指定连接名字，没有特殊要求。
- ipv4.methmod：指定获取 IP 地址的方式。
- ifname：指定网卡设备名，也就是连接配置生效的网卡。
- autoconnect：指定是否自动启动。
- ipv4.addresses：指定 IPv4 地址。
- gw4：指定网关。

3. 检查连接配置是否添加成功

查看/etc/sysconfig/network-scripts/目录。

```
[root@RHEL7-1 ~]# ls /etc/sysconfig/network-scripts/ifcfg-*
/etc/sysconfig/network-scripts/ifcfg-ens33
/etc/sysconfig/network-scripts/ifcfg-test2
/etc/sysconfig/network-scripts/ifcfg-lo
```

多出一个文件/etc/sysconfig/network–scripts/ifcfg–test2，说明连接配置已成功添加。

4. 启用连接配置

启用 test2 连接配置。

```
[root@RHEL7-1 ~]# nmcli connection up test2
Connection successfully activated (D-Bus active path: /org/freedesktop/
NetworkManager/ActiveConnection/6)
[root@RHEL7-1 ~]# nmcli  connection show
NAME     UUID                                  TYPE            DEVICE
test2    7b0ae802-1bb7-41a3-92ad-5a1587eb367f  802-3-ethernet  ens33
virbr0   f30a1db5-d30b-47e6-a8b1-b57c614385aa  bridge          virbr0
ens33    9d5c53ac-93b5-41bb-af37-4908cce6dc31  802-3-ethernet  --
```

5. 查看连接配置是否生效

使用 nmcli device show ens33 命令查看网络接口属性，以判断连接配置是否生效。

```
[root@RHEL7-1 ~]# nmcli device show ens33
GENERAL.DEVICE:                         ens33
……
```

基本的 IP 地址配置成功。

6. 修改连接配置

（1）修改 test2 为自动启动。

```
[root@RHEL7-1 ~]# nmcli connection modify test2 connection.autoconnect yes
```

（2）修改 DNS 服务器地址为 192.168.10.1。

```
[root@RHEL7-1 ~]# nmcli connection modify test2 ipv4.dns 192.168.10.1
```

（3）添加 DNS 服务器地址为 114.114.114.114。

```
[root@RHEL7-1 ~]# nmcli connection modify test2 +ipv4.dns 114.114.114.114
```

（4）查看是否修改成功。

```
[root@RHEL7-1 ~]# cat /etc/sysconfig/network-scripts/ifcfg-test2
TYPE=Ethernet
PROXY_METHOD=none
BROWSER_ONLY=no
BOOTPROTO=none
IPADDR=192.168.10.100
PREFIX=24
GATEWAY=192.168.10.1
DEFROUTE=yes
IPV4_FAILURE_FATAL=no
IPV6INIT=yes
IPV6_AUTOCONF=yes
IPV6_DEFROUTE=yes
IPV6_FAILURE_FATAL=no
IPV6_ADDR_GEN_MODE=stable-privacy
NAME=test2
UUID=7b0ae802-1bb7-41a3-92ad-5a1587eb367f
DEVICE=ens33
ONBOOT=yes
```

```
DNS1=192.168.10.1
DNS2=114.114.114.114
```

可以看到修改均已生效。

（5）删除 DNS 服务器地址 114.114.114.114。

```
[root@RHEL7-1 ~]# nmcli connection modify test2 -ipv4.dns 114.114.114.114
```

（6）修改 IP 地址和默认网关。

```
[root@RHEL7-1 ~]# nmcli connection modify test2 ipv4.addresses 192.168.10.200/24
gw4 192.168.10.254
```

（7）添加多个 IP 地址。

```
[root@RHEL7-1 ~]# nmcli connection modify test2 +ipv4.addresses 192.168.10.250/24
[root@RHEL7-1 ~]# nmcli  connection  show  "test2"
```

nmcli 命令和/etc/sysconfig/network-scripts/ifcfg-*文件的对应关系见表 6-1。

表 6-1　nmcli **命令和/etc/sysconfig/network-scripts/ifcfg-*文件的对应关系**

nmcli 命令	/etc/sysconfig/network-scripts/ifcfg-*文件
ipv4.method manual	BOOTPROTO=none
ipv4.method auto	BOOTPROTO=dhcp
ipv4.addresses 192.0.2.1/24	IPADDR=192.0.2.1 PREFIX=24
gw4 192.0.2.254	GATEWAY=192.0.2.254
ipv4.dns 8.8.8.8	DNS0=8.8.8.8
ipv4.dns-search example.com	DOMAIN=example.com
ipv4.ignore-auto-dns true	PEERDNS=no
connection.autoconnect yes	ONBOOT=yes
connection.id eth0	NAME=eth0
connection.interface-name eth0	DEVICE=eth0
802-3-ethernet.mac-address . . .	HWADDR= . . .

任务 6-5　创建网络会话实例

RHEL 和 CentOS 默认使用 NetworkManager 来提供网络服务，这是一种动态管理网络配置的守护进程，能够让网络设备保持连接状态。前面讲过，可以使用 nmcli 命令来管理 NetworkManager 服务。nmcli 是一款基于命令行的网络配置工具，功能丰富，参数众多。使用它可以轻松地查看网络信息或网络状态。

```
[root@RHEL7-1 ~]# nmcli connection show
NAME    UUID                                  TYPE           DEVICE
ens33  9d5c53ac-93b5-41bb-af37-4908cce6dc31  802-3-ethernet  --
```

另外，RHEL 7 支持网络会话功能，允许用户在多个配置文件中快速切换（非常类似于 firewalld 防火墙服务中的区域技术）。如果我们在公司网络中使用笔记本电脑时需要手动指定网络的 IP 地址，而回到家中则是使用 DHCP 服务器自动分配 IP 地址，就需要频繁地修改 IP 地址，但是使用网络会话功能后，一切就简单多了——只需在不同的使用环境中激活相应的网络会话，就可以实现网络配置信息的自动切换。

可以使用 nmcli 命令并按照 connection add con-name type ifname 的格式来创建网络会话。假设将公司网络中的网络会话称为 company，将家庭网络中的网络会话称为 home，现在依次创建各自的网络会话。

（1）使用 con-name 参数指定公司使用的网络会话名称 **company**，然后依次用 ifname 参数指定本机的网卡名称（千万要以实际环境为准，不要照搬书上的 ens33）。用 autoconnect no 参数设置该网络会话默认不被自动激活，以及用 ipv4 及 gw4 参数手动指定网络的 IP 地址。

```
[root@RHEL7-1 ~]# nmcli connection add con-name company ifname ens33 autoconnect
no type ethernet ipv4.address 192.168.10.1/24 gw4 192.168.10.1
Connection 'company' (69bf7a9e-1295-456d-873b-505f0e89eba2) successfully added.
```
（2）使用 con-name 参数指定家庭使用的网络会话名称 **home**，从外部 DHCP 服务器自动获得 IP
地址。

```
[root@RHEL7-1 ~]# nmcli connection add con-name home type ethernet ifname ens33
Connection 'home'(7a9f15fe-2f9c-47c6-a236-fc310e1af2c9) successfully added.
```
（3）成功创建网络会话后，可以使用 nmcli 命令查看创建的所有网络会话。

```
[root@RHEL7-1 ~]# nmcli connection show
NAME      UUID                                   TYPE            DEVICE
ens33     9d5c53ac-93b5-41bb-af37-4908cce6dc31   802-3-ethernet  ens33
virbr0    a3d2d523-5352-4ea9-974d-049fb7fd1c6e   bridge          virbr0
company   70823d95-a119-471b-a495-9f7364e3b452   802-3-ethernet  --
home      cc749b8d-31c6-492f-8e7a-81e95eacc733   802-3-ethernet  --
```
（4）使用 nmcli 命令配置过的网络会话是永久有效的，这样当我们下班回家后，顺手启用 home
网络会话，网卡就能自动通过 DHCP 服务器获取到 IP 地址了。

```
[root@RHEL7-1 ~]# nmcli connection up home
Connection successfully activated (D-Bus active path:
/org/freedesktop/NetworkManager/ActiveConnection/6)
[root@RHEL7-1 ~]# ifconfig
ens33: flags=4163<UP,BROADCAST,RUNNING,MULTICAST>  mtu 1500
        inet 10.0.167.34  netmask 255.255.255.0  broadcast 10.0.167.255
        inet6 fe80::c70:8b8f:3261:6f18  prefixlen 64  scopeid 0x20<link>
        ether 00:0c:29:66:42:8d  txqueuelen 1000  (Ethernet)
        RX packets 457  bytes 41358 (40.3 KiB)
        RX errors 0  dropped 0  overruns 0  frame 0
        TX packets 131  bytes 17349 (16.9 KiB)
        TX errors 0  dropped 0  overruns 0  carrier 0  collisions 0
        ......
```
（5）如果使用的是虚拟机，则把虚拟机系统的网卡（网络适配器）切换成桥接模式，如图 6-17
所示，然后重启虚拟机系统即可。

（6）回到公司，可以停止 home 会话，启动 company 会话（连接）。

```
[root@RHEL7-1 ~]# nmcli connection down home
Connection 'home' successfully deactivated (D-Bus active path: /org/freedesktop/
NetworkManager/ActiveConnection/4)
[root@RHEL7-1 ~]# nmcli connection up company
Connection successfully activated (D-Bus active path: /org/freedesktop/
NetworkManager/ActiveConnection/6)
[root@RHEL7-1 ~]# ifconfig
ens33: flags=4163<UP,BROADCAST,RUNNING,MULTICAST>  mtu 1500
        inet 192.168.10.1  netmask 255.255.255.0  broadcast 192.168.10.255
        inet6 fe80::7ce7:c434:4c95:7ddb  prefixlen 64  scopeid 0x20<link>
        ether 00:0c:29:66:42:8d  txqueuelen 1000  (Ethernet)
        RX packets 304  bytes 41920 (40.9 KiB)
        RX errors 0  dropped 0  overruns 0  frame 0
        TX packets 429  bytes 47058 (45.9 KiB)
        TX errors 0  dropped 0  overruns 0  carrier 0  collisions 0
        ......
```
（7）如果要删除会话连接，请执行 nmtui 命令，在弹出的窗口中选择 Edit a connection 命令，接
着选中要删除的会话，单击<Delete>按钮即可，如图 6-18 所示。

图 6-17　设置虚拟机网卡的模式

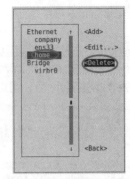

图 6-18　删除网络会话连接

任务 6-6　配置远程控制服务

SSH（Secure Shell）是一种能够以安全的方式提供远程登录的协议，也是目前远程管理 Linux 系统的首选方式。在此之前，一般使用 FTP 或 Telnet 来进行远程登录，但是因为它们以明文的形式在网络中传输账户密码和数据信息，所以很不安全，容易受到黑客发起的中间人攻击，轻则传输的数据信息被篡改，重则服务器的账户密码被盗取。

1. 配置 sshd 服务

要想使用 SSH 协议来远程管理 Linux 系统，就需要部署配置 sshd 服务程序。sshd 是基于 SSH 协议开发的一款远程管理服务程序，不仅使用起来方便、快捷，而且提供了以下两种安全验证方法。

- 基于口令的验证——用账户和密码来验证登录。
- 基于密钥的验证——需要在本地生成密钥对，然后把密钥对中的公钥上传至服务器，并与服务器中的公钥进行比较。该方式相较来说更安全。

前文曾多次强调"Linux 系统中的一切都是文件"，因此在 Linux 系统中修改服务程序的运行参数，实际上就是在修改程序配置文件。sshd 服务的配置信息保存在/etc/ssh/sshd_config 文件中。运维人员一般会把保存着最主要配置信息的文件称为主配置文件，而配置文件中有许多以#开头的注释行，要想让这些配置参数生效，需要在修改参数后再去掉前面的#。sshd 服务配置文件中包含的参数及其作用见表 6-2。

表 6-2　sshd 服务配置文件中包含的参数及其作用

参数	作用
Port 22	默认的 sshd 服务端口
ListenAddress 0.0.0.0	设定 sshd 服务监听的 IP 地址
Protocol 2	SSH 协议的版本号
HostKey /etc/ssh/ssh_host_key	SSH 协议版本为 1 时，DES 私钥存放的位置
HostKey /etc/ssh/ssh_host_rsa_key	SSH 协议版本为 2 时，RSA 私钥存放的位置
HostKey /etc/ssh/ssh_host_dsa_key	SSH 协议版本为 2 时，DSA 私钥存放的位置
PermitRootLogin yes	设定是否允许 root 管理员直接登录
StrictModes yes	当远程用户的私钥改变时直接拒绝连接
MaxAuthTries 6	最大密码尝试次数

续表

参数	作用
MaxSessions 10	最大终端数
PasswordAuthentication yes	是否允许密码验证
PermitEmptyPasswords no	是否允许空密码登录（很不安全）

现有计算机的情况如下。

- 计算机名为 RHEL 7-1，角色为 RHEL 7 服务器，IP 地址为 192.168.10.1/24。
- 计算机名为 RHEL 7-2，角色为 RHEL 7 客户端，IP 地址为 192.168.10.20/24。
- 需特别注意两台虚拟机的网络配置方式一定要一致，本例中都改为桥接模式。

在 RHEL 7 中已经默认安装并启用了 sshd 服务程序。接下来使用 ssh 命令在 RHEL 7-2 上远程连接 RHEL 7-1，其格式为"ssh [参数] 主机 IP 地址"。要退出登录则执行 exit 命令（在 RHEL 7-2 上操作）。

```
[root@RHEL7-2 ~]# ssh 192.168.10.1
The authenticity of host '192.168.10.1 (192.168.10.1)' can't be established.
ECDSA key fingerprint is SHA256:f7b2rHzLTyuvW4WHLjl3SRMIwkiUN+cN9y1yDb9wUbM.
ECDSA key fingerprint is MD5:d1:69:a4:4f:a3:68:7c:f1:bd:4c:a8:b3:84:5c:50:19.
Are you sure you want to continue connecting (yes/no)? yes
Warning: Permanently added '192.168.10.1' (ECDSA) to the list of known hosts.
root@192.168.10.1's password: 此处输入远程主机 root 管理员的密码
Last login: Wed May 30 05:36:53 2018 from 192.168.10.
[root@RHEL7-1 ~]#

[root@RHEL7-1 ~]# exit
logout
Connection to 192.168.10.1 closed.
```

如果禁止以 root 管理员的身份远程登录到服务器，则可以大大降低被黑客暴力破解密码的概率。下面进行相应配置。

（1）在 RHEL 7-1 SSH 服务器上进行配置。首先使用 vim 编辑器打开 sshd 服务的主配置文件，然后把第 38 行中#PermitRootLogin yes 参数前的#去掉，并把参数值 yes 改成 no，这样就不再允许 root 管理员远程登录了。记得最后保存文件并退出。

```
[root@RHEL7-1 ~]# vim /etc/ssh/sshd_config
......
36
37 #LoginGraceTime 2m
38 PermitRootLogin no
39 #StrictModes yes

......
```

（2）一般的服务程序并不会在配置文件修改之后立即获得最新的参数。如果想让新配置文件生效，就需要手动重启相应的服务程序。最好也将这个服务程序加入开机启动项中，这样系统在下一次启动时，该服务程序便会自动运行，继续为用户提供服务。

```
[root@RHEL7-1 ~]# systemctl restart sshd
[root@RHEL7-1 ~]# systemctl enable sshd
```

（3）当 root 管理员再次尝试访问 sshd 服务程序时，系统会提示不可访问的错误信息（仍然在 RHEL 7-2 上测试）。

```
[root@RHEL7-2 ~]# ssh 192.168.10.1
root@192.168.10.10's password:此处输入远程主机 root 管理员的密码
Permission denied, please try again.
```

 注意　为了不影响下面的实训，请将/etc/ssh/sshd_config 配置文件恢复到初始状态。

2. 安全密钥验证

加解密是对信息进行编码和解码的技术。在传输数据时，如果担心被他人监听或截获，可以在传输前先使用公钥对数据进行加密处理，然后进行传送。这样，只有掌握私钥的用户才能解密这段数据，除此之外的其他人即便截获了数据，也很难将其破译为明文信息。

在生产环境中使用密码进行口令验证存在被暴力破解或嗅探截获的风险。正确配置密钥验证方式，sshd 服务程序将更加安全。

下面使用密钥验证方式，以用户 student 身份登录 SSH 服务器，具体配置如下。

（1）在服务器 RHEL 7-1 上建立用户 student，并设置密码。

```
[root@RHEL7-1 ~]# useradd student
[root@RHEL7-1 ~]# passwd student
```

（2）在客户端主机 RHEL 7-2 中生成密钥对。查看公钥 id_rsa.pub 和私钥 id_rsa。

```
[root@RHEL7-2 ~]# ssh-keygen
Generating public/private rsa key pair.
Enter file in which to save the key (/root/.ssh/id_rsa):  //按 Enter 键或设置密钥的
                                                          //存储路径
Enter passphrase (empty for no passphrase): //直接按 Enter 键或设置密钥的密码
Enter same passphrase again: //再次按 Enter 键或设置密钥的密码
Your identification has been saved in /root/.ssh/id_rsa.
Your public key has been saved in /root/.ssh/id_rsa.pub.

The key fingerprint is:
SHA256:jSb1Z223Gp2j9HlDNMvXKwptRXR5A8vMnjCtCYPCTHs root@RHEL7-1
The key's randomart image is:
+---[RSA 2048]----+
|     .     o...|
|   + . .   * oo.|
|    = E.o o B o|
|     o. +o B..o |
|      . S ooo+= =|
|       . .o...==|
|        . o o.=o|
|         o ..=o+|
|           ..o.oo|
+----[SHA256]-----+
[root@RHEL7-2 ~]# cat /root/.ssh/id_rsa.pub
ssh-rsa AAAAB3NzaC1yc2EAAAADAQABAAABAQCurhcVb9GHKP4taKQMuJRdLLKTAVnC4f9Y9
H2Or4rLx3YCqsBVYUUn4gSzi8LAcKPcPdBZ817Y4a2OuOVmNW+hpTR9vfwwuGOiU1Fu4Sf5/14qgkd5EreUj
E/KIP1ZVNX904blbIJ90yu6J3CVz6opAdzdrxckstWrMS1p68SIhi517OVqQxzA+2G7uCkplh3pbtLCK1z6c
k6x0zXd7MBgR9S7nwm1DjHl5NWQ+542Z++MA8QJ9CpXyHDA54oEVrQoLitdWEYItcJIEqowIHM99L86vSCtK
zhfD4VWvfLnMiO1UtostQfpLazjXoU/XVp1fkfYtc7FFl+uSAxIO1nJ root@RHEL7-2
[root@RHEL7-2 ~]# cat /root/.ssh/id_rsa
```

（3）把客户端主机 RHEL 7-2 中生成的公钥文件传送至远程主机。

```
[root@RHEL7-2 ~]# ssh-copy-id student@192.168.10.1
/usr/bin/ssh-copy-id: INFO: attempting to log in with the new key(s), to filter out
any that are already installed
/usr/bin/ssh-copy-id: INFO: 1 key(s) remain to be installed -- if you are prompted
now it is to install the new keys
student@192.168.10.1's password: //此处输入远程服务器密码

Number of key(s) added: 1

Now try logging into the machine, with:  "ssh 'student@192.168.10.1'"
and check to make sure that only the key(s) you wanted were added.
```

（4）对服务器 RHEL 7-1 进行设置（65 行左右），使其只允许密钥验证，拒绝传统的口令验证方式。将 PasswordAuthentication yes 改为 PasswordAuthentication no。记得在修改配置文件后保存并重启 sshd 服务程序。

```
[root@RHEL7-1 ~]# vim /etc/ssh/sshd_config
......
74
62 # To disable tunneled clear text passwords, change to no here!
63 #PasswordAuthentication yes
64 #PermitEmptyPasswords no
65 PasswordAuthentication no
66
......
[root@RHEL7-1 ~]# systemctl restart sshd
```

（5）在客户端主机 RHEL 7-2 上尝试使用 student 用户远程登录到服务器，此时无须输入密码也可成功登录。同时利用 ifconfig 命令可查看到 ens33 的 IP 地址是 192.168.10.1，即 RHEL 7-1 的网卡和 IP 地址，说明已成功登录到了远程服务器 RHEL 7-1 上。

```
[root@RHEL7-2 ~]# ssh student@192.168.10.1
Last failed login: Sat Jul 14 20:14:22 CST 2018 from 192.168.10.20 on ssh:notty
There were 6 failed login attempts since the last successful login.
[student@RHEL7-1 ~]$ ifconfig
ens33: flags=4163<UP,BROADCAST,RUNNING,MULTICAST>  mtu 1500
        inet 192.168.10.1  netmask 255.255.255.0  broadcast 192.168.10.255
        inet6 fe80::4552:1294:af20:24c6  prefixlen 64  scopeid 0x20<link>
        ether 00:0c:29:2b:88:d8  txqueuelen 1000  (Ethernet)
        ......
```

（6）在 RHEL 7-1 上查看 RHEL 7-2 客户端主机的公钥是否传送成功。本例传送成功。

```
[root@RHEL7-1 ~]# cat /home/student/.ssh/authorized_keys
ssh-rsa AAAAB3NzaC1yc2EAAAADAQABAAABAQCurhcVb9GHKP4taKQMuJRdLLKTAVnC4f9Y9
H2Or4rLx3YCqsBVYUUn4gSzi8LAcKPcPdBZ817Y4a2OuOVmNW+hpTR9vfwwuGOiU1Fu4Sf5/14qgkd5EreUj
E/KIPlZVNX904blbIJ90yu6J3CVz6opAdzdrxckstWrMSlp68SIhi517OVqQxzA+2G7uCkplh3pbtLCKlz6c
k6x0zXd7MBgR9S7nwm1DjHl5NWQ+542Z++MA8QJ9CpXyHDA54oEVrQoLitdWEYItcJIEqowIHM99L86vSCtK
zhfD4VWvfLnMiO1UtostQfpLazjXoU/XVp1fkfYtc7FFl+uSAxIO1nJ root@RHEL7-2
```

6.4 拓展阅读：IPv4 和 IPv6

2019 年 11 月 26 日是全球互联网发展历程中值得铭记的一天，一封来自 RIPE NCC（Reseaux IP Europeens Network Coordination Centre，欧洲网络协调中心）的邮件宣布全球 43 亿个 IPv4 地址正式耗尽，人类互联网跨入了 IPv6（Internet Protocol Version 6，第 6 版互联网协议）时代。

全球 IPv4 地址耗尽到底是怎么回事？全球 IPv4 地址耗尽对我国有什么影响？又该如何应对呢？

IPv4 是网际协议开发过程中的第 4 个修订版本，也是此协议第一个被广泛部署的版本。IPv4 是互联网的核心，也是使用最广泛的网际协议版本。IPv4 使用 32 位（4B）地址，地址空间中只有 4 294 967 296 个地址。全球 IPv4 地址耗尽意思就是全球联网的设备越来越多，"这一串数字"不够用了。IP 地址是分配给每个联网设备的一系列号码，每个 IP 地址都是独一无二的。由于 IPv4 中规定 IP 地址长度为 32 位，随着互联网的快速发展，目前 IPv4 地址已经告罄。IPv4 地址耗尽意味着不能将任何新的 IPv4 设备添加到互联网，目前各国已经开始积极布局 IPv6。

对于我国而言，在接下来的 IPv6 时代，我国存在着巨大机遇。我国推出的"雪人计划"（详见本书 12.4 节）就是一个利国利民的大工程，这一计划必将助力中华民族的伟大复兴，助力我国在互联网方面取得更多话语权和发展权。

6.5 项目实训：配置 Linux 下的 TCP/IP 和远程管理

慕课
项目实训　配置
TCP-IP 网络接口

慕课
项目实训　配置
远程管理

1. 视频位置

实训前请扫描二维码观看"项目实训　配置 TCP-IP 网络接口"和"项目实训　配置远程管理"慕课。

2. 项目实训目的

- 掌握 Linux 下 TCP/IP 网络的设置方法。
- 学会使用命令检测网络配置。
- 学会启用和禁用系统服务。
- 掌握 SSH 服务及其应用。

3. 项目背景

（1）某企业新增了 Linux 服务器，但还没有配置 TCP/IP 网络参数，请设置好 TCP/IP 各项参数，并连通网络（使用不同的方法）。

（2）要求用户在多个配置文件中快速切换。在公司网络中使用笔记本电脑时需要手动指定网络的 IP 地址，而回到家中则是使用 DHCP 服务器自动分配 IP 地址。

（3）通过 SSH 服务访问远程主机，可以使用证书登录远程主机，不需要输入远程主机的用户名和密码。

（4）VNC（Virtual Network Console，虚拟网络控制台）是一款优秀的远程控制工具软件。使用 VNC 软件可以通过图形界面访问远程主机，在此设定桌面端口号为 1。

4. 项目实训内容

在 Linux 系统下练习 TCP/IP 网络设置、网络检测操作、创建实用的网络会话、SSH 服务和 VNC 服务的使用。

5. 做一做

根据项目实训视频进行项目实训，检查学习效果。

6.6 练习题

一、填空题

1. _____文件主要用于设置基本的网络配置，包括主机名称、网关等。
2. 一块网卡对应一个配置文件，配置文件位于目录_____中，文件名以_____开始。

3. 客户端的 DNS 服务器的 IP 地址由_____文件指定。

4. 查看系统的守护进程可以使用_____命令。

5. 只有处于_____模式的网卡设备才可以进行网卡绑定，否则网卡间无法互相传送数据。

6. _____是一种能够以安全的方式提供远程登录的协议，也是目前_____ Linux 系统的首选方式。

7. _____是基于 SSH 协议开发的一款远程管理服务程序，不仅使用起来方便、快捷，而且能够提供两种安全验证方法：_____和_____。其中_____方式相较来说更安全。

8. scp（secure copy）是一个基于_____协议在网络之间进行安全传输的命令，其格式为：_____。

二、选择题

1. (   ) 命令能用来显示服务器当前正在监听的端口。

    A. ifconfig   B. netlst   C. iptables   D. netstat

2. 文件 (   ) 存放机器名到 IP 地址的映射。

    A. /etc/hosts   B. /etc/host   C. /etc/host.equiv   D. /etc/hdinit

3. Linux 系统提供了一些网络测试命令，当与某远程网络连接不上时，就需要跟踪路由查看，以便了解在网络的什么位置出现了问题，请从下面的命令中选出满足该目的的命令 (   )。

    A. ping   B. ifconfig   C. traceroute   D. netstat

4. 拨号上网使用的协议通常是 (   )。

    A. PPP   B. UUCP   C. SLIP   D. Ethernet

三、补充表格

请将 nmcli 命令的含义在表 6-3 中补充完整。

表 6-3　nmcli 命令的含义

命令	作用
	显示所有连接
	显示所有活动的连接
nmcli connection show "ens33"	
nmcli device status	
nmcli device show ens33	
	查看帮助
	重新加载配置
nmcli connection down test2	
nmcli connection up test2	
	禁用 ens33 网卡（物理网卡）
nmcli device connect ens33	

四、简答题

1. 在 Linux 系统中有多种方法可以配置网络参数。请列举几种。

2. 请简述网卡绑定技术 mode6 模式的特点。

3. 在 Linux 系统中，当通过修改其配置文件中的参数来配置服务程序时，想让新配置的参数生效，还需要执行什么操作？

4. sshd 服务基于口令的验证与基于密钥的验证方式，哪个更安全？

5. 想要把本地文件/root/myout.txt 传送到地址为 192.168.10.20 的远程主机的/home 目录下，且本地主机与远程主机均为 Linux 系统，最为简便的传送方式是什么？

学习情境三

shell 编程与调试

工欲善其事，必先利其器。

——《论语·卫灵公》

项目7
掌握shell基础

07

项目导入

系统管理员有一项重要工作——利用 shell 编程来减小网络管理的难度和强度。shell 的文本处理工具、重定向和管道操作、正则表达式等是 shell 编程的基础，也是必须掌握的内容。

项目目标

- 了解 shell 的强大功能和 shell 的命令解释过程。
- 掌握 grep 命令的高级用法。

- 掌握正则表达式。
- 学会使用重定向和管道命令。

素养目标

- "高山仰止，景行行止"。为计算机事业做出过巨大贡献的王选院士，应是青年学生崇拜的对象，也是师生学习和前行的动力。

- 坚定文化自信。"大江歌罢掉头东，邃密群科济世穷。面壁十年图破壁，难酬蹈海亦英雄。"为中华之崛起而读书，从来都不仅限于纸上。

7.1 项目知识准备

shell 支持具有字符串值的变量。shell 变量不需要专门的说明语句，可通过赋值语句完成变量说明并予以赋值。在命令行或 shell 脚本文件中使用 $name 的形式引用变量 name 的值。

7.1.1 变量的定义和引用

在 shell 中，为变量赋值的格式如下。

```
name=string
```

其中，name 是变量名，它的值是 string，=是赋值符号。变量名由以字母或下画线开头的字母、数字和下画线字符序列组成。

通过在变量名（name）前加$字符（如$name）引用变量的值，引用的结果就是用字符串 string 代替 $name，此过程也称为变量替换。

在定义变量时，若 string 中包含空格、制表符和换行符，则 string 必须

用 'string' 或 "string"的形式，即用单引号或双引号将其引起来。双引号内允许变量替换，而单引号内不可以。

下面给出一个定义和使用 shell 变量的例子。

```
//显示字符常量
[root@Server01 ~]# echo who are you
who are you
[root@Server01 ~]# echo 'who are you'
who are you
[root@Server01 ~]# echo "who are you"
who are you
[root@Server01 ~]#
//由于要输出的字符串中没有特殊字符，所以''和""的效果是一样的
[root@Server01 ~]# echo Je t'aime
>
//由于要使用特殊字符'
//'不匹配，shell 认为命令行没有结束，按 Enter 键后会出现系统第 2 提示符
//让用户继续输入命令，按 Ctrl+C 组合键结束命令输入
[root@Server01 ~]#
//为了解决这个问题，可以使用下面的两种方法
[root@Server01 ~]# echo "Je t'aime"
Je t'aime
[root@Server01 ~]# echo Je t\'aime
```

7.1.2　shell 变量的作用域

与程序设计语言中的变量一样，shell 变量也有规定的作用范围。shell 变量分为局部变量和全局变量。

- 局部变量的作用范围仅限命令行所在的 shell 或 shell 脚本文件中。
- 全局变量的作用范围则包括本 shell 进程及其所有子进程。
- 可以使用 export 内置命令将局部变量设置为全局变量。

下面给出一个测试 shell 变量作用域的例子。

```
//在当前 shell 中定义变量 var1
[root@Server01 ~]# var1=Linux
//在当前 shell 中定义变量 var2 并将其设置为全局变量
[root@Server01 ~]# var2=unix
[root@Server01 ~]# export var2
//引用变量的值
[root@Server01 ~]# echo $var1
Linux
[root@Server01 ~]# echo $var2
unix
//显示当前 shell 的 PID
[root@Server01 ~]# echo $$
2670
```

```
[root@Server01 ~]#
//调用子 shell
[root@Server01 ~]# bash

//显示当前 shell 的 PID
[root@Server01 ~]# echo $$
2709
//由于 var1 没有被设置为全局变量，所以在子 shell 中其值不可被引用
[root@Server01 ~]# echo $var1
//由于 var2 被设置为全局变量，所以在子 shell 中其值可以被引用
[root@Server01 ~]# echo $var2
unix
//返回主 shell，并显示变量的值
[root@Server01 ~]# exit
[root@Server01 ~]# echo $$
2670
[root@Server01 ~]# echo $var1
Linux
[root@Server01 ~]# echo $var2
unix
[root@Server01 ~]#
```

7.1.3　环境变量

环境变量是指由 shell 定义和赋初值的 shell 变量。shell 用环境变量来确定查找路径、注册目录、终端类型、终端名称、用户名等。所有环境变量都是全局变量，并可以由用户重新设置。表 7-1 所示为 shell 中常用的环境变量。

表 7-1　shell 中常用的环境变量

环境变量	说明	环境变量	说明
EDITOR、FCEDIT	fc 命令的默认编辑器	PATH	bash 寻找可执行文件的搜索路径
HISTFILE	用于存储历史命令的文件	PS1	命令行的一级提示符
HISTSIZE	历史命令列表的大小	PS2	命令行的二级提示符
HOME	当前用户的用户目录	PWD	当前工作目录
OLDPWD	前一个工作目录	SECONDS	脚本执行所耗费的时间，单位为 s

不同类型的 shell 的环境变量有不同的设置方法。在 bash 中，设置环境变量用 set 命令，其语法格式如下。

```
set 环境变量=变量的值
```

例如，设置用户账户的主目录为/home/john，可以使用以下命令。

```
[root@Server01 ~]# set HOME=/home/john
```

不加任何参数直接使用 set 命令可以显示用户当前所有环境变量的设置，如下所示。

```
[root@Server01 ~]# set
ABRT_DEBUG_LOG=/dev/null
BASH=/usr/bin/bash
……
```

```
PATH=/usr/local/bin:/usr/local/sbin:/usr/bin:/usr/sbin:/bin:/sbin:/root/bin
......
PS1='[\u@\h \W]\$ '
PS2='> '
PS4='+ '
PWD=/root
SHELL=/bin/bash
```

可以看到其中路径 PATH 的设置为（使用"**set　lgrep　PATH=**"命令过滤需要的内容）：

`PATH=/usr/local/bin:/usr/local/sbin:/usr/bin:/usr/sbin:/bin:/sbin:/root/bin`。

总共有 7 个目录，bash 会在这些目录中依次搜索用户输入的命令的可执行文件。

在环境变量前面加上$表示引用环境变量的值，示例如下。

`[root@Server01 ~]# `**`cd  $HOME`**

上述命令将把目录切换到用户账户的主目录。

修改 PATH 变量时，若将一个路径/tmp 加到 PATH 变量前，则应按如下设置。

`[root@Server01 ~]# `**`PATH=/tmp:$PATH`**

此时，在保存原有 PATH 路径的基础上进行添加。在执行命令前，shell 会先查找这个目录。

要将环境变量重新设置为系统默认值，可以使用 unset 命令。例如，下面的命令用于将当前的语言环境重新设置为默认的英文状态。

`[root@Server01 ~]# `**`unset  LANG`**

7.1.4　工作环境设置文件

shell 环境依赖于多个文件的设置。用户并不需要每次登录后都对各种环境变量进行手动设置，通过环境设置文件，用户工作环境的设置可以在用户登录时由系统自动完成。环境设置文件有两种，一种是系统中的用户环境设置文件，另一种是用户设置的环境设置文件。

（1）系统中的用户环境设置文件。

登录环境设置文件：/etc/profile。

（2）用户设置的环境设置文件。

● 登录环境设置文件：$HOME/.bash_profile。

● 非登录环境设置文件：$HOME/.bashrc。

> **注意**　只有在特定的情况下系统才读取 profile 文件，确切地说是在用户登录的时候读取。运行 shell 脚本以后，就无须再读 profile 文件了。

系统中的用户环境设置文件对所有用户均有效，而用户设置的环境设置文件仅对用户自身有效。用户可以修改自己的用户环境设置文件来覆盖系统环境设置文件中的全局设置。例如，用户可以将自定义的环境变量存放在$HOME/.bash_profile 中，将自定义的别名存放在$HOME/.bashrc 中，以便在每次登录和调用子 shell 时生效。

7.2　项目设计与准备

本项目要用到 Server01，要完成的任务如下。

（1）理解命令执行的判断依据。

（2）掌握 grep 命令的高级用法。

（3）掌握正则表达式。

（4）学会使用重定向和管道命令。

7.3 项目实施

Server01 的 IP 地址为 192.168.10.1/24，计算机的网络连接方式是**仅主机模式**（VMnet1）。

慕课

shell 基础

任务 7-1　命令执行的判断依据

在某些情况下，若想一次输入多条命令使其顺序执行，该如何办呢？有两个选择，一是通过项目 8 将要介绍的 shell script 以撰写脚本的方式执行，二是通过下面介绍的相关内容来一次性输入多重命令。

1. cmd ; cmd（不考虑命令相关性的连续命令执行）

在某些时候，我们希望可以一次执行多个命令。例如，在关机时，希望可以先执行两次 sync 命令同步化写入磁盘后才关机。

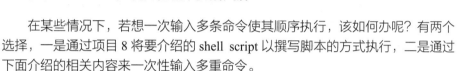

```
[root@Server01 ~]# sync; sync; shutdown -h now
```

将命令与命令用;隔开，这样一来，;前面的命令执行完后会立刻执行后面的命令。

例如，要求在某个目录下面创建一个文件，如果该目录已经存在，则直接创建这个文件，如果目录不存在，则不进行创建操作。也就是说，这两个命令是相关的，前一个命令是否成功地执行与后一个命令是否要执行有关。这就要用到&&或||。

2. $?（命令回传值）与&&或||

两个命令之间有相依性，而这个相依性的主要判断源于前一个命令执行的结果是否正确。在 Linux 中，若前一个命令执行的结果正确，则在 Linux 中会回传$? = 0。那么我们怎么通过这个回传值来判断后续的命令是否要执行呢？这就要用到&&及||，其命令执行情况与说明见表 7-2。

表 7-2　&&及||的命令执行情况与说明

命令执行情况	说明
cmd1 && cmd2	若 cmd1 执行完毕且正确执行（$?=0），则开始执行 cmd2；若 cmd1 执行完毕且为错误（$?≠0），则 cmd2 不执行
cmd1 || cmd2	若 cmd1 执行完毕且正确执行（$?=0），则 cmd2 不执行；若 cmd1 执行完毕且为错误（$?≠0），则开始执行 cmd2

注意　两个&之间是没有空格的，|则是按Shift+\组合键的结果。

上述的 cmd1 及 cmd2 都是命令。现在回到刚刚假设的情况。

- 先判断一个目录是否存在。
- 若存在，则在该目录下面创建一个文件。

由于目前尚未介绍"条件判断式（test）"的使用方法，所以这里使用 ls 命令以及回传值来判断目录是否存在。

【例 7-1】使用 ls 命令查阅目录/tmp/abc 是否存在，若存在，则用 touch 命令创建/tmp/abc/hehe 文件。

```
[root@Server01 ~]# ls /tmp/abc && touch /tmp/abc/hehe
ls: 无法访问'/tmp/abc': 没有那个文件或目录
# 说明找不到该目录，但并没有 touch 命令的错误，表示 touch 命令并没有执行
[root@Server01 ~]# mkdir /tmp/abc
[root@Server01 ~]# ls /tmp/abc && touch /tmp/abc/hehe
[root@Server01 ~]# ll /tmp/abc
total 0
-rw-r--r--. 1 root root 0 Jul 14 22:34 hehe
```

若/tmp/abc 目录不存在，touch 命令就不会被执行；若/tmp/abc 存在，那么 touch 命令会开始执行。在【例 7-1】中，我们必须手动创建目录，这很麻烦。能不能实现自动判断没有该目录就直接创建呢？

【例 7-2】测试目录/tmp/abc 是否存在，若不存在，则创建；若存在，则不做任何事情。

```
[root@Server01 ~]# rm -r /tmp/abc            <==先删除/tmp/abc 目录以方便测试
[root@Server01 ~]# ls /tmp/abc || mkdir /tmp/abc
ls: 无法访问'/tmp/abc': 没有那个文件或目录
[root@Server01 ~]# ll /tmp/abc
Total      0            <==结果出现了，能访问到该目录，不报错，说明执行了 mkdir 命令
```

如果在上述命令执行完后再重复执行 ls /tmp/abc || mkdir /tmp/abc，就不会重复出现 mkdir 命令的错误。这是因为/tmp/abc 目录已经存在，所以后续的 mkdir 命令不会执行。

【例 7-3】不管目录/tmp/abc 存在与否，都要创建/tmp/abc/hehe 文件。

```
[root@Server01 ~]#ls /tmp/abc || mkdir /tmp/abc && touch /tmp/abc/hehe
```

【例 7-3】总是会创建/tmp/abc/hehe 文件，无论/tmp/abc 目录是否存在。由于 Linux 中的命令都是从左往右执行的，所以【例 7-3】有下面两种结果。

- 若目录/tmp/abc 不存在：回传$?≠0；因为||遇到不为 0 的$?，故开始执行 mkdir /tmp/abc，由于 mkdir /tmp/abc 会成功执行，所以回传 $?=0；因为&&遇到 $?=0，故会执行 touch/ tmp/abc/hehe，最终/tmp/abc/hehe 文件就被创建了。
- 若目录/tmp/abc 存在：回传 $?=0；因为||遇到 $?=0 不会执行，此时 $?=0 继续向后传；而&&遇到 $?=0 就开始创建/tmp/abc/hehe，所以最终/tmp/abc/hehe 文件被创建。

命令执行的流程如图 7-1 所示。

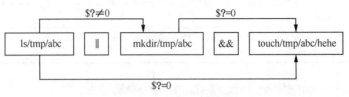

图 7-1　命令执行的流程

在图 7-1 显示的两股数据中，上方的线段为目录/tmp/abc 不存在时所进行的命令执行流程，下方的线段则是目录/tmp/abc 存在时所进行的命令执行流程。如上所述，下方线段由于存在目录/tmp/abc，所以$?=0，中间的 mkdir 命令就不执行了，并将 $?=0 继续往后传给后续的 touch 命令使用。

【例 7-4】以 ls 命令测试/tmp/bobbying 是否存在：若存在，则显示 exist；若不存在，则显示 not exist。

这又涉及逻辑判断的问题，如果存在就显示某个数据，如果不存在就显示其他数据，我们可以这样做。

```
ls /tmp/bobbying && echo "exist" || echo "not exist"
```

在 ls /tmp/bobbying 执行后，若正确，就执行 echo "exist"，若有问题，就执行 echo "not exist"。那么如果写成如下的形式又会如何呢？

```
ls /tmp/bobbying || echo "not exist" && echo "exist"
```

由图 7-1 所示的流程可知，命令是一个个往后执行的，因此在上面的例子中，如果/tmp/bobbying 不存在，则进行如下动作。

（1）回传一个非 0 的数值。

（2）经过||的判断，发现前一个命令回传非 0 的数值，程序开始执行 echo "not exist"，而 echo "not exist" 肯定可以执行成功，因此会回传 0 值给后面的命令。

（3）经过&&的判断，开始执行 echo "exist"。

这样，在这个例子中会同时出现 not exist 与 exist。

> **特别提示** 经过这个例题的练习，读者应该了解，由于命令是一个接着一个执行的，因此如果真要使用判断，&&与||的顺序就不能搞错。假设判断式有 3 个，如 command1 && command2 || command3，且顺序通常不会变，因为一般来说，command2 与 command3 是肯定可以执行成功的命令，依据上面例题的逻辑分析可知，必须按此顺序放置各命令，请读者一定注意。

任务 7-2　掌握 grep 命令的高级用法

简单地说，正则表达式就是用于处理字符串的方法，它以"行"为单位来处理字符串。正则表达式通过一些特殊符号的辅助，可以让用户轻易地查找、删除、替换某些或某个特定的字符串。

拓展阅读

了解正则表达式

例如，只想找到 MYweb（前面两个为大写字母）或 Myweb（仅有一个大写字母）字符串（MYWEB、myweb 等都不符合要求），在没有正则表达式的环境中（如 Microsoft Word），你或许要使用忽略大小写的办法，或者分别以 MYweb 及 Myweb 查找两遍。但是，忽略大小写可能会搜寻到 MYWEB、myweb、MyWeB 等不符合要求的字符串，从而增大不必要的工作量。

grep 命令是 shell 中处理字符的命令，使用方便，其语法格式如下。

拓展阅读

了解语系对正则表达式的影响

```
grep [-A] [-B] [--color=auto] '查找字符串' filename
```

部分选项说明如下。

- –A: 为之后的意思，后面可加数字，除了列出该行外，后续的 n 行也可列出来。

- –B: 为之前的意思，后面可加数字，除了列出该行外，前面的 n 行也可列出来。

- --color=auto: 可将查找出的正确数据用特殊颜色标记。

【例 7-5】用 dmesg 命令列出内核信息，再以 grep 命令找出内含 IPv6 的行。

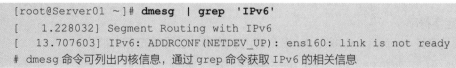
```
[root@Server01 ~]# dmesg | grep 'IPv6'
[    1.228032] Segment Routing with IPv6
[   13.707603] IPv6: ADDRCONF(NETDEV_UP): ens160: link is not ready
# dmesg 命令可列出内核信息，通过 grep 命令获取 IPv6 的相关信息
```

【例 7-6】承【例 7-5】，要将获取到的关键字显色，且加上行号（-n）来表示。

```
[root@Server01 ~]# dmesg | grep -n --color=auto 'IPv6'
1265:[    1.228032] Segment Routing with IPv6
1531:[   13.707603] IPv6: ADDRCONF(NETDEV_UP): ens160: link is not ready
# 除了会有特殊颜色外，最前面还有行号
```

【例 7-7】承【例 7-6】，将关键字所在行的前 1 行与后 1 行也一起显示出来。

```
[root@Server01 ~]# dmesg | grep -n -A1 -B1 --color=auto 'IPv6'
1264-[    1.227794] NET: Registered protocol family 10
1265:[    1.228032] Segment Routing with IPv6
1266-[    1.228032] NET: Registered protocol family 17
--
1530-[    9.349047] random: 7 urandom warning(s) missed due to ratelimiting
1531:[   13.707603] IPv6: ADDRCONF(NETDEV_UP): ens160: link is not ready
1532-[   13.761952] vmxnet3 0000:03:00.0 ens160: intr type 3, mode 0, 2 v
# 如上所示，你会发现关键字所在的 1265 行的前后各一行及 1531 行的前后各一行也都被显示出来
# 这样可以将关键字前后数据找出来进行分析
```

任务 7-3 练习基础正则表达式的使用

练习文件 sample.txt 的内容如下。文件共有 22 行，最底下一行为空白行。该文本文件已上传到人民邮电出版社人邮教育社区供读者下载，读者也可加编者 QQ（号码为 68433059）获取。现将该文件复制到 root 的家目录/root 下。

```
[root@Server01 ~]# pwd
/root
[root@Server01 ~]# cat -n /root/sample.txt
     1   "Open Source" is a good mechanism to develop programs.
     2   apple is my favorite food.
     3   Football game is not use feet only.
     4   this dress doesn't fit me.
     5   However, this dress is about $ 3183 dollars.
     6   GNU is free air not free beer.
     7   Her hair is very beautiful.
     8   I can't finish the test.
     9   Oh! The soup taste good.
    10   motorcycle is cheap than car.
    11   This window is clear.
    12   the symbol '*' is represented as start.
    13   It's very good!
    14   The gd software is a library for drafting programs.
    15   You are the best is mean you are the NO. 1.
    16   The world <Happy> is the same with "glad".
    17   I like dog.
    18   the googlgere tool yes.
    19   goooooogle yes!
    20   go! go! Let's go.
    21   # I am Bobby
    22
```

1. 查找特定字符串

假设我们要从文件 sample.txt 中取得 the 这个特定字符串，最简单的方式如下。

```
[root@Server01 ~]# grep -n 'the' /root/sample.txt
```

```
8:I can't finish the test.
12:the symbol '*' is represented as start.
15:You are the best is mean you are the NO. 1.
16:The word <Happy> is the same with "glad".
18:the googlegere tool yes.
```

如果想要反向选择呢？也就是说，只有该行没有 the 这个字符串时，才显示在屏幕上。

```
[root@Server01 ~]# grep -vn 'the' /root/sample.txt
```

你会发现，屏幕上出现的行为除了第 8、12、15、16、18 这 5 行之外的其他行。接下来，如果想要获得不区分大小写的 the 这个字符串，则执行如下命令。

```
[root@Server01 ~]# grep -in 'the' /root/sample.txt
8:I can't finish the test.
9:Oh! The soup taste good.
12:the symbol '*' is represented as start.
14:The gd software is a library for drafting programs.
15:You are the best is mean you are the NO. 1.
16:The word <Happy> is the same with "glad".
18:the googlgere tool yes.
```

除了多两行（第 9、14 行）之外，第 16 行也多了一个 The 关键字，并标出了颜色。

2. 利用[ ]来搜寻集合字符

对比 test 或 taste 这两个单词可以发现，它们有共同点 t?st。如果要查找这两个单词，可以使用如下命令。

```
[root@Server01 ~]# grep -n 't[ae]st' /root/sample.txt
8:I can't finish the test.
9:Oh! The soup taste good.
```

其实无论[ ]中有几个字符，都只代表某一个字符，所以上面的例子说明需要的字符串是 taste 或 test。而想要搜寻到有 oo 的字符串时，可以使用如下命令。

```
[root@Server01 ~]# grep -n 'oo' /root/sample.txt
1:"Open Source" is a good mechanism to develop programs.
2:apple is my favorite food.
3:Football game is not use feet only.
9:Oh! The soup taste good.
18:the googlgere tool yes.
19:goooooogle yes!
```

但是，如果不想让 oo 前面有 g 的行显示出来，则可以利用集合字符的反向选择[^]来完成。

```
[root@Server01 ~]# grep -n '[^g]oo' /root/sample.txt
2:apple is my favorite food.
3:Football game does is use feet only.
18:the googlegere tool yes.
19:goooooogle yes!
```

对比可以发现，第 1、第 9 行不见了，因为这两行的 oo 前面出现了 g。第 2、第 3 行没有疑问，因为 foo 与 Foo 均可被接受。对于第 18 行，虽然有 googlgere 和 good 的 goo，但因为该行后面出现了 tool 的 too，所以该行也被列出来。也就是说，虽然第 18 行中出现了我们不要的项目（goo），但是由于其也存在需要的项目（too），因此是符合字符串搜寻要求的。

至于第 19 行，同样，因为 gooooogle 里面的 oo 前面可能是 o，如 go(ooo)oogle，所以这一行也是符合要求的。

再者，假设不想 oo 前面有小写字母，则可以这样写：[^abcd...z]oo。但是这样似乎不怎么方便，由于小写字母的 ASCII 值是连续的，因此，可以将命令简化如下。

```
[root@Server01 ~]# grep -n '[^a-z]oo' sample.txt
3:Football game is not use feet only.
```

也就是说，如果一组集合字符是连续的，如大写英文字母、小写英文字母、数字等，就可以使用 [A-Z]、[a-z]、[0-9] 等方式来表示。那么如果要求字符串是数字与英文呢？那就将其全部写在一起，变成[a-zA-Z0-9]。例如，要获取有数字的那一行，可以使用以下命令。

```
[root@Server01 ~]# grep -n '[0-9]' /root/sample.txt
5:However, this dress is about $ 3183.
15:You are the best is mean you are the NO. 1.
```

但考虑到语系对编码顺序的影响，所以除了使用-表示连续编码外，也可以使用如下方法取得前面两个测试的结果。

```
[root@Server01 ~]# grep -n '[^[:lower:]]oo' /root/sample.txt
#  [:lower:]代表a~z
[root@Server01 ~]# grep -n '[[:digit:]]' /root/sample.txt
```

3. 行首与行尾字符^ $

在前面，可以查询到有 the 的行，那么如何查找行首为 the 的行呢？

```
[root@Server01 ~]# grep -n '^the' /root/sample.txt
12:the symbol '*' is represented as start.
18:the googlgere tool yes.
```

从上述命令及结果可知，只有第 12 行和第 18 行的行首是 the。此外，如果想让开头是小写字母的那些行显示出来，则可以使用以下命令。

```
[root@Server01 ~]# grep -n '^[a-z]' /root/sample.txt
2:apple is my favorite food.
4:this dress doesn't fit me.
10:motorcycle is cheaper than car.
12:the symbol '*' is represented as start.
18:the googlgere tool yes.
19:goooooogle yes!
20:go! go! Let's go.
```

如果想列出行首不是英文字母的行，则可以使用以下命令。

```
[root@Server01 ~]# grep -n '^[^a-zA-Z]' /root/sample.txt
1:"Open Source" is a good mechanism to develop programs.
21:# I am Bobby
```

> **特别提示** ^在集合字符符号[ ]之内与之外的意义是不同的。^在[ ]内代表"反向选择"，^在[ ]外代表定位在行首。请读者思考，若想要找出行尾为.的那些行，该如何处理？

```
[root@Server01 ~]# grep -n '\.$' /root/sample.txt
1:"Open Source" is a good mechanism to develop programs.
2:apple is my favorite food.
3:Football game is not use feet only.
4:this dress doesn't fit me.
10:motorcycle is cheaper than car.
11:This window is clear.
12:the symbol '*' is represented as start.
```

```
15:You are the best is mean you are the NO. 1.
16:The word <Happy> is the same with "glad".
17:I like dogs.
18:the googlgere tool yes.
20:go! go! Let's go.
```

 特别注意 因为小数点具有其他意义（后文会介绍），所以必须使用转义字符\来解除其特殊意义。不过，你或许会觉得奇怪，第 5～9 行最后面也是 . ，怎么无法输出？这里就涉及 Windows 平台的软件对于断行字符的判断问题了。使用 cat -A 将第 5 行显示出来（命令 cat 中-A 参数的含义：显示不可输出的字符），你会发现行尾显示 ^M$。

```
[root@Server01 ~]# cat -An /root/sample.txt | head -n 10 | tail -n 6
    5  However, this dress is about $ 3183.^M$
    6  GNU is free air not free beer.^M$
    7  Her hair is very beautiful.^M$
    8  I can't finish the test.^M$
    9  Oh! The soup taste good.^M$
   10  motorcycle is cheaper than car.$
```

根据上述命令及结果可以发现，第 5～9 行为 Windows 的断行字符^M$，而 Linux 的断行字符应该仅有第 10 行显示的$。所以，在查找行尾为 . 的行时不会输出第 5～9 行。这样就可以了解 "^" 与 "$" 的含义了。

思考 如果想要找出哪一行是空白行，即该行没有任何数据，该如何搜寻？

```
[root@Server01 ~]# grep -n '^$' /root/sample.txt
22:
```

因为空白行只有行首和行尾有^$，所以使用上述命令就可以找出空白行。

 技巧 假设已经知道在一个程序脚本或者配置文件中有空白行与开头为#的注释行，要将数据输出作为参考，可以将这些空白行和注释行省略以节省纸张，那么应该怎么操作呢？下面以/etc/rsyslog.conf 文件为例，读者可以自行参考以下输出结果（-v 选项表示输出除要求之外的所有行）。

```
[root@Server01 ~]# cat -n /etc/rsyslog.conf
#从结果可以发现有 91 行的输出，其中包含很多空白行与以#开头的注释行

[root@Server01 ~]# grep -v '^$' /etc/rsyslog.conf | grep -v '^#'
# 输出结果仅有 14 行，其中-v '^$'代表不要空白行
# -v '^#'代表不要开头是#的行
```

4. 任意一个字符.与重复字符*

我们知道通配符*可以用来代表任意（0 或多）个字符，但是正则表达式并不是通配符，二者是不相同的。正则表达式中的.表示 "绝对有一个任意字符" 的意思。这两个字符在正则表达式中的含义如下。

135

- .：代表一个任意字符。
- *：代表重复前一个字符 0 次到无穷多次的意思，为组合形态。

假设需要找出 g??d 样式的字符串，即共有 4 个字符，开头是 g，结尾是 d，可以使用下述命令。

```
[root@Server01 ~]# grep -n 'g..d' /root/sample.txt
1:"Open Source" is a good mechanism to develop programs.
9:Oh! The soup taste good.
13:It's very good
16:The word <Happy> is the same with "glad".
```

因为强调 g 与 d 之间一定要存在两个字符，因此，第 14 行的 gd 不符合要求。如果想要列出含有 oo、ooo、oooo 等数据，也就是说，要有两个及两个以上的 o，该如何操作呢？是使用 o*、oo* 还是 ooo* 呢？

因为*代表的是"重复 0 个或多个前面的 RE（Regular Expression，正则表达式）字符"，因此，o*代表的是"拥有空字符或一个 o 以上的字符"。

特别注意　因为允许空字符（有没有字符都可以），所以执行 **grep -n 'o*' sample.txt** 命令将会把所有数据都列出来。

那么如果是 oo* 呢？第一个 o 肯定必须存在，第二个 o 则是可有可无的，所以，凡是含有 o、oo、ooo、oooo 等的，都满足要求。

同理，当需要"至少两个 o 以上的字符串"时，就需要使用 ooo*，命令如下。

```
[root@Server01 ~]# grep -n 'ooo*' /root/sample.txt
1:"Open Source" is a good mechanism to develop programs.
2:apple is my favorite food.
3:Football game is not use feet only.
9:Oh! The soup taste good.
13:It's very good!
18:the googlgere tool yes.
19:goooooogle yes!
```

如果想要字符串开头与结尾都是 g，但是两个 g 之间仅能存在至少一个 o，即查找 gog、goog、gooog 等，该如何操作呢？

```
[root@Server01 ~]# grep -n 'goo*g' sample.txt
18:the googlgere tool yes.
19:goooooogle yes!
```

想要找出以 g 开头且以 g 结尾的字符串，中间的字符可有可无，又该如何操作呢？是 g*g 吗？测试一下。

```
[root@Server01 ~]# grep -n 'g*g' /root/sample.txt
1:"Open Source" is a good mechanism to develop programs.
3:Football game is not use feet only.
9:Oh! The soup taste good.
13:It's very good!
14:The gd software is a library for drafting programs.
16:The word <Happy> is the same with "glad".
17:I like dog.
18:the googlgere tool yes.
19:goooooogle yes!
20:go! go! Let's go.
```

测试结果如上。因为 g*g 中的 g* 代表"空字符或一个以上的 g"再加上后面的 g，因此，整个正则表达式的内容就是 g、gg、ggg、gggg 等，所以，只要该行当中拥有一个以上的 g 就符合 g*g 的要求。

那么该如何表达 g...g 的查找要求呢？利用.，即 g.*g。因为*可以是 0 个或多个重复前面的字符，而.是任意字符，所以.*就代表 0 个或多个任意字符。

```
[root@Server01 ~]# grep -n 'g.*g' /root/sample.txt
1:"Open Source" is a good mechanism to develop programs.
14:The gd software is a library for drafting programs.
18:the googlgere tool yes.
19:goooooogle yes!
20:go! go! Let's go.
```

因为代表以 g 开头并且以 g 结尾，中间任意字符均可接受，所以，第 1、第 14、第 18、第 19、第 20 行也都是满足要求的。

 注意 用正则表达式.*表示任意字符很常见，读者需要理解并且熟悉。

如果想要找出"任意数字"的行列呢？因为仅有数字，所以可以使用如下命令。

```
[root@Server01 ~]# grep -n '[0-9][0-9]*' /root/sample.txt
5:However, this dress is about $ 3183.
15:You are the best is mean you are the NO. 1.
```

虽然使用 **grep -n '[0-9]' sample.txt** 也可以得到相同的结果，但希望读者能够理解上面命令中正则表达式的含义。

5. 限定连续正则表达式字符范围

在上例中，可以利用.、正则表达式字符及*来设置 0 个到无限多个重复字符，如果想要限制一个范围区间内的重复字符数该怎么办呢？例如，想要找出有 2~5 个 o 连续的字符串，该如何操作？这时就要使用限定范围的字符{}了。但因为{与}在 shell 中是有特殊含义的，所以必须使用转义字符\来让其失去特殊含义。

假设要找到含两个 o 的字符串的行。

```
[root@Server01 ~]# grep -n 'o\{2\}' /root/sample.txt
1:"Open Source" is a good mechanism to develop programs.
2:apple is my favorite food.
3:Football game is not use feet only.
9:Oh! The soup taste good.
13:It's very good!
18:the googlgere tool yes.
19:goooooogle yes!
```

结果似乎与 ooo* 的没有什么差异，因为有 6 个连续的 o 的第 19 行依旧出现了。那么换个搜寻的字符串试试。假设要找出 g 后面接 2~5 个 o，然后接一个 g 的字符串。

```
[root@Server01 ~]# grep -n 'go\{2,5\}g' /root/sample.txt
18:the googlgere tool yes.
```

第 19 行没有被选中（因为第 19 行有 6 个 o）。那么，如果想要查找的是 2 个 o 以上的 goooo...g 呢？除了可以使用 gooo*g 外，还可以使用如下命令

```
[root@Server01 ~]# grep -n 'go\{2,\}g' /root/sample.txt
18:the googlgere tool yes.
19:goooooogle yes!
```

137

任务 7-4　认识基础正则表达式的特殊字符

根据前面几个简单的范例，可以将基础正则表示式的特殊字符汇总成表 7-3。

表 7-3　基础正则表达式的特殊字符

正则表达式字符	含义与范例
^word	含义：待搜寻的字符串 word 在行首。 范例：搜寻以#开始的行，并列出行号。 **grep　-n　'^#'　sample.txt**
word$	含义：待搜寻的字符串 word 在行尾。 范例：将行尾为!的行列出来，并列出行号。 **grep　-n　'!$'　sample.txt**
.	含义：代表一定有一个任意字符。 范例：搜寻的字符串可以是 eve、eae、eee、e e，但不能仅有 ee，即 e 与 e 中间"一定"仅有一个字符，而空白字符也是字符。 **grep　-n　'e.e'　sample.txt**
\	含义：转义字符，将特殊符号的特殊含义去除。 范例：搜寻含有单引号'的行。 **grep　-n　\'　sample.txt**
*	含义：重复 0 个到无穷多个的前一个正则表达式字符。 范例：找出含有 es、ess、esss 等的字符串。注意，因为*可以是 0 个，所以 es 也是符合要求的。另外，因为*为重复"前一个正则表达式字符"的符号，因此，在*之前必须紧贴着一个正则表达式字符，如.*。 **grep　-n　'ess*'　sample.txt**
[list]	含义：匹配 list 列表中的任一字符。 范例：搜寻含有 gl 或 gd 的行。需要特别注意的是，该表达式匹配 list 列表中的任一字符，例如，a[afl]y 代表搜寻的字符串可以是 aay、afy、aly，即 [afl] 代表 a 或 f 或 l。 **grep　-n　'g[ld]'　sample.txt**
[n1-n2]	含义：匹配两个字符（含两字符）之间的所有连续字符。 范例：搜寻含有任意数字的行。需特别留意，[]中的-是有特殊含义的，代表两个字符之间的所有连续字符，但这个连续与否与 ASCII 有关，因此，编码需要设置正确（在 bash 中，需要确定 LANG 与 LANGUAGE 的变量是否正确）。例如，所有大写字符为[A-Z]。 **grep　-n　'[A-Z]'　sample.txt**
[^list]	含义：匹配任意非 list 列表中的一个字符。 范例：搜寻的字符串可以是 oog、ood，但不能是 oot，^在[]内时，表示"反向选择"。例如，不选取大写字符为[^A-Z]。但是，需要特别注意的是，如果以 grep -n [^A-Z] sample.txt 来搜寻，就会发现该文件内的所有行都被列出。因为这个 [^A-Z] 是"非大写字符"的意思，而 sample.txt 中的每一行均有非大写字符。 **grep　-n　'oo[^t]'　sample.txt**
\{n,m\}	含义：连续 $n\sim m$ 个的前一个正则表达式字符。 \{n\}含义：连续 n 个的前一个正则表达式字符。 \{n,\}含义：连续 n 个以上的前一个正则表达式字符。 范例：搜寻 g 与 g 之间有 2~3 个 o 存在的行，即 goog、gooog。 **grep　-n　'go\{2,3\}g'　sample.txt**

任务 7-5　使用重定向

重定向就是不使用系统的标准输入端口、标准输出端口或标准错误端口，而进行重新指定，所以重定向分为输入重定向、输出重定向和错误重定向。通常情况下是重定向到一个文件。在 shell

中，要实现重定向主要依靠重定向符，即 shell 通过检查命令行中有无重定向符来决定是否需要实施重定向。表 7-4 所示为常用的重定向符。

表 7-4　常用的重定向符

重定向符	说明
<	实现输入重定向。输入重定向并不经常使用，因为大多数命令都以参数的形式在命令行上指定输入文件的文件名。尽管如此，当使用一个不接受文件名为输入参数的命令，而需要的输入又是在一个已存在的文件中时，就能用输入重定向解决问题
>或>>	实现输出重定向。输出重定向比输入重定向更常用。输出重定向使用户能把一个命令的输出重定向到一个文件中，而不是显示在屏幕上。在很多情况下都可以使用输出重定向功能。例如，如果某个命令的输出很多，在屏幕上不能完全显示，就可以把它重定向到一个文件中，稍后再用文本编辑器来打开这个文件
2>或 2>>	实现错误重定向
&>	同时实现输出重定向和错误重定向

需要注意的是，在实际执行命令之前，命令解释程序会自动打开（如果文件不存在，则自动创建）且清空对应文件（文中已存在的数据将被删除）。当命令执行完成时，命令解释程序会正确关闭文件，而命令在执行时并不知道它的输出流已被重定向。

下面举几个使用重定向的例子。

（1）将 ls 命令生成的/tmp 目录的清单存到当前目录下的 dir 文件中。

```
[root@Server01 ~]# ls -l /tmp >dir
```

（2）将 ls 命令生成的/etc 目录的清单以追加的方式存到当前目录下的 dir 文件中。

```
[root@Server01 ~]# ls -l /etc >>dir
```

（3）将 passwd 文件的内容作为 wc 命令的输入（wc 命令用来计算数字，可以计算文件的字节数、字数或是列数。若不指定文件名称，或是所给予的文件名为-，则 wc 命令会从标准输入设备读取数据）。

```
[root@Server01 ~]# wc</etc/passwd
```

（4）将 myprogram 命令的错误信息保存在当前目录下的 err_file 文件中。

```
[root@Server01 ~]# myprogram 2>err_file
```

（5）将 myprogram 命令的输出信息和错误信息保存在当前目录下的 output_file 文件中。

```
[root@Server01 ~]# myprogram &>output_file
```

（6）将 ls 命令的错误信息保存在当前目录下的 err_file 文件中。

```
[root@Server01 ~]# ls -l 2>err_file
```

 注意　ls 命令并没有产生错误信息，但 err_file 文件中的原文件内容会被清空。

当我们输入重定向符时，命令解释程序会检查目标文件是否存在。如果不存在，则命令解释程序会根据给定的文件名创建一个空文件；如果重定向到一个已经存在的文件，则命令解释程序在使用上述重定向命令前，会先将已经存在的文件的内容清空，然后将重定向的内容写入该文件，这可能造成已有文件内容损毁。这种操作方式表明：当重定向到一个已存在的文件时需要十分小心，数据很容易在用户还没有意识到之前就丢失了。

输入、输出重定向可以使用下面的命令设置为不覆盖已存在的文件。

```
[root@Server01 ~]# set -o noclobber
```

这个命令仅用于当前命令解释程序的输入、输出重定向，其他程序仍可能覆盖已存在的文件。

（7）空设备/dev/null。

空设备的一个典型用法是丢弃从 find 或 grep 等命令送来的错误信息。

```
[root@Server01 ~]# su - yangyun
[yangyun@Server01 ~]$ grep IPv6 /etc/* 2>/dev/null
[yangyun@Server01 ~]$ grep IPv6 /etc/*    //会显示包含许多错误的所有信息
[yangyun@Server01 ~]$ exit
//注销
[root@Server01 ~]#
```

上面的 grep 命令的含义是从/etc 目录下的所有文件中搜索包含字符串 IPv6 的所有行。由于是在普通用户的权限下执行该命令，所以 grep 命令无法打开某些文件，系统会显示一大堆"未得到允许"的错误提示。通过将错误重定向到空设备，可以在屏幕上只显示有用的输出。

任务 7-6　使用管道命令

许多 Linux 命令具有过滤特性，即一条命令通过标准输入端口接收一个文件中的数据，命令执行后，产生的结果数据又通过标准输出端口送给后一条命令，作为该命令的输入数据。后一条命令也是通过标准输入端口接收输入数据。

shell 提供管道命令|，将这些命令前后衔接在一起，形成一个管道线，其语法格式如下。

```
命令 1|命令 2|……|命令 n
```

管道线中的每一条命令都作为一个单独的进程运行，每一条命令的输出都作为下一条命令的输入。由于管道线中的命令总是从左到右按顺序执行的，所以管道线是单向的。

管道线实现了创建 Linux 操作系统管理文件并进行重定向的功能，但是管道不同于输入、输出重定向。输入重定向导致一个程序的标准输入来自某个文件，输出重定向是将一个程序的标准输出写到一个文件中，而管道是直接将一个程序的标准输出与另一个程序的标准输入相连接，不需要经过任何中间文件。

例如，运行命令 who 来找出谁已经登录了系统。

```
[root@Server01 ~]# who >tmpfile
```

该命令的输出结果是每个用户对应一行数据，其中包含了一些有用的信息，这些信息被保存到临时文件 tmpfile 中。

现在运行下面的命令。

```
[root@Server01 ~]# wc -l <tmpfile
```

该命令会统计临时文件 tmpfile 中数据的行数，最后的结果是登录系统的用户数。

可以将以上两个命令组合起来。

```
[root@Server01 ~]# who|wc -l
```

管道符号告诉命令解释程序将左边命令（本例中为 who）的标准输出流连接到右边命令（本例中为 wc -l）的标准输入流。现在命令 who 的输出不经过临时文件就可以直接送到命令 wc 中了。

下面再举几个使用管道的例子。

（1）以长格式递归的方式分屏显示/etc 目录下的文件和目录列表。

```
[root@Server01 ~]# ls -Rl /etc | more
```

（2）分屏显示文本文件/etc/passwd 的内容。

```
[root@Server01 ~]# cat /etc/passwd | more
```

（3）统计文本文件/etc/passwd 的行数、字数和字符数。

```
[root@Server01 ~]# cat /etc/passwd | wc
```

（4）查看是否存在 john 和 yangyun 用户账号。

```
[root@Server01 ~]# cat /etc/passwd | grep john
[root@Server01 ~]# cat /etc/passwd | grep yangyun
yangyun:x:1000:1000:yangyun:/home/yangyun:/bin/bash
```

（5）查看系统是否安装了 ssh 软件包。

```
[root@Server01 ~]# rpm -qa | grep ssh
```

（6）显示文本文件中的若干行。

```
[root@Server01 ~]# tail -15 /etc/passwd | head -3
```

管道仅能控制命令的标准输出流。如果标准错误输出未重定向，那么任何写入其中的信息都会在终端显示屏幕上显示。管道可用来连接两个以上的命令。由于使用了一种被称为过滤器的服务程序，所以多级管道在 Linux 中是很普遍的。过滤器只是一段程序，它从自己的标准输入流读入数据，然后写到自己的标准输出流中，这样就能沿着管道过滤数据。示例如下。

```
[root@Server01 ~]# who|grep root| wc -l
```

who 命令的输出结果由 grep 命令处理，grep 命令用于过滤掉（丢弃）所有不包含字符串 root 的行。这个输出结果经过管道送到命令 wc，而该命令的功能是统计剩余的行数，这些行数与网络用户数相对应。

Linux 操作系统的一个最大优势就是可以按照这种方式将一些简单的命令连接起来，形成更复杂的、功能更强的命令。那些标准的服务程序仅是一些管道应用的单元模块，在管道中它们的作用更加明显。

7.4 拓展阅读：为计算机事业做出过巨大贡献的王选院士

王选（1937 年 2 月 5 日—2006 年 2 月 13 日），出生于上海，江苏无锡人，计算机文字信息处理专家，计算机汉字激光照排技术创始人，国家最高科学技术奖获得者，中国科学院学部委员、中国工程院院士，北京大学王选计算机研究所原所长。他主要致力于文字、图形、图像的计算机处理研究。

他于 1958 年从北京大学数学力学系毕业后留校任教；1976 年负责"748 工程"的总体设计和研制工作；1978 年至 1995 年担任北京大学计算机研究所所长；1984 年晋升为教授；1987 年获得首届毕昇印刷奖；1991 年当选为中国科学院学部委员（院士）；1994 年当选为中国工程院院士；1995 年加入九三学社，并担任九三学社中央委员会副主席；2002 年获得 2001 年度国家最高科学技术奖；2003 年当选为中国人民政治协商会议第十届全国委员会副主席；2006 年 2 月 13 日在北京病逝，享年 70 岁；2009 年被评选为 100 位新中国成立以来感动中国人物；2018 年被授予改革先锋称号，颁授改革先锋奖章，并获评"科技体制改革的实践探索者"；2019 年被评选为"最美奋斗者"。

7.5 练习题

一、填空题

1. 由于内核在内存中是受保护的区域，所以必须通过_____将我们输入的命令送到内核，以便让内核可以控制硬件正确无误地工作。

2. 系统合法的 shell 均写在_____文件中。

3. 用户默认登录取得的 shell 记录于_____的最后一个字段。

4. shell 变量有规定的作用范围，可以分为_____与_____。

5. _____命令显示目前 bash 环境下的所有变量。

6. 通配符主要有_____、_____、_____等。

7. 正则表达式就是处理字符串的方法，是以_____为单位来处理字符串的。

8. 正则表达式通过一些特殊符号的辅助，可以让用户轻易地_____、_____、_____某个或某些特定的字符串。

9. 正则表达式与通配符是完全不一样的。_____代表的是 bash 操作接口的一个功能，_____则是一种字符串处理的表示方式。

二、简述题

1. 什么是重定向？什么是管道？

2. shell 变量有哪两种？分别如何定义？

3. 如何设置用户自己的工作环境？

4. 关于正则表达式的练习，首先要设置好环境，输入以下命令。

```
[root@Server01 ~]# cd
[root@Server01 ~]# cd  /etc
[root@Server01 ~]# ls  -a  >~/data
[root@Server01 ~]# cd
```

这样，/etc 目录下所有文件的列表会保存在主目录下的 data 文件中。

写出可以在 data 文件中查找满足以下条件的所有行的正则表达式。

（1）以 P 开头。

（2）以 y 结尾。

（3）以 m 开头，以 d 结尾。

（4）以 e、g 或 l 开头。

（5）包含 o，后面跟着 u。

（6）包含 o，一个字母之后是 u。

（7）以小写字母开头。

（8）包含一个数字。

（9）以 s 开头，包含一个 n。

（10）只含有 4 个字母。

（11）只含有 4 个字母，但不包含 f。

项目8
学习shell script

08

项目导入

如果想要管理好主机，则一定要好好学习 shell script。shell script 有点像早期的批处理，即将一些命令汇总起来一次运行。但是 shell script 拥有更强大的功能，它可以进行类似程序（Program）的撰写，并且不需要经过编译（Compile）就能够运行程序，非常方便。同时，还可以通过 shell script 来简化日常的工作管理。在整个 Linux 的环境中，一些服务（Service）的启动都是通过 shell script 来进行的，如果对 shell script 不了解，一旦遇到问题，就容易束手无策。

项目目标

• 理解 shell script。	• 掌握条件判断式的用法。
• 掌握判断式的用法。	• 掌握循环的用法。

素养目标

• 明确职业技术岗位所需的职业规范和精神，树立社会主义核心价值观。	• 坚定文化自信。"求木之长者，必固其根本；欲流之远者，必浚其泉源。"发展是安全的基础，安全是发展的条件。青年学生要努力为信息安全贡献自己的力量！

8.1 项目知识准备

本项目将首先介绍什么是 shell script（程序化脚本），然后讲解如何编写与执行 shell script。本项目均在 RHEL 7-1 服务器上编写、调试和运行程序，工作目录为/root/scripts。

8.1.1 了解 shell script

就字面上的含义，可以将 shell script 分为两部分来理解。shell 是在命令行界面下让用户与系统"沟通"的一个工具接口。而 script，其字面上的含义是脚本、剧本。shell script 就是针对 shell 所写的"脚本"。

其实，shell script 是利用 shell 的功能所写的"程序"。这个程序使用纯文本文件为载体，包含一些 shell 的语法与命令（含外部命令），搭配正则表达式、管道命令与数据流重定向等功能，用于实现用户想要的处理效果。

所以，简单地说，shell script 就像"DOS 年代"的批处理（.bat），最简单的功能是将许多命令集在一起，让用户轻易地就能够处理复杂的操作（运行一个 shell script，就能够一次执行多个命令）。shell script 能提供数组、循环、条件与逻辑判断等重要功能，让用户可以直接以 shell 来撰写程序，而不必使用类似 C 语言程序等传统程序的语法。

可以简单地将 shell script 看成批处理文件，也可以看作是一种程序语言，这种程序语言使用 shell 和相关工具命令来编写，不需要编译即可直接运行。另外，shell script 还具有不错的排错（Debug）工具，所以，它可以帮助系统管理员快速管理好主机。

8.1.2　编写与执行一个 shell script

编写任何一个计算机程序都要养成好的编程习惯，shell script 也不例外。

1. 编写 shell script 的注意事项
- 命令的执行是从上到下、从左到右进行的。
- 命令、选项与参数间的多个空格都会被忽略掉。
- 空白行也将被忽略掉，并且按 Tab 键生成的空白同样被视为空白行。
- 如果读取到一个回车（CR）符号，就尝试开始执行该行（或该串）命令。
- 如果一行的内容太多，则可以使用\[Enter]来切换至下一行继续编写。
- #可作为注释符。任何加在#后面的内容都将全部被视为注释而被忽略。

2. 运行 shell script
现在假设程序文件名是 /home/dmtsai/shell.sh，那么如何运行这个文件呢？很简单，可以有下面几种方法。

（1）直接下达命令：shell.sh 文件必须具备可读与可执行（rx）的权限。
- 绝对路径：使用/home/dmtsai/shell.sh 来下达命令。
- 相对路径：假设工作目录为/home/dmtsai，则使用./shell.sh 来下达命令。
- 使用变量 PATH：将 shell.sh 文件放在 PATH 指定的目录内，如～/bin。

（2）以 bash 命令来运行：执行 bash shell.sh 或 sh shell.sh。

由于 Linux 默认家目录下的～/bin 目录会被设置到 PATH 变量内，所以也可以将 shell.sh 文件创建在/home/dmtsai/bin 下面（～/bin 目录需要自行设置）。此时，若 shell.sh 文件在～/bin 内且具有 rx 权限，则直接在终端输入 shell.sh，再按 Enter 键即可运行该脚本。

为何执行 sh shell.sh 也可以运行脚本呢？这是因为/bin/sh 其实就是/bin/bash（连接档），使用 sh shell.sh 即告诉系统，我想要直接以 bash 的功能来执行 shell.sh 这个文件内的相关命令，所以此时 shell.sh 文件只要有 r 权限即可运行。也可以利用 sh 命令的选项，如利用-n 及-x 来检查与追踪 shell.sh 中的语法是否正确。

3. 编写第一个 shell script
示例 shell script 如下。

```
[root@RHEL7-1 ~]# cd; mkdir /root/scripts; cd /root/scripts
[root@RHEL7-1 scripts]# vim sh01.sh
#!/bin/bash
# Program:
# This program shows "Hello World!" in your screen
# History:
```

```
# 2021/08/23 Bobby    First release
PATH=/bin:/sbin:/usr/bin:/usr/sbin:/usr/local/bin:/usr/local/sbin:~/bin
export PATH
echo -e "Hello World! \a \n"
exit 0
```

在本项目中，请将所有撰写的 shell script 放置到家目录的 ~/scripts 目录内，以利于管理。下面分析上面的程序。

（1）第一行#!/bin/bash 宣告这个 shell script 使用的 shell 名称。

因为使用的是 bash，所以必须以#!/bin/bash 来宣告这个文件内的语法使用 bash 的语法。当这个程序被运行时，系统就会加载 bash 的相关环境配置文件（一般来说就是 non-login shell 的 ~/.bashrc），并且运行 bash 使下面的命令能够执行，这很重要。在很多情况下，如果没有设置好这一行，则程序很可能会无法运行，因为系统无法判断该程序需要使用什么 shell 来运行。

（2）程序内容的说明。

在整个 shell script 当中，除了第一行的#!是用来声明 shell 的，其他的#都是代表注释。所以在上面的程序中，第二行及以下带有#的行用于说明整个程序的基本数据。

> **建议** 一定要养成说明 shell script 的内容与功能、版本信息、作者与联络方式、建立日期、历史记录等习惯，这将有助于未来程序的改写与调试。

（3）主要环境变量的声明。

务必将一些重要的环境变量设置好，其中 PATH 是最重要的。这让这个程序在运行时可直接执行一些外部命令，而不必给出绝对路径。

（4）主要程序部分。

在这个例子中，主要程序部分就是 echo 那一行。

（5）运行成果告知（定义回传值）。

一个命令的执行成功与否，可以使用$?查看。也可以利用 exit 命令来让程序中断，并且给系统回传一个数值。在这个例子中，exit 0 代表离开 shell script 并且回传一个 0 给系统，所以当运行完这个 shell script 后，若接着执行 echo $?，则可得到 0 值。聪明的你应该也知道了，利用 exit n（n是数字），还可以自定义错误信息，让程序变得更加智能。

该程序的运行结果如下。

```
[root@RHEL7-1 scripts]# sh  sh01.sh
Hello World !
```

运行上述程序时可能会听到"咚"的一声，为什么呢？这是因为 echo 命令加上了 -e 选项。

另外，你也可以利用 chmod a+x sh01.sh; ./sh01.sh 来运行这个 shell script。

8.1.3　养成良好的编程习惯

养成良好的编程习惯是很重要的，但大家在刚开始撰写程序的时候，最容易忽略这部分，认为程序写出来就好了，其他的不重要。其实，程序说明得越清楚，对自己的帮助越大。

建议在每个 shell script 的文件头处包含如下内容。

- shell script 的功能。
- shell script 的版本信息。

- shell script 的作者与联络方式。
- shell script 的版权声明方式。
- shell script 的历史记录。
- shell script 内较特殊的命令，使用"绝对路径"的方式来执行。
- 预先声明与设置 shell script 运行时需要的环境变量。

除了记录这些信息之外，在较为特殊的程序部分，建议务必加上注释。程序的撰写建议使用嵌套方式，最好能以 Tab 键进行缩排，这样程序会显得非常漂亮、有条理，可以很轻松地被阅读与调试。另外，撰写 shell script 的工具最好使用 vim 编辑器而不是 vi 编辑器，因为 vim 编辑器有额外的语法检验机制，能够在开始撰写时就发现语法方面的问题。

8.2 项目设计与准备

本项目要用到 RHEL 7-1，要完成的任务如下。

（1）编写简单的 shell script。

（2）用好判断式（test 和[ ]）。

（3）利用条件判断式。

（4）利用循环。

> **特别提醒** 本项目所有实例的工作目录都在用户账户家目录下的 scripts 中，即 **/root/scripts** 下面，切记！

8.3 项目实施

慕课

学习 shell script

本项目包括 10 项学习任务。

任务 8-1 通过简单范例学习 shell script

下面先看 3 个简单实例。

1. 对话式脚本：变量内容由用户决定

很多时候我们需要用户输入一些内容，让程序可以顺利运行。

要求：使用 read 命令撰写一个 shell script。让用户输入 first name 与 last name 后，在屏幕上显示 Your full name is: ……的内容。

（1）编写程序。

```
[root@RHEL7-1 scripts]# vim  sh02.sh
#!/bin/bash
# Program:
#User inputs his first name and last name.  Program shows his full name
# History:
# 2012/08/23 Bobby    First release
PATH=/bin:/sbin:/usr/bin:/usr/sbin:/usr/local/bin:/usr/local/sbin:~/bin
export PATH

read -p "Please input your first name: " firstname    # 提示用户输入
```

```
read -p "Please input your last name: " lastname        # 提示用户输入
echo -e "\nYour full name is: $firstname $lastname"      # 结果由屏幕输出
```

（2）运行程序。

```
[root@RHEL7-1 scripts]# sh  sh02.sh
```

2. 随日期变化：利用 date 进行文件的创建

假设服务器内有数据库，数据库每天的数据都不一样。备份数据库时，希望将每天的数据都以不同的文件名备份，这样才能让旧的数据也保存下来不被覆盖。

考虑到每天的"日期"并不相同，将文件以类似 backup.2022-09-14.data 的形式命名即可。但 2022-09-14 这类日期数据从何而来？

假设想要通过 touch 命令创建 3 个空文件，文件名由用户输入，以及由前天、昨天和今天的日期决定。例如，用户输入 filename，而今天的日期是 2022-08-15，则 3 个文件名分别为 filename_20220813、filename_20220814 和 filename_20220815。

（1）编写程序。

```
[root@RHEL7-1 scripts]# vim  sh03.sh
#!/bin/bash
# Program:
#Program creates three files, which named by user's input and date command
# History:
# 2021/07/13 Bobby    First release
PATH=/bin:/sbin:/usr/bin:/usr/sbin:/usr/local/bin:/usr/local/sbin:~/bin
export PATH
#  让用户输入文件名称，并取得变量 fileuser
echo -e "I will use 'touch' command to create 3 files."    # 显示信息
read -p "Please input your filename: " fileuser            # 提示用户输入
#  为了避免用户随意按 Enter 键，利用变量功能分析文件名是否设置
filename=${fileuser:-"filename"}
# 开始判断是否设置了文件名。如果用户在输入文件名时直接按了 Enter 键，那么 fileuser 的值为空
# 这时系统会将"filename"赋给变量 filename，否则将 fileuser 的值赋给变量 filename
#  开始利用 date 命令来取得所需要的文件名
date1=$(date --date='2 days ago' +%Y%m%d)    # 前两天的日期，注意+前面有个空格
date2=$(date --date='1 days ago' +%Y%m%d)    # 前一天的日期，注意+前面有个空格
date3=$(date +%Y%m%d)                         # 今天的日期
file1=${filename}${date1}                      # 设置文件名
file2=${filename}${date2}
file3=${filename}${date3}
#  创建文件
touch "$file1"
touch "$file2"
touch "$file3"
```

（2）运行程序。

```
[root@RHEL7-1 scripts]# sh  sh03.sh
[root@RHEL7-1 scripts]# ll
```

分两种情况运行 sh03.sh：一种是直接按 Enter 键，之后查阅文件名是什么；另一种是输入一些字符，判断脚本是否设计正确。

3. 数值运算：简单的加减乘除

可以使用 declare 来定义变量的类型，利用$((计算式))来进行数值运算。不过系统默认仅支持整数运算。

下面的例子要求用户输入两个变量，然后将两个变量的内容相乘，最后输出相乘的结果。

（1）编写程序。

```
[root@RHEL7-1 scripts]# vim sh04.sh
#!/bin/bash
# Program:
#User inputs 2 integer numbers; program will cross these two numbers
# History:
# 2021/08/23 Bobby    First release
PATH=/bin:/sbin:/usr/bin:/usr/sbin:/usr/local/bin:/usr/local/sbin:~/bin
export PATH
echo -e "You SHOULD input 2 numbers, I will cross them! \n"
read -p "first number: " firstnu
read -p "second number: " secnu
total=$(($firstnu*$secnu))
echo -e "\nThe result of $firstnu*$secnu is ==> $total"
```

（2）运行程序。

```
[root@RHEL7-1 scripts]# sh sh04.sh
```

在数值的运算上，可以使用 declare –i total=$firstnu*$secnu，也可以使用 total= $ ($firstnu*$secnu) 方式表示，建议采用后者的运算模式，即 var=$((运算内容))。

这种方式不但容易记忆，而且比较方便。两个圆括号内可以加上空白字符。至于数值运算上的处理，有+、–、*、/、%等，其中%表示取余数。

```
[root@RHEL7-1 scripts]# echo $((13 %3))
1
```

任务 8-2   了解脚本运行方式的差异

不同的脚本运行方式可能会造成不一样的结果，尤其是对 bash 环境来说。脚本的运行方式除了前文谈到的方式之外，还可以利用 source 命令或.来运行。那么这些运行方式有何不同呢？

1. 利用直接运行的方式来运行脚本

当使用前文提到的直接命令（无论是绝对路径、相对路径，还是 PATH 变量内的路径），或者利用 bash（或 sh）命令来运行脚本时，该脚本都会使用一个新的 bash 环境来执行脚本内的命令。也就是说，使用这种运行方式时，脚本其实是在子程序的 bash 内运行的，并且当子程序完成后，子程序内的各项变量或动作将会结束而不会传回到父程序中。

以前文的 sh02.sh 脚本来说明。该脚本可以让用户自行配置两个变量，分别是 firstname 与 lastname。想一想，如果直接执行该命令时，该命令配置的 firstname 会不会生效？看下面的运行结果。

```
[root@RHEL7-1 scripts]# echo $firstname $lastname  <==首先确认变量并不存在
[root@RHEL7-1 scripts]# sh sh02.sh
Please input your first name: Bobby           <==这个名字是用户自行输入的
Please input your last name: Yang

Your full name is: Bobby Yang              <==脚本运行,这两个变量会生效
[root@RHEL7-1 scripts]# echo $firstname $lastname
   <==事实上,这两个变量在父程序的bash中还是不存在
```

从上面的结果可以看出，sh02.sh 配置好的变量在 bash 环境下面无效。这里用图 8-1 来说明。当使用直接运行的方式来运行脚本时，系统会开辟一个新的 bash 来执行 sh02.sh 中的命令。因此 firstname、lastname 等变量其实是在图 8-1 中的子程序 bash 内起作用的。当 sh02.sh 运行完毕，子程序 bash 内的所有数据便被移除，因此在上面的例子中，在父程序下面执行 echo $firstname，看不到任何东西。

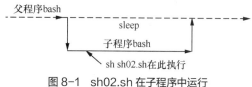

图 8-1　sh02.sh 在子程序中运行

2. 利用 source 命令运行脚本：在父程序中运行

如果使用 source 命令来运行脚本，会出现什么情况呢？请看下面的运行结果。

```
[root@RHEL7-1 scripts]# source sh02.sh
Please input your first name: Bobby <==这个名字是用户自行输入的
Please input your last name: Yang

Your full name is: Bobby Yang        <==脚本运行，这两个变量生效
[root@RHEL7-1 scripts]# echo $firstname $lastname
Bobby Yang                           <==有数据产生
```

变量竟然生效了，为什么呢？source 对 shell script 的运行方式可以使用图 8-2 来说明。sh02.sh 会在父程序中运行，因此各项操作都会在父程序的 bash 内生效。这也是当你不注销系统而要让某些写入 ~/.bashrc 的设置生效时，需要使用 source ~/.bashrc 而不能使用 bash ~/.bashrc 的原因。

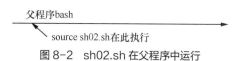

图 8-2　sh02.sh 在父程序中运行

任务 8-3　利用 test 命令的测试功能

项目 7 提到过 $? 的含义。在项目 7 的讨论中，想要判断一个目录是否存在，使用的是 ls 命令搭配数据流重定向，最后配合 $? 来决定后续的命令是否进行。但是否有更简单的方式来进行"条件判断"呢？有，那就是 test 命令。

当需要检测系统中的某些文件或者相关的属性时，test 命令是较好的选择。例如，要检查/dmtsai 是否存在时，可使用如下命令。

```
[root@RHEL7-1 scripts]# test -e /dmtsai
```

命令执行后，并不会显示任何信息，但最后可以通过 $? 或 && 及 || 来显示整个结果。例如，将上面的例子改写如下（也可以试试/etc 目录是否存在）。

```
[root@RHEL7-1 scripts]# test -e /dmtsai && echo "exist" || echo "Not exist"
Not exist  <==结果显示不存在
```

命令执行后，最终的结果是 exist 或 Not exist。-e 选项是用来测试一个文件或目录存在与否的，如果还想测试文件的其他属性，有哪些选项可以用来判断呢？test 命令各选项的作用见表 8-1～表 8-6。

表 8-1　test 命令各选项的作用——文件类型

选项	作用
-e	文件是否存在（常用）
-f	文件是否存在且为普通文件（常用）
-d	文件是否存在且为目录（常用）
-b	文件是否存在且为一个块设备文件
-c	文件是否存在且为一个字符设备文件
-S	文件是否存在且为一个 Socket 文件
-p	文件是否存在且为一个管道文件
-L	文件是否存在且为一个连接文件

表 8-1 列出的是关于某个文件的"文件类型"判断选项，如 test -e filename 表示名为 filename 的文件存在与否。

表 8-2　test 命令各选项的作用——文件权限检测

选项	作用
-r	检测文件是否存在且具有可读权限
-w	检测文件是否存在且具有可写权限
-x	检测文件是否存在且具有可执行权限
-u	检测文件是否存在且具有 SUID 属性
-g	检测文件是否存在且具有 SGID 属性
-k	检测文件是否存在且具有 Sticky bit 属性
-s	检测文件是否存在且为非空白文件

表 8-2 列出的是关于文件的权限检测选项，如 test -r filename 表示名为 filename 的文件是否存在且具有可读权限。

表 8-3　test 命令各选项的作用——两个文件之间的比较

选项	作用
-nt	判断 file1 是否比 file2 新
-ot	判断 file1 是否比 file2 旧
-ef	判断 file1 与 file2 是否为同一文件，可用在硬链接（某个实体文件的别名）的判定上，主要意义在于判定两个文件是否均指向同一个索引节点

表 8-3 列出的选项用于两个文件的比较，如 test file1 -nt file2。

表 8-4　test 命令各选项的作用——两个整数之间的判定

选项	作用
-eq	两数值相等
-ne	两数值不等
-gt	n1 大于 n2
-lt	n1 小于 n2
-ge	n1 大于或等于 n2
-le	n1 小于或等于 n2

表 8-4 列出的选项用于两个整数之间的判定，如 test n1 -eq n2。

表 8-5 test 命令各选项的作用——判定字符串数据

选项	作用
test –z string	判定字符串是否为 0，若 string 为空字符串，则回传 true
test –n string	判定字串是否非 0，若 string 为空字符串，则回传 false 注：–n 也可省略
test str1 = str2	判定 str1 是否等于 str2，若相等，则回传 true
test str1 != str2	判定 str1 是否不等于 str2，若相等，则回传 false

表 8-6 test 命令各选项的作用——多重条件判定

选项	作用
–a	两状况同时成立。例如，test –r file –a –x file，只有 file 同时具有可读与可执行权限时，才回传 true
–o	两状况任何一个成立。例如，test –r file –o –x file，只要 file 具有可读或可执行权限，就回传 true
!	反相状态，例如，test ! –x file，当 file 不具有可执行权限时，回传 true

多重条件判定，例如，test –r filename –a –x filename。

现在利用 test 命令来写几个简单的例子。首先，输入一个文件名，然后做如下判断。

- 这个文件是否存在，若不存在，则给出 Filename does not exist 的信息，并中断程序。
- 若这个文件存在，则判断其是普通文件还是目录，结果输出 Filename is regular file 或 Filename is directory。
- 判断执行者的身份对这个文件或目录拥有的权限，并输出权限数据。

 注意 读者可以先自行创建 shell script，再与下面的结果比较。注意利用 test 命令、&& 还有 ||
等标志。

```
[root@RHEL7-1 scripts]# vim  sh05.sh
#!/bin/bash
# Program:
# User input a filename, program will check the flowing:
# 1.) exist? 2.) file/directory? 3.) file permissions
# History:
# 2021/08/25 Bobby   First release
PATH=/bin:/sbin:/usr/bin:/usr/sbin:/usr/local/bin:/usr/local/sbin:~/bin
export PATH

# 让用户输入文件名，并且判断用户是否输入了字符串
echo -e "Please input a filename, I will check the filename's type and
permission. \n\n"
read -p "Input a filename : " filename
test -z $filename && echo "You MUST input a filename." && exit 0
# 判断文件是否存在，若不存在，则显示信息并结束脚本
test ! -e $filename && echo "The filename '$filename' DO NOT exist" && exit 0
# 开始判断文件类型与属性
test -f $filename && filetype="regulare file"
test -d $filename && filetype="directory"
test -r $filename && perm="readable"
test -w $filename && perm="$perm writable"
test -x $filename && perm="$perm executable"
# 开始输出信息
```

151

```
echo "The filename: $filename is a $filetype"
echo "And the permissions are : $perm"
```

执行如下命令。

```
[root@RHEL7-1 scripts]# sh sh05.sh
```

这个脚本运行后，会依据用户输入的文件名来进行检查。先判断文件是否存在，再判断文件是普通文件还是目录，最后判断权限。但是必须注意的是，由于 root 账户在很多权限的限制上都是无效的，所以使用 root 身份来运行这个脚本时，常常会发现与执行 ls － l 命令得到的结果并不相同。所以，建议使用一般用户账户来运行这个脚本。不过必须先使用 root 身份将这个脚本转移给一般用户，否则一般用户账户无法进入/root 目录。

任务 8-4　利用判断符号[ ]

除了使用 test 命令之外，还可以利用判断符号[]（方括号）来判断数据。例如，想要知道 HOME 变量是否为空，可以使用如下命令。

```
[root@RHEL7-1 scripts]# [ -z "$HOME" ] ; echo $?
```

－z string 的含义是，若 string 长度为零，则回传 true。使用方括号必须特别注意，因为方括号可用在很多地方，包括通配符与正则表达式等，所以要在 bash 的语法中使用方括号作为 shell 的判断式，必须注意方括号两端要有空格符。假设空格符使用□符号表示，那么在下面这些地方都需要有空格符。

```
[□"$HOME"□==□"$MAIL"□]
  ↑      ↑ ↑      ↑
```

注意　（1）上面的判断式中使用了两个等号==。其实在 bash 中使用一个等号与使用两个等号的效果是一样的。不过在一般惯用程序中，一个等号代表"变量的设置"，两个等号代表"逻辑判断（是否之意）"。由于方括号内的重点在于"判断"而非"设置变量"，因此建议使用两个等号。
（2）当判断式的值为真时，$?的值为 0。

上面的示例代码判断两个字符串$HOME 与$MAIL 是否相同，相当于 test $HOME = $MAIL。如果方括号中没有用空格符分隔，例如，写成 [$HOME==$MAIL]，bash 就会显示错误信息。因此，一定要注意以下几点。

- 方括号内的每个组件都需要有空格符来分隔。
- 方括号内的变量最好都以双引号标注。
- 方括号内的常数最好都以单引号或双引号标注。

为什么要这么麻烦呢？假如设置了 name="Bobby Yang"，然后使用如下判断方式，bash 会报错。

```
[root@RHEL7-1 scripts]# name="Bobby Yang"
[root@RHEL7-1 scripts]# [ $name == "Bobby" ]
bash: [: too many arguments
```

bash 显示的错误信息是"太多参数"。因为如果$name 没有使用双引号标注，那么上面的判断式等同于[Bobby Yang == "Bobby"]，这肯定不对。因为一个判断式只能有两个数据的比对，Bobby、Yang 和 Bobby 一共是 3 个数据。正确的形式应该是下面这样的。

```
[ "Bobby Yang" == "Bobby" ]
```

另外,方括号的使用方法与 test 命令几乎一模一样。只是方括号经常用在条件判断式 if...then...fi 中。

下面使用方括号判断来设计一个实例,实例要求如下。

- 当运行一个程序时,这个程序会让用户输入 Y 或 N。
- 用户输入 Y 或 y 时,显示 OK, continue。
- 用户输入 N 或 n 时,显示 Oh, interrupt!。
- 如果用户输入的不是 Y、y、N、n 字符,就显示 I don't know what your choice is。

分析: 需要利用 []、&& 与 ||。

```
[root@RHEL7-1 scripts]# vim sh06.sh
#!/bin/bash
# Program:
# This program shows the user's choice
# History:
# 2021/08/25 Bobby    First release
PATH=/bin:/sbin:/usr/bin:/usr/sbin:/usr/local/bin:/usr/local/sbin:~/bin
export PATH

read -p "Please input (Y/N): " yn
[ "$yn" == "Y" -o "$yn" == "y" ] && echo "OK, continue" && exit 0
[ "$yn" == "N" -o "$yn" == "n" ] && echo "Oh, interrupt!" && exit 0
echo "I don't know what your choice is" && exit 0
```

运行程序,结果如下。

```
[root@RHEL7-1 scripts]# sh sh06.sh
Please input (Y/N): y
OK, continue
[root@RHEL7-1 scripts]# sh sh06.sh
Please input (Y/N): u
I don't know what your choice is
[root@RHEL7-1 scripts]# sh sh06.sh
Please input (Y/N): n
Oh, interrupt!
```

 提示　由于输入有大小写之分,所以用户输入 Y 或 y 都是可以的,此时判断式内要有两个判断条件才行。由于任何一个输入(Y、y)成立即可,所以这里使用 -o(或)选项连接两个判断条件。

任务 8-5　利用 if...then...fi 条件判断式

只要讲到"程序",条件判断式即 if...then...fi 就肯定是要学习的。因为很多时候,我们都必须依据某些数据来判断程序该如何进行。例如,在前面的 sh06.sh 范例中,用户输入 Y 或 N 时,程序会输出不同的信息。简单的方式是利用 && 与 ||,但如果还想运行许多命令呢? 那就得用到 if...then...fi 条件判断式了。

if...then...fi 是十分常见的条件判断式。简单地说,当符合某个条件判断时,进行某项工作。if...then...fi 的判断还有多层次的情况,下面分别介绍。

1. 单层、简单条件判断式

如果只有一个判断式,那么可以简单地写成如下形式。

微课

shell 程序控制
结构语句

```
if [条件判断式]; then
        当条件判断式成立时，可以进行的命令工作内容；
fi    <==将 if 反过来写，就成为 fi 了，结束 if 之意
```

至于条件判断式的判断方法，与前文的介绍相同。比较特别的是，如果有多个条件要判断，除了实例 sh06.sh 所写的，也就是将多个条件写入一个方括号，还可以用多个方括号来隔开每个条件。而括号与括号之间则以&&或||来连接，其含义如下。

- &&代表与。
- ||代表或。

所以，在使用方括号的判断式中，&&及||就与命令执行的状态不同了。例如，sh06.sh 中的判断式["$yn" == "Y" -o "$yn" == "y"]可以修改成如下形式。

```
[ "$yn" == "Y" ] || [ "$yn" == "y" ]
```

下面将 sh06.sh 脚本中的判断部分修改为 if...then...fi 条件判断式。

```
[root@RHEL7-1 scripts]# cp sh06.sh sh06-2.sh  <==这样改得比较快
[root@RHEL7-1 scripts]# vim sh06-2.sh
#!/bin/bash
# Program:
# This program shows the user's choice
# History:
# 2021/08/25    Bobby   First release
PATH=/bin:/sbin:/usr/bin:/usr/sbin:/usr/local/bin:/usr/local/sbin:~/bin
export PATH

read -p "Please input (Y/N): " yn

if [ "$yn" == "Y" ] || [ "$yn" == "y" ]; then
    echo "OK, continue"
    exit 0
fi
if [ "$yn" == "N" ] || [ "$yn" == "n" ]; then
    echo "Oh, interrupt!"
    exit 0
fi
echo "I don't know what your choice is" && exit 0
```

sh06.sh 还算比较简单。但是如果从逻辑概念来看，上面的范例使用了两个条件判断式。明明仅有一个 yn 变量，为何需要进行两次比较呢？对于这种情况，最好使用多重条件判断。

2. 多重、复杂条件判断式

在对同一个数据的判断中，如果该数据需要进行多种不同的判断，就可以使用多重、复杂条件判断式。

例如，在上面的 sh06.sh 脚本中，只需进行一次 yn 的判断（仅进行一次 if），不想进行多次判断，就可以使用下面的语法。

```
# 一个条件判断，分成功进行与失败进行 (else)
if [条件判断式]; then
        当条件判断式成立时，可以进行的命令工作内容；
else
        当条件判断式不成立时，可以进行的命令工作内容；
fi
```

如果考虑更复杂的情况，则可以使用如下的语法结构。

```
# 多个条件判断 (if...elif...elif...else) 分多种不同情况运行
if [条件判断式一]; then
    当条件判断式一成立时，可以进行的命令工作内容;
elif [条件判断式二]; then
    当条件判断式二成立时，可以进行的命令工作内容;
else
    当条件判断式一与条件判断式二均不成立时，可以进行的命令工作内容;
fi
```

 注意 elif 也是个判断式，因此 elif 后面都要接 then 来处理。但是 else 已经是最后的没有成立的结果了，所以 else 后面并没有 then。

将 sh06-2.sh 改写如下。

```
[root@RHEL7-1 scripts]# cp  sh06-2.sh  sh06-3.sh
[root@RHEL7-1 scripts]# vim  sh06-3.sh
#!/bin/bash
# Program:
# This program shows the user's choice
# History:
# 2021/08/25   Bobby   First release
PATH=/bin:/sbin:/usr/bin:/usr/sbin:/usr/local/bin:/usr/local/sbin:~/bin
export PATH

read -p "Please input (Y/N): "  yn
if [ "$yn" == "Y" ] || [ "$yn" == "y" ]; then
    echo "OK, continue"
elif [ "$yn" == "N" ] || [ "$yn" == "n" ]; then
    echo "Oh, interrupt!"
else
    echo "I don't know what your choice is"
fi
```

这里程序变得很简单，而且可以避免重复判断。

下面再来进行另外一个实例的设计。一般来说，如果你不希望用户从键盘输入额外的数据，那么接下来实例将用到$1 这个参数功能，让用户在执行命令时将参数带进去。现在我们想让用户输入关键字 hello，利用参数的方法可以按照以下内容进行设计。

- 判断 $1 是否为 hello，如果是，就显示 Hello, how are you ?。
- 如果用户输入没有加任何参数，就提示用户必须使用的参数。
- 如果加入的参数不是 hello，就提醒用户只能使用 hello 作为参数。

整个程序如下。

```
[root@RHEL7-1 scripts]# vim  sh09.sh
#!/bin/bash
# Program:
# Check $1 is equal to "hello"
# History:
# 2021/08/28 Bobby   First release
PATH=/bin:/sbin:/usr/bin:/usr/sbin:/usr/local/bin:/usr/local/sbin:~/bin
export PATH
```

```
if [ "$1" == "hello" ]; then
    echo "Hello, how are you ?"
elif [ "$1" == "" ]; then
    echo "You MUST input parameters, ex> {$0 someword}"
else
    echo "The only parameter is 'hello', ex> {$0 hello}"
fi
```

运行这个程序，在$1 的位置输入 hello，或不输入及随意输入，可以看到不同的输出。

```
 [root@RHEL7-1 scripts]# sh sh09.sh hello            //正确输入
Hello, how are you ?
[root@RHEL7-1 scripts]# sh sh09.sh                   //没有输入
You MUST input parameters, ex> {sh09.sh someword}
[root@RHEL7-1 scripts]# sh sh09.sh Linux             //随意输入
The only parameter is 'hello', ex> {sh09.sh hello}
[root@RHEL7-1 scripts]#
```

前文已经介绍过 grep 命令，现在介绍 netstat 命令。netstat 命令可以查询到目前主机开启的网络服务端口。可以利用 netstat -tuln 命令来取得目前主机启动的服务，示例如下。

```
[root@RHEL7-1 scripts]# netstat -tuln
Active Internet connections (only servers)
Proto Recv-Q Send-Q Local Address          Foreign Address         State
tcp        0      0 0.0.0.0:111            0.0.0.0:*               LISTEN
tcp        0      0 127.0.0.1:631          0.0.0.0:*               LISTEN
tcp        0      0 127.0.0.1:25           0.0.0.0:*               LISTEN
tcp        0      0 :::22                  :::*                    LISTEN
udp        0      0 0.0.0.0:111            0.0.0.0:*
udp        0      0 0.0.0.0:631            0.0.0.0:*
#封包格式               本地 IP 地址:端口       远程 IP 地址:端口      是否监听
```

上面的重点是 Local Address（本地 IP 地址与端口对应）列，表示本机启动的网络服务。IP 地址部分说明该服务位于哪个接口上，若为 127.0.0.1，则代表仅针对本机开放；若为 0.0.0.0 或:::，则代表对整个互联网开放。每个端口都有其特定的网络服务，几个常见的端口与相关网络服务的关系如下。

- 80：WWW。
- 22：SSH。
- 21：FTP。
- 25：Mail。
- 111：RPC（Remote Procedure Call，远程程序调用）。
- 631：CUPS（Common UNIX Printing System，通用 UNIX 打印系统）。

假设需要检测的是比较常见的端口 21、22、25 及 80，那么如何通过 netstat 命令检测主机是否开启了这 4 个主要的网络服务端口呢？由于每个服务的关键字都接在:后面，所以可以选取类似:80 来检测。请看下面的程序。

```
[root@RHEL7-1 scripts]# vim sh10.sh
#!/bin/bash
# Program:
# Using netstat and grep to detect WWW,SSH,FTP and Mail services
# History:
# 2021/08/28   Bobby   First release
```

```
PATH=/bin:/sbin:/usr/bin:/usr/sbin:/usr/local/bin:/usr/local/sbin:~/bin
export PATH

# 提示信息
echo "Now, I will detect your Linux server's services!"
echo -e "The WWW, FTP, SSH, and Mail will be detect! \n"

# 开始进行一些测试的工作，并且也输出一些信息
testing=$(netstat -tuln | grep ":80 ")      # 检测端口 80 是否存在
if [ "$testing" != "" ]; then
    echo "WWW is running in your system."
fi
testing=$(netstat -tuln | grep ":22 ")      # 检测端口 22 是否存在
if [ "$testing" != "" ]; then
    echo "SSH is running in your system."
fi
testing=$(netstat -tuln | grep ":21 ")      # 检测端口 21 是否存在
if [ "$testing" != "" ]; then
    echo "FTP is running in your system."
fi
testing=$(netstat -tuln | grep ":25 ")      # 检测端口 25 是否存在
if [ "$testing" != "" ]; then
    echo "Mail is running in your system."
fi
```

运行如下命令查看程序运行结果。

```
[root@RHEL7-1 scripts]# sh sh10.sh
```

任务 8-6　利用 case…in…esac 条件判断式

前文提到的 if…then…fi 条件判断式对于变量的判断是以"比较"的方式来进行的，如果符合状态就进行某些行为，并且可通过较多层次（如 elif…）的方式来撰写含多个变量的程序，如 sh09.sh。但是，假如有多个既定的变量内容，例如，sh09.sh 中所需的变量是 hello 及两个空字符，只要针对这两个变量来设置就可以了。这时使用 case…in…esac 条件判断式更为方便。

```
case   $变量名称 in        <==关键字为 case，变量前有$
  "第一个变量内容")          <==每个变量内容建议用双引号标注，关键字则用圆括号
    程序段
    ;;                    <==每个类别结尾使用两个连续的分号来标注
  "第二个变量内容")
    程序段
    ;;
  *)                      <==最后一个变量内容用*来代表所有其他值
    不包含第一个变量内容与第二个变量内容的其他程序运行段
    exit 1
    ;;
esac                      <==结束标志
```

要注意的是，这段代码以 case 开头，结尾自然就是将 case 的英文反过来写。另外，每一个变量内容的程序段最后都需要两个分号来代表该程序段落的结束。*用于在用户不是输入变量内容一或内

容二时，告诉用户相关的信息。将实例 sh09.sh 修改如下。

```
[root@RHEL7-1 scripts]# vim sh09-2.sh
#!/bin/bash
# Program:
# Show "Hello" from $1... by using case ... esac
# History:
# 2021/08/29 Bobby    First rclease
PATH=/bin:/sbin:/usr/bin:/usr/sbin:/usr/local/bin:/usr/local/sbin:~/bin
export PATH

case $1 in
  "hello")
    echo "Hello, how are you ?"
    ;;
  "")
    echo "You MUST input parameters, ex> {$0 someword}"
    ;;
  *)    # 其实就相当于通配符，表示 0 到无穷多个任意字符
    echo "Usage $0 {hello}"
    ;;
esac
```

运行程序，测试结果如下。

```
[root@RHEL7-1 scripts]# sh sh09-2.sh
You MUST input parameters, ex> {sh09-2.sh someword}
[root@RHEL7-1 scripts]# sh sh09-2.sh smile
Usage sh09-2.sh {hello}
[root@RHEL7-1 scripts]# sh sh09-2.sh hello
Hello, how are you ?
```

对于 sh09-2.sh，如果通过 sh sh09-2.sh smile 来运行，那么屏幕上会出现 Usage sh09-2.sh {hello} 的字样，告诉用户仅能够使用 hello。这样的方式对于需要某些固定字符作为变量内容来运行的程序十分方便。

使用"case 变量 in"时，"$1 变量"一般有以下两种获取方式。

• 直接执行式：例如，利用 script.sh variable 的方式来直接给出$1 变量的内容，这也是在 /etc/init.d 目录下大多数程序的设计方式。

• 互动式：通过 read 命令来让用户输入变量的内容。

下面以一个例子来进一步说明：让用户能够输入 one、two、three，并且将与用户输入对应的内容显示到屏幕上；如果用户输入的不是 one、two、three，就告诉用户仅有这 3 种选择。

```
[root@RHEL7-1 scripts]# vim sh12.sh
#!/bin/bash
# Program:
# This script only accepts the flowing parameter: one, two or three
# History:
# 2021/08/29 Bobby    First release
PATH=/bin:/sbin:/usr/bin:/usr/sbin:/usr/local/bin:/usr/local/sbin:~/bin
export PATH

echo "This program will print your selection !"
# read -p "Input your choice: " choice    # 暂时取消，可以替换
# case $choice in                         # 暂时取消，可以替换
```

```
case $1 in                              # 现在使用，可以用上面两行替换
  "one")
     echo "Your choice is ONE"
     ;;
  "two")
     echo "Your choice is TWO"
     ;;
  "three")
     echo "Your choice is THREE"
     ;;
  *)
     echo "Usage $0 {one|two|three}"
     ;;
esac
```

运行程序，测试结果如下。

```
[root@RHEL7-1 scripts]# sh sh12.sh two
This program will print your selection !
Your choice is TWO
[root@RHEL7-1 scripts]# sh sh12.sh test
This program will print your selection !
Usage sh12.sh {one|two|three}
```

此时，可以使用 sh sh12.sh two 来运行程序并同时完成输入。上面使用的是直接执行的方式，而如果使用互动式，将上面第 10、第 11 行的#去掉，并为第 12 行加上#，就可以让用户输入参数了。

任务 8-7 使用 while...do...done、until...do...done（不定循环）

除了 if...then...fi 这种条件判断式之外，循环也是程序的另一个重要结构。循环可以不停地运行某个程序段，直到用户配置的条件达成为止。所以，重点是那个条件达成的是什么。除了这种依据判断式达成与否的不定循环之外，还有另外一种已知固定要执行多少次的循环，可称其为固定循环。

一般来说，不定循环常见的形式有以下两种。

```
while [ condition ]    <==方括号内的就是判断式
do                     <==do 是循环的开始
     程序段
done                   <==done 是循环的结束
```

因为 while 的含义是"当……时"，所以这种形式表示"当条件成立时，就进行循环，直到条件不成立才停止"。

```
until [ condition ]
do
     程序段
done
```

这种形式恰恰与 while...do...done 的作用相反，它表示当条件成立时，终止循环，否则持续运行循环的程序段。下面以 while...do...done 的作用来进行简单的练习。假设要让用户输入 yes 或者 YES 才结束程序的运行，否则一直运行并提示用户输入字符。

```
[root@RHEL7-1 scripts]# vim sh13.sh
#!/bin/bash
```

```
# Program:
# Repeat question until user input correct answer
# History:
# 2021/08/29 Bobby    First release
PATH=/bin:/sbin:/usr/bin:/usr/sbin:/usr/local/bin:/usr/local/sbin:~/bin
export PATH

while [ "$yn" != "yes" -a "$yn" != "YES" ]
do
    read -p "Please input yes/YES to stop this program: " yn
done
echo "OK! you input the correct answer."
```

上面例子说明"当$yn 不是'yes'且$yn 也不是'YES'时，才运行循环内的程序段；当$yn 是'yes'或'YES'时，会离开循环"。使用 until...do...down 实现同样功能的代码如下。

```
[root@RHEL7-1 scripts]# vim sh13-2.sh
#!/bin/bash
# Program:
# Repeat question until user input correct answer
# History:
# 2022/08/29 Bobby    First release
PATH=/bin:/sbin:/usr/bin:/usr/sbin:/usr/local/bin:/usr/local/sbin:~/bin
export PATH

until [ "$yn" == "yes" -o "$yn" == "YES" ]
do
    read -p "Please input yes/YES to stop this program: " yn
done
echo "OK! you input the correct answer."
```

> **提醒** 仔细比较这两个程序的不同。

计算 1+2+3+…+100 的值，利用循环实现，程序如下。

```
[root@RHEL7-1 scripts]# vim sh14.sh
#!/bin/bash
# Program:
# Use loop to calculate "1+2+3+...+100" result
# History:
# 2022/08/29 Bobby    First release
PATH=/bin:/sbin:/usr/bin:/usr/sbin:/usr/local/bin:/usr/local/sbin:~/bin
export PATH

s=0                      # 这是累加的数值变量
i=0                      # 这是累计的数值，即 1、2、3……
while [ "$i" != "100" ]
do
    i=$(($i+1))          # 每次 i 都会添加 1
    s=$(($s+$i))         # 每次都会累加一次
done
echo "The result of '1+2+3+...+100' is ==> $s"
```

执行 sh sh14.sh，可以得到累加结果 5050。

```
[root@RHEL7-1 scripts]# sh sh14.sh
The result of '1+2+3+...+100' is ==> 5050
```

 思考 如果想让用户自行输入一个数字，让程序计算 1 到该数的累加结果，该如何撰写程序呢？

任务 8-8　使用 for...in...do...done（固定循环）

while...do...down、until...do...down 循环必须符合某个条件，而 for...in...do...down 循环则是已经知道要进行几次循环。for...in...do...down 循环的语法格式如下。

```
for var in con1 con2 con3 ……
do
     程序段
done
```

基于语法格式，var 变量的内容在循环工作时会发生以下改变。

- 第一次循环时，var 的内容为 con1。
- 第二次循环时，var 的内容为 con2。
- 第三次循环时，var 的内容为 con3。

……

我们可以进行一个简单的练习。假设有 3 种动物，分别是 dog、cat、elephant，如果每一行都要求按"There are dogs..."的样式输出，则可以撰写程序如下。

```
[root@RHEL7-1 scripts]# vim sh15.sh
#!/bin/bash
# Program:
# Using for ... loop to print 3 animals
# History:
# 2021/08/29 Bobby    First release
PATH=/bin:/sbin:/usr/bin:/usr/sbin:/usr/local/bin:/usr/local/sbin:~/bin
export PATH

for animal in dog cat elephant
do
     echo "There are ${animal}s... "
done
```

运行程序，结果如下。

```
[root@RHEL7-1 scripts]# sh sh15.sh
There are dogs...
There are cats...
There are elephants...
```

让我们想象另外一种情况，由于系统中的各种账号都写在/etc/passwd 文件的第一列，能不能在通过管道命令 cut 找出账号后，用 id 检查用户的识别码呢？由于不同 Linux 操作系统中的账号都不同，所以查找/etc/passwd 文件并使用循环进行处理就是一个可行的方案。

程序如下。

```
[root@RHEL7-1 scripts]# vim  sh16.sh
#!/bin/bash
# Program
```

```
# Use id, finger command to check system account's information
# History
# 2021/02/18    Bobby   first release
PATH=/bin:/sbin:/usr/bin:/usr/sbin:/usr/local/bin:/usr/local/sbin:~/bin
export PATH
users=$(cut -d ':' -f1 /etc/passwd)        # 获取账号
for username in $users                     # 开始循环
do
       id $username
done
```

运行程序，结果如下。

```
[root@RHEL7-1 scripts]# sh sh16.sh
uid=0(root) gid=0(root) 组=0(root)
uid=1(bin) gid=1(bin) 组=1(bin)
uid=2(daemon) gid=2(daemon) 组=2(daemon)
......
```

程序运行后，系统账号会被找出来。这个程序还可以用在每个账号的删除、维护操作上。

换个角度来看，如果现在需要一连串的数字来进行循环呢？例如，想要利用 ping 这个可以判断网络状态的命令来进行网络状态的实时检测，要检测的域是本机所在的 192.168.10.1～192.168.10.100。由于有 100 台主机，所以可以编写程序如下。

```
[root@RHEL7-1 scripts]# vim sh17.sh
#!/bin/bash
# Program
# Use ping command to check the network's PC state
# History
# 2021/02/18    Bobby   first release
PATH=/bin:/sbin:/usr/bin:/usr/sbin:/usr/local/bin:/usr/local/sbin:~/bin
export PATH
network="192.168.10"                       # 先定义一个网络号（网络 ID）
for sitenu in $(seq 1 100)                 # seq 为连续（sequence）之意
do
    # 下面的语句用于判断取得 ping 的回传值是否成功
  ping -c 1 -w 1 ${network}.${sitenu} &> /dev/null && result=0  ||  result=1
            # 若成功（回传值为 0），则显示启动（UP），否则显示没有连通（DOWN）
  if [ "$result" == 0 ]; then
        echo "Server ${network}.${sitenu} is UP."
  else
        echo "Server ${network}.${sitenu} is DOWN."
  fi
done
```

运行程序，结果如下。

```
[root@RHEL7-1 scripts]# sh sh17.sh
Server 192.168.10.1 is UP.
Server 192.168.10.2 is DOWN.
Server 192.168.10.3 is DOWN.
......
```

程序运行之后可以显示出 192.168.10.1～192.168.10.100 共 100 台主机目前是否能与你的机器连通。这个范例的重点在$(seq 1 100)，seq 代表后面接的两个数值是一直连续的。如此一来，就能够轻松地将连续数字带入程序中了。

最后，尝试使用判断式加上循环的功能撰写程序。如果想要让用户输入某个目录名，然后找出该目录内的文件的权限，该如何做呢？程序如下。

```
[root@RHEL7-1 scripts]# vim sh18.sh
#!/bin/bash
# Program:
# User input dir name, I find the permission of files
# History:
# 2021/08/29 Bobby    First release
PATH=/bin:/sbin:/usr/bin:/usr/sbin:/usr/local/bin:/usr/local/sbin:~/bin
export PATH

# 先看看这个目录是否存在
read -p "Please input a directory: " dir
if [ "$dir" == "" -o ! -d "$dir" ]; then
    echo "The $dir is NOT exist in your system."
    exit 1
fi

# 开始测试文件
filelist=$(ls $dir)                    # 列出所有在该目录下的文件名称
for filename in $filelist
do
    perm=""
    test -r "$dir/$filename" && perm="$perm readable"
    test -w "$dir/$filename" && perm="$perm writable"
    test -x "$dir/$filename" && perm="$perm executable"
    echo "The file $dir/$filename's permission is $perm "
done
```

运行程序，结果如下。

```
[root@RHEL7-1 scripts]# sh sh18.sh
Please input a directory: /var
```

任务 8-9 理解 for...do...done 的数值处理

除了任务 8-8 给出的写法，for 循环还有另外一种写法。其语法格式如下。

```
for (( 初始值; 限制值; 执行步长 ))
do
    程序段
done
```

这种语法格式适合数值方式的运算，for 后面圆括号内参数的含义如下。

- 初始值：某个变量在循环当中的起始值，直接以类似 i=1 的方式设置好。
- 限制值：当变量的值在这个限制值的范围内时，继续执行循环，如 i<=100。
- 执行步长：每执行一次循环变量的变化量，如 i=i+1，步长为 1。

 注意 在"执行步长"的设置上，如果每次增加 1，则可以使用类似 i++ 的方式。下面以这种方式来完成从 1 累加到用户输入的数值的循环示例。

```
[root@RHEL7-1 scripts]# vim sh19.sh
#!/bin/bash
# Program:
# Try do calculate 1+2+...+${your_input}
# History:
# 2021/08/29 Bobby    First release
PATH=/bin:/sbin:/usr/bin:/usr/sbin:/usr/local/bin:/usr/local/sbin:~/bin
export PATH

read -p "Please input a number, I will count for 1+2+...+your_input: " nu

s=0
for (( i=1; i<=$nu; i=i+1 ))
do
  s=$(($s+$i))
done
echo "The result of '1+2+3+...+$nu' is ==> $s"
```
运行程序，结果如下。
```
[root@RHEL7-1 scripts]# sh sh19.sh
Please input a number, I will count for 1+2+...+your_input: 10000
The result of '1+2+3+...+10000' is ==> 50005000
```

任务 8-10　查询 shell script 错误

脚本在运行之前，最怕的就是出现语法错误。那么该如何调试呢？有没有办法不需要运行脚本就可以判断脚本是否有问题呢？当然是有的！下面直接以 sh 命令的相关选项来进行判断，该命令的语法格式如下。

```
sh [-nvx] scripts.sh
```
sh 命令的选项说明如下。

- -n：不执行脚本，仅查询语法的问题。
- -v：在执行脚本前，先将脚本的内容输出到屏幕上。
- -x：可用来跟踪脚本的执行，是调试 shell 脚本的强有力工具。"-x" 选项使 shell 在执行脚本的过程中把它实际执行的每一个命令行显示出来，并且在行首显示一个 "+" 号。

【例 8-1】测试 sh16.sh 有无语法问题。
```
[root@RHEL7-1 scripts]# sh -n sh16.sh
# 若语法没有问题，不会显示任何信息
```
【例 8-2】将 sh15.sh 的运行过程全部列出来。
```
[root@RHEL7-1 scripts]# sh -x sh15.sh
+ PATH=/bin:/sbin:/usr/bin:/usr/sbin:/usr/local/bin:/usr/local/sbin:/root/bin
+ export PATH
+ for animal in dog cat elephant
+ echo 'There are dogs... '
There are dogs...
+ for animal in dog cat elephant
+ echo 'There are cats... '
There are cats...
+ for animal in dog cat elephant
+ echo 'There are elephants... '
There are elephants...
```

> **注意** 【例 8-2】中的执行结果不会有颜色显示。为了方便说明，+之后的数据都做了加深处理。在输出的信息中，+后面的数据其实都是命令串，使用 sh -x 的方式来将程序运行的过程显示出来，可以帮助用户判断程序代码执行到哪一段时会出现哪些相关的信息。通过显示完整的命令串，用户能够依据输出的错误信息来订正脚本。

8.4 项目实训：使用 shell 编程

1. 视频位置
实训前请扫描二维码，观看"项目实训　使用 shell 编程"慕课。

慕课

项目实训　使用 shell 编程

2. 项目实训目的
- 掌握 shell 环境变量，管道，输入、输出重定向的使用方法。
- 熟悉 shell 程序设计。

3. 项目背景
（1）计算 1+2+3+…+100 的值，利用循环，该怎样编写程序？

如果想要让用户自行输入一个数字，让程序计算 1 到用户输入的数字的累加结果，该如何撰写程序？

（2）创建一个脚本，命名为/root/batchusers。此脚本能为系统创建本地用户，并且这些用户的用户名来自一个包含用户名列表的文件，同时满足下列要求。
- 此脚本要求用户提供一个参数，此参数就是包含用户名列表的文件。
- 如果没有提供参数，则此脚本应该给出提示信息 Usage: /root/batchusers，然后退出并返回相应的值。
- 如果用户提供了一个不存在的文件名，则此脚本应该给出提示信息 input file not found，然后退出并返回相应的值。
- 创建的用户，将其登录 shell 设置为/bin/false。
- 此脚本需要为用户设置默认密码 123456。

4. 项目要求
练习 shell 程序设计方法及 shell 环境变量，管道，输入、输出重定向的使用方法。

5. 做一做
根据项目实训视频进行项目实训，检查学习效果。

8.5 练习题

一、填空题
1. shell script 是利用_____的功能所写的"程序"。这个程序使用纯文本文件为载体，包含一些_____，搭配_____、_____与_____等功能，用于实现用户想要的处理效果。

2. 在 shell script 中，命令是从_____到_____、从_____到_____进行分析与执行的。

3. shell script 的运行至少需要有_____的权限，若需要直接执行命令，则需要拥有_____的权限。

4. 养成良好的编程习惯，第一行要声明_____，第二行以后则声明_____、_____、

165

_____等。

5. 对话式脚本可使用_____命令达到目的。要创建每次执行脚本都有不同结果的数据，可使用_____命令。

6. 若以 source 命令来执行脚本，则代表在_____的 bash 内运行。

7. 若需要判断式，则可使用_____或_____。

8. 条件判断式可使用_____，在固定变量内容的情况下，可使用_____。

9. 循环主要分为_____以及_____，配合 do、done 来完成所需任务。

10. 假如脚本文件名为 script.sh，可使用_____命令来调试程序。

二、实践习题

1. 编写一个程序，运行该程序时显示：你目前的身份（用 whoami）；你目前所在的目录（用 pwd）。

2. 编写一个程序，计算"你还有几天可以过生日"。

3. 编写一个程序，让用户输入一个数字，计算从 1 累加到用户输入的数字的结果。

4. 编写一个程序，其作用是：先查看/root/test/logical 是否存在；若不存在，则创建一个文件（使用 touch 命令来创建），创建完成后离开；若存在，则判断其是否为普通文件，若为普通文件，则将其删除后创建一个目录，目录名为 logical，之后离开；若存在，而且其为目录，则移除此目录。

5. 我们知道/etc/passwd 中以:为分隔符，第一栏为账号。编写程序，将/etc/passwd 的第一栏数据取出，而且每一栏都以一行字符串 The 1 account is "root"显示，其中 1 表示行数。

项目9
使用GCC编译器和make命令调试程序

项目导入

程序写好了，接下来做什么呢？调试！程序调试对于程序员或系统管理员来说是至关重要的。

项目目标

- 理解程序调试。
- 掌握使用 GCC 编译器进行调试的方法。

- 掌握使用 make 命令进行编译的方法。

素养目标

- 明确操作系统在新一代信息技术中的重要地位，激发科技报国的家国情怀和使命担当。

- 坚定文化自信。"天行健，君子以自强不息""明德至善、格物致知"，青年学生要有"感时思报国，拔剑起蒿莱"的报国之志和家国情怀。

9.1 项目知识准备

编程是一项复杂的工作，在这个过程中难免会出错。据说有这样一个典故：早期的计算机体积都很大，有一次一台计算机不能正常工作，工程师们找了半天原因，最后发现是一只臭虫钻进计算机中造成的。从此以后，程序中的错误就被称作臭虫（bug），而找到这些 bug 并加以纠正的过程就叫作调试（Debug）。有时候调试是非常复杂的，要求程序员概念明确、逻辑清晰、性格沉稳，可能还需要一点运气。调试的技能可以在后续的学习中慢慢培养，但读者首先要清楚程序中的 bug 分为哪几类。

微课

使用 GCC 和
make 调试程序

9.1.1 编译时错误

编译器只能编译语法正确的程序，否则将编译失败，无法生成可执行文件。对于自然语言来说，一点语法错误不是很严重的问题，因为我们仍然可以读懂句子。而编译器就没那么"宽容"了，哪怕只是一个很小的语法错误，编译器都会输出一条错误提示信息，然后"罢工"，让我们无法得到想要的结果。虽然大部分情况下，编译器给出的错误提示信息就是出错的代码行，但有时编译器给出的错误提示信息对调试程序帮助不大，甚至会误导你。在开始学习编程的前几个星期，你可能会花大量的时间来纠正语法错误。等到有一些经验之后，这样的错误会少得多，而且你能更快地发现错误原因。等到经验更丰富之后你就会觉得，语法错误是最简单、最低级的错误。编译器的错误提示也就那么几种，即使错误提示有时具有误导性，你也能够快速找出真正的错误原因。

9.1.2 运行时错误

编译器检查不出运行时错误，因此可以生成可执行文件，但在运行时会出错而导致程序崩溃。对于即将编写的简单程序来说，运行时错误很少见，编写的程序越复杂，会遇到越来越多的运行时错误。大家在以后的学习中要时刻注意区分编译时和运行时这两个概念，不仅在调试时需要区分这两个概念，在学习 C 语言的很多语法时也需要区分这两个概念。有些事情在编译时做，有些事情则在运行时做。

9.1.3 逻辑错误和语义错误

如果程序里有逻辑错误，则编译和运行都会很顺利，看上去也不产生任何错误信息，但是程序没有做它该做的事情，而是做了别的事情。这意味着程序的意思（语义）是错的。找到逻辑错误在哪儿需要头脑十分清醒，还要通过观察程序的输出来判断它到底在做什么。

大家应掌握的最重要的技巧之一就是调试。调试的过程可能会让人感到沮丧，但调试也是编程中最需要动脑、最有挑战和最有乐趣的部分。从某种角度看，调试就像侦探工作，根据掌握的线索来推断是什么原因和过程导致了错误的结果。调试也像是一门实验科学，每次想到哪里可能有错，就修改程序再试一次。如果假设是对的，就能得到预期的结果，就可以接着调试下一个 bug，一步步逼近正确的程序；如果假设错误，就另外找思路再做假设。

也有一种观点认为，编程和调试是一回事，编程的过程就是逐步调试，直到获得期望的结果为止。你应该总是从一个能正确运行的小规模程序开始，每做一步小的改动就立刻进行调试，这样的好处是总有一个正确的程序做参考：如果正确，就继续编程；如果不正确，那么很可能是刚才的小改动出了问题。例如，Linux 操作系统包含了成千上万行代码，但它也不是一开始就规划好了内存管理、设备管理、文件系统、网络等大的模块，一开始它仅仅是林纳斯用来琢磨 Intel 80386 芯片而编写的小程序。据拉里·格林菲尔德（Larry Greenfield）说，林纳斯的早期工程之一是编写一个交替输出 AAAA 和 BBBB 的程序，这个程序后来进化成了 Linux。

9.2 项目设计与准备

本项目要用到 Server01，要完成的任务如下。

（1）利用 GCC 编译器进行程序调试。

（2）使用 make 命令编译程序。

其中 Server01 的 IP 地址为 192.168.10.1/24，计算机的网络连接方式都是**仅主机模式（VMnet1）**。

> **特别提醒** 本项目实例的工作目录在用户账户的家目录，即**/root** 和**/c** 下面，切记！

9.3 项目实施

下面以一个简单的程序范例来说明整个编译的过程。

任务 9-1　安装 GCC 编译器

慕课

使用 GCC
和 make 调试
程序

GNU 编译器集合（GNU Compiler Collection，GCC）是一套由 GNU 开发的编程语言编译器。

1. 认识 GCC 编译器

GCC 编译器是一套 GNU 编译器套装，是以 GPL 发行的自由软件，也是 GNU 计划的关键部分。GCC 原本作为 GNU 操作系统的官方编译器，现已被大多数类 UNIX 操作系统（如 Linux、BSD、macOS 等）采纳为标准的编译器。GCC 编译器同样适用于 Microsoft 的 Windows 操作系统。GCC 编译器是自由软件过程发展中的著名例子。

GCC 编译器原名为 GNU C 语言编译器，因为它原本只能处理 C 语言。但 GCC 编译器后来得到扩展，变得既可以处理 C++，又可以处理 Fortran、Go、Objective-C、D，以及 Ada 与其他语言。

2. 安装 GCC

（1）检查是否安装 GCC。

```
[root@RHEL7-1 ~]# rpm -qa|grep gcc
gcc-4.1.2-46.el5
```

上述结果表示已经安装了 GCC。

（2）如果系统还没有安装 GCC 软件包，可以使用 yum 命令安装所需软件包。

① 挂载 ISO 安装映像：

```
//挂载光盘到 /iso 下，前面项目 3 已建立/iso 文件夹，并且 yum 源已经配置好
[root@RHEL7-1 ~]# mount /dev/cdrom /iso
```

② 制作用于安装的 yum 源文件（后面不再赘述）：

```
[root@RHEL7-1 ~]# vim /etc/yum.repos.d/dvd.repo
# /etc/yum.repos.d/dvd.repo
# or for ONLY the media repo, do this:
# yum --disablerepo=\* --enablerepo=c6-media [command]
[dvd]
name=dvd
baseurl=file:///iso
gpgcheck=0
enabled=1
```

③ 使用 yum 命令查看 GCC 软件包的信息，如图 9-1 所示。

```
[root@RHEL7-1 ~]# yum info gcc
```

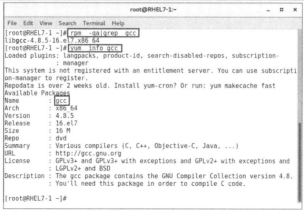

图 9-1　使用 yum 命令查看 GCC 软件包的信息

④ 使用 yum 命令安装 GCC。

```
[root@RHEL7-1 ~]# yum clean all                        //安装前先清除缓存
[root@RHEL7-1 ~]# yum install gcc -y
```

正常安装完成后，最后的提示信息是：

```
Installed:
  gcc.x86_64 0:4.8.5-16.el7

......

Complete!
```

所有软件包安装完毕，可以使用 rpm 命令再一次进行查询：rpm -qa | grep gcc。

```
[root@RHEL7-1 ~]# rpm -qa | grep gcc
```

任务 9-2 编写单一程序：输出 Hello World

下面用 Linux 上常见的 C 语言来编写第一个程序。该程序就是在屏幕上输出 Hello World。如果读者对 C 语言有兴趣，请自行购买相关的书籍，本书只介绍简单的例子。

 提示   请先确认你的 Linux 操作系统中已经安装了 GCC 编译器。如果尚未安装，请使用 RPM 安装，安装好 GCC 编译器之后，再继续下面的内容。

1. 编写程序代码（即源码）

```
[root@Server01 ~]# vim hello.c   <==用 C 语言编写的程序扩展名建议用.c
#include <stdio.h>
int main(void)
{
        printf("Hello World\n");
}
```

上面是基于 C 语言的语法编写的一个程序文件。第一行的#并不代表注释。

2. 开始编译与测试运行

```
[root@Server01 ~]# gcc hello.c
[root@Server01 ~]# ll hello.c a.out
-rwxr-xr-x. 1 root root 8512 Jul 15 21:18 a.out    <==此时会生成这个文件名
-rw-r--r--. 1 root root   72 Jul 15 21:17 hello.c
[root@Server01 ~]# ./a.out
Hello World                                        <==运行结果
```

在默认状态下，如果直接以 GCC 编译源码，并且没有加上任何参数，则可执行文件的文件名被自动设置为 a.out，能够直接通过./a.out 运行这个可执行文件。

上面的例子很简单，hello.c 是源码，gcc 是编译器，a.out 是编译成功生成的可执行文件。但如果想要生成目标文件（Object File）来进行其他操作，而且可执行文件的文件名也不用默认的 a.out，那么该如何做呢？可以将上面的第 2 个步骤修改如下。

```
[root@Server01 ~]# gcc -c hello.c
[root@Server01 ~]# ll hello*
-rw-r--r--. 1 root root   72 Jul 15 21:17 hello.c
-rw-r--r--. 1 root root 1496 Jul 15 21:20 hello.o    <==这就是生成的目标文件
[root@Server01 ~]# gcc -o hello hello.o              <==小写字母 o
```

```
[root@Server01 ~]# ll hello*
-rwxr-xr-x. 1 root root 8512 Jul 15 21:20 hello          <==这就是可执行文件（-o 的结果）
-rw-r--r--. 1 root root   72 Jul 15 21:17 hello.c
-rw-r--r--. 1 root root 1496 Jul 15 21:20 hello.o
[root@Server01 ~]# ./hello
Hello World
```

此处主要利用 hello.o 这个目标文件生成一个名为 hello 的可执行文件，详细的 GCC 语法会在后面继续介绍。通过这个操作，可以得到 hello 及 hello.o 两个文件，真正可以执行的是 hello 这个二进制文件（该源码程序可在出版社网站下载）。

任务 9-3　编译与链接主程序和子程序

有时会在一个主程序中又调用另一个子程序。这是很常见的程序写法，因为可以简化整个程序。下面的例子以主程序 thanks.c 调用子程序 thanks_2.c，写法很简单。

1.　撰写主程序、子程序

```
[root@Server01 ~]# vim thanks.c
#include <stdio.h>
int main(void)
{
        printf("Hello World\n");
        thanks_2();
}
```

thanks_2()就是要调用的子程序。

```
[root@Server01 ~]# vim thanks_2.c
#include <stdio.h>
void thanks_2(void)
{
        printf("Thank you!\n");
}
```

2.　编译与链接程序

（1）将源码编译为可执行的二进制文件（警告信息可忽略）。

```
[root@Server01 ~]# gcc -c thanks.c thanks_2.c
[root@Server01 ~]# ll thanks*
-rw-r--r--. 1 root root   76 Jul 15 21:27 thanks_2.c
-rw-r--r--. 1 root root 1504 Jul 15 21:27 thanks_2.o    <==编译生成的目标文件
-rw-r--r--. 1 root root   91 Jul 15 21:25 thanks.c
-rw-r--r--. 1 root root 1560 Jul 15 21:27 thanks.o      <==编译生成的目标文件
[root@Server01 ~]# gcc -o thanks thanks.o thanks_2.o    <==小写字母 o
[root@Server01 ~]# ll thanks
-rwxr-xr-x. 1 root root 8584 Jul 15 21:28 thanks         <==最终结果会生成可执行文件
```

（2）运行可执行文件。

```
[root@Server01 ~]# ./thanks
Hello World
Thank you!
```

为什么要制作目标文件呢？由于源码文件有时并非只有一个，所以无法直接进行编译。这时就需要先生成目标文件，再以链接制作成二进制可执行文件。另外，如果有一天，你升级了 thanks_2.c

这个文件的内容，则只要重新编译 thanks_2.c 来产生新的 thanks_2.o，再以链接制作出新的二进制可执行文件，而不必重新编译其他没有改动过的源码文件。对于软件开发者来说，这是一个很重要的功能，因为有时候要将偌大的源码全部编译完会花很长一段时间。

此外，如果想要让程序在运行的时候具有比较好的性能，或者是其他的调试功能，则可以在编译的过程中加入适当的选项，示例如下。

```
[root@Server01 ~]# gcc -O -c thanks.c thanks_2.c  <== -O 为生成优化的选项
[root@Server01 ~]# gcc -Wall -c thanks.c thanks_2.c
thanks.c: 在函数'main'中:
thanks.c:5:9: 警告: 隐式声明函数'thanks_2' [-Wimplicit-function-declaration]
     thanks_2();
     ^~~~~~~~
     thanks_2();
     ^
thanks.c:6:1: warning: control reaches end of non-void function [-Wreturn-type]
 }
```

–Wall 选项用于产生更详细的编译过程信息。上面的信息为警告信息，不理会也没有关系。

> 提示　至于更多的 gcc 选项对应的功能，请读者使用 man　gcc 命令查看、学习。

任务 9-4　调用外部函数库：加入链接的函数库

任务 9-3 只是在屏幕上面输出一些文字而已，如果要计算数学公式该怎么办呢？例如，想要计算出三角函数中的 $\sin 90°$ 的值。要注意的是，大多数程序语言都使用弧度而不是"角度"，$180°$ 等于 3.14 弧度。编写如下程序。

```
[root@Server01 ~]# vim sin.c
#include <stdio.h>
int main(void)
{
        float value;
        value = sin ( 3.14 / 2 );
        printf("%f\n",value);
}
```

直接编译这个程序。

```
[root@Server01 ~]# gcc sin.c
sin.c: 在函数'main'中:
                ^~~
sin.c:5:17: 警告: 隐式声明与内建函数'sin'不兼容
sin.c:5:17: 附注: include '<math.h>' or provide a declaration of 'sin'
sin.c:2:1:
+#include <math.h>
 int main(void)
sin.c:5:17:
        value = sin ( 3.14 / 2 );
                ^~~
```

\# 注意看上面黑体部分，有个错误信息，代表没有编译成功错误信息的意思是"包含<math.h>库文件或者提供 sin 的声明"。因为 C 语言中的 sin 函数是写在 libm.so 函数库中的，而我们并没有在源码中将这个函数库功能加进去。

可以这样更正：在 sin.c 的第 2 行加入语句**#include<math.h>**，且在编译时加入额外函数库的链接。

```
[root@Server01 ~]# vim sin.c
#include <stdio.h>
#include <math.h>
int main(void)
{
        float value;
        value = sin ( 3.14 / 2 );
        printf("%f\n",value);
}

[root@Server01 ~]# gcc sin.c -lm -L/lib -L/usr/lib      <==重点在 -lm
[root@Server01 ~]# ./a.out                              <==尝试执行新文件
1.000000
```

特别注意　使用 gcc 命令进行编译时加入的-lm 是有意义的，可以拆成两部分来分析。

- -l: 加入某个函数库（library）。
- m: libm.so 函数库，其中，lib 与扩展名（.a 或.so）不需要写。

所以-lm 表示使用 libm.so（或 libm.a）这个函数库。那-L 后面接的路径呢？这表示程序需要的函数库 libm.so 请到/lib 或/usr/lib 中寻找。

注意　由于 Linux 默认将函数库放置在/lib 与/usr/lib 中，所以即便没有写-L/lib 与-L/usr/lib，也没有关系。不过，如果使用的函数库并非放置在这两个目录下，-L/path 就很重要了，否则编译器会找不到函数库。

除了链接的函数库之外，sin.c 的第一行#include <stdio.h>说明的是要将一些定义数据由 stdio.h 文件读入，这包括 printf 的相关设置。这个文件其实是放置在/usr/include/stdio.h 中的。若这个文件并非放置在这里，那么可以使用下面的方式来定义要读取的 include 文件所在的目录。

```
[root@Server01 ~]# gcc sin.c -lm -I/usr/include
```

-I 后面接的路径就是放置相关的 include 文件的目录。默认目录就是/usr/include，除非 include 文件放置在其他目录，否则也可以略过这个选项。

通过前面的几个小范例，读者应该对 GCC 编译器以及源码有了一定程度的认识，接下来我们整理 GCC 编译器的简易使用方法。

任务 9-5　使用 GCC 编译器（编译、参数与链接）

前文提过，GCC 是 Linux 中最标准的编译器，是由 GNU 计划维护的，感兴趣的读者请参考相关资料。下面简单说明 gcc 命令的几个常见选项。

（1）仅将原始码编译成目标文件，并不制作链接等功能。

```
[root@Server01 ~]# gcc -c hello.c
```

上述程序会自动生成 hello.o 文件，但是并不会生成二进制可执行文件。

（2）在编译时，依据作业环境优化执行速度。

```
[root@Server01 ~]# gcc -O hello.c -c
```

上述程序会自动生成 hello.o 文件，并且进行优化。

（3）在制作二进制可执行文件时，将链接的函数库与相关的路径填入。

```
[root@Server01 ~]# gcc sin.c -lm -L/usr/lib -I/usr/include
```

在最终链接成二进制可执行文件时，这个命令经常用到。

- -lm 指的是 libm.so 或 libm.a 函数库文件。
- -L 后面接的路径是函数库的搜索目录。
- -I 后面接的是源码内的 include 文件所在的目录。

（4）将编译的结果生成某个特定文件。

```
[root@Server01 ~]# gcc -o hello hello.c
```

在程序中，-o 后面接的是要输出的二进制可执行文件的文件名。

（5）在编译时，输出较多的信息说明。

```
[root@Server01 ~]# gcc -o hello hello.c -Wall
```

加入-Wall 选项之后，程序的编译会变得较为严谨，所以警告信息也会显示出来。

我们通常称-Wall 或者-O 这些非必要的选项为标志（FLAGS）。因为这里使用的是 C 语言，所以也可以称这些标志为 CFLAGS。这些标志偶尔会被使用，尤其是后文在介绍 make 命令的相关用法时。

任务 9-6 使用 make 命令进行宏编译

下面使用 make 命令来简化下达编译命令的流程。

1. 为什么要使用 make 命令

先来想象一个实例，假设执行文件包含了 4 个源码文件，分别是 main.c、haha.c、sin_value.c 和 cos_value.c，这 4 个文件的功能如下。

- main.c：让用户输入角度数据，调用其他 3 个子程序。
- haha.c：输出一些信息。
- sin_value.c：计算用户输入的角度的正弦数值。
- cos_value.c：计算用户输入的角度的余弦数值。

> 提示 这 4 个文件可在出版社的网站上下载，或通过 QQ（号码为 68433059）联系编者获取。

```
[root@Server01 ~]# mkdir  /c
[root@Server01 ~]# cd  /c
[root@Server01 c]# vim  main.c
#include <stdio.h>
#define pi 3.14159
char name[15];
float angle;
int main(void)
{  printf ("\n\nPlease input your name: ");
   scanf  ("%s", &name );
   printf ("\nPlease enter the degree angle (ex> 90): " );
```

```
        scanf   ("%f", &angle );
        haha(name);
        sin_value(angle);
        cos_value(angle);
}


[root@Server01 c]# vim haha.c
#include <stdio.h>
int haha(char name[15])
{   printf ("\n\nHi, Dear %s, nice to meet you.", name);
}


[root@Server01 c]# vim sin_value.c
#include <stdio.h>
#include <math.h>
#define pi 3.14159
float angle;
void sin_value(void)
{   float value;
    value = sin ( angle/180.*pi );
    printf ("\nThe Sin is: %5.2f\n",value);
}


[root@Server01 c]# vim cos_value.c
#include <stdio.h>
#include <math.h>
#define pi 3.14159
float angle;
void cos_value(void)
{
    float value;
    value = cos ( angle/180.*pi );
    printf ("The Cos is: %5.2f\n",value);
}
```

如果想要让这个程序运行，就需要进行编译。

（1）编译文件

① 进行目标文件的编译，最终会有 4 个*.o 的文件名出现。

```
[root@Server01 c]# gcc -c main.c
[root@Server01 c]# gcc -c haha.c
[root@Server01 c]# gcc -c sin_value.c
[root@Server01 c]# gcc -c cos_value.c
```

② 链接形成可执行文件 main，并加入 libm.so 函数库（\是命令换行符，按 Enter 键后，在下一行继续输入未输入完成的命令即可）。

```
[root@Server01 c]# gcc -o main main.o haha.o sin_value.o cos_value.o \
 -lm -L/usr/lib -L/lib
```

③ 本程序的运行结果如下。必须输入姓名、角度值来完成计算。

```
[root@Server01 c]# ./main
Please input your name: Bobby    <==这里先输入姓名
Please enter the degree angle (ex> 90): 30    <==输入角度值
Hi, Dear Bobby, nice to meet you.    <==这3行为输出的结果
The Sin is: 0.50
The Cos is: 0.87
```

175

在编译过程中需要进行许多操作，如果要重新编译，则上述流程要重复做一遍。如果可以，能不能用一个步骤完成上面所有的操作呢？能，那就是利用 make 命令。先试着在/c 目录下创建一个名为 makefile 的文件。

（2）使用 make 命令编译

① 编辑规则文件 makefile，内容是制作出可执行文件 main。

```
[root@Server01 c]# vim makefile
main: main.o haha.o sin_value.o cos_value.o
    gcc -o main main.o haha.o sin_value.o cos_value.o -lm
```

特别注意　第 3 行的 gcc 之前是按 Tab 键产生的空格，不是真正的空格，否则会出错！

② 尝试使用 makefile 制订的规则进行编译。

```
[root@Server01 c]# rm -f main *.o    <==先将之前的目标文件删除
[root@Server01 c]# make
bash: make：未找到命令……
安装软件包"make"以提供命令"make"？ [N/y]
```

③ 按 N 键并按 Enter 键退出。从上面的信息可以看出，make 命令没有安装，下面是安装过程。

```
[root@Server01 c]# dnf -y install gcc automake autoconf libtool make
警告: rpmdb: BDB2053 Freeing read locks for locker 0xef: 33313/140283926284032
……
Installed products updated.

已安装:
  autoconf-2.69-27.el8.noarch              automake-1.16.1-6.el8.noarch
  libtool-2.4.6-25.el8.x86_64              m4-1.4.18-7.el8.x86_64
  perl-Thread-Queue-3.13-1.el8.noarch

完毕!
[root@Server01 c]# make -v
GNU Make 4.2.1
为 x86_64-redhat-linux-gnu 编译
……
```

④ 再次执行 make 命令。

```
[root@Server01 c]# make
cc    -c -o main.o main.c
cc    -c -o haha.o haha.c
cc    -c -o sin_value.o sin_value.c
cc    -c -o cos_value.o cos_value.c
gcc  -o main main.o haha.o sin_value.o cos_value.o -lm
```

此时 make 命令会读取 makefile 文件的内容，并根据内容直接编译相关的文件，警告信息可忽略。

⑤ 在不删除任何文件的情况下，重新进行一次编译。

```
[root@Server01 c]# make
make："main" 已是最新。
```

看到了吧，是不是很方便呢! 只进行了更新的操作。

```
[root@Server01 c]# ./main
Please input your name: yy
Please enter the degree angle (ex> 90): 60
Hi, Dear yy, nice to meet you.
The Sin is: 0.87
The Cos is: 0.50
```

2. 了解 makefile 的基本语法与变量

Makefile 命令的语法相当多且复杂,感兴趣的读者可以到 GNU 查阅相关的说明。这里仅列出一些基本的规则,重点在于让大家在接触原始码时不会太紧张。基本的 makefile 规则如下。

目标(target): 目标文件 1 目标文件 2
<tab>   gcc -o 欲创建的可执行文件 目标文件 1 目标文件 2

目标就是我们想要创建的信息,而目标文件就是具有相关性的文件,创建可执行文件的语法规则参照以 Tab 键开头的第 2 行。要特别留意,命令行必须以按 Tab 键作为开头才行。语法规则如下。

- makefile 文件中的#代表注释。
- 需要在命令行(如 gcc 这个编译器命令)的第一个字节位置按 Tab 键。
- 目标与相关文件(就是目标文件)之间需以:隔开。

同样的,我们以前文的范例做进一步说明。如果想要有两个以上的执行操作,例如,执行一个命令就直接清除所有目标文件与可执行文件,那么该如何制作 makefile 文件呢?

(1)先编辑 makefile 文件来建立新的规则,此规则的目标名称为 clean。

```
[root@Server01 c]# vim makefile
main: main.o haha.o sin_value.o cos_value.o
    gcc -o main main.o haha.o sin_value.o cos_value.o -lm
clean:
    rm -f main main.o haha.o sin_value.o cos_value.o
```

> **特别注意**　第 3 行和第 5 行的开头是按 Tab 键产生的空格,不是真正的空格,否则会出错!

(2)以新的目标测试,看看执行 make 命令的结果。

```
[root@Server01 c]# make  clean  <==就是这里! 通过 make 命令以 clean 为目标
rm -rf main main.o haha.o sin_value.o cos_value.o
```

如此一来,makefile 文件中具有至少两个目标,分别是 main 与 clean,如果想要创建 main,就输入 make main;如果想要清除信息,则输入 make clean 即可。而如果想要先清除目标文件再编译 main 程序,就可以输入 make clean main。代码如下。

```
[root@Server01 c]# make  clean  main
rm -rf main main.o haha.o sin_value.o cos_value.o
cc   -c -o main.o main.c
cc   -c -o haha.o haha.c
cc   -c -o sin_value.o sin_value.c
cc   -c -o cos_value.o cos_value.c
gcc -o main main.o haha.o sin_value.o cos_value.o -lm
```

不过,makefile 文件中重复的数据还是有点多。我们可以通过 shell script 的"变量"来简化 makefile 文件。

```
[root@Server01 c]# vim  makefile
LIBS = -lm
OBJS = main.o haha.o sin_value.o cos_value.o
```

```
main: ${OBJS}
        gcc -o main ${OBJS} ${LIBS}
clean:
        rm -f main ${OBJS}
```

特别注意　第 5 行和第 7 行开头是按 Tab 键产生的空格，不是真正的空格，否则会出错！

与 shell script 的语法不太相同，makefile 变量的基本语法如下。

- 变量与变量内容以=隔开，同时两边可以有空格。
- 在变量左边不可以使用 Tab 键。例如，在上面范例第 2 行的 LIBS 左边不可以按 Tab 键。
- 变量与变量内容中的=两边不能有：。
- 变量最好以大写字母为主。
- 引用变量内容时，使用 $ {变量}或 $ (变量)。
- 环境变量是可以套用的，例如，CFLAGS 这个环境变量。
- 在命令行模式也可以定义变量。

由于 GCC 编译器在进行编译的行为时，会主动读取环境变量 CFLAGS，所以可以直接在 make 命令行中定义，也可以在 makefile 文件中定义，或者在 shell 中定义这个环境变量。例如，可以使用如下定义。

```
[root@Server01 c]# CFLAGS="-Wall" make clean main
# 这个操作在 make 命令进行编译时，会取用 CFLAGS 的变量内容
```

也可以在 makefile 文件中定义 CFLAGS：

```
[root@Server01 c]# vim makefile
LIBS = -lm
OBJS = main.o haha.o sin_value.o cos_value.o
CFLAGS = -Wall
main: ${OBJS}
        gcc -o main ${OBJS} ${LIBS}
clean:
        rm -f main ${OBJS}
```

可以利用命令行输入环境变量，也可以在文件内直接指定环境变量。但如果 CFLAGS 的内容在命令行与在 makefile 文件中并不相同，那么该以哪种方式的输入为主呢？环境变量使用的规则如下。

- 命令行 make 后面加上的环境变量优先。
- makefile 文件中指定的环境变量第二。
- shell 原本具有的环境变量第三。

此外，还有一些特殊的变量读者需要了解。$@代表目前的目标。

所以也可以将上方 makefile 文件的相关内容改成如下形式（ **$@** 就是 **main** ）。

```
[root@Server01 c]# vim makefile
LIBS = -lm
OBJS = main.o haha.o sin_value.o cos_value.o
CFLAGS = -Wall
main: ${OBJS}
      gcc -o $@ ${OBJS} ${LIBS}
clean:
      rm -f main ${OBJS}
```

9.4 项目实训：安装和管理软件包

1. 视频位置

实训前请扫描二维码，观看"项目实训 安装和管理软件包"慕课。

慕课

项目实训 安装
和管理软件包

2. 项目实训目的

- 学会管理 Tarball 软件。
- 学会使用 RPM。
- 学会使用 SRPM（Source RPM，源代码的 RPM 包）：rpmbuild。
- 学会使用基于（Dandified Yum，DNF）技术（yum v4）的 yum 工具。

3. 项目要求

（1）编译、链接和运行简单的 C 语言程序。

（2）使用 make 命令进行编译。

（3）管理 Tarball 软件。

（4）使用 rpm 命令管理软件包。

（5）使用 srpm 命令编译生成 RPM 文件。

（6）使用 dnf 或 yum 命令管理软件包。

4. 做一做

根据项目实训视频进行项目实训，检查学习效果。

9.5 练习题

一、填空题

1. 源码大多是_____文件，通过_____操作，能够生成 Linux 操作系统认识的、可运行的_____。

2. _____可以加速软件的升级速度，让软件效能更快、漏洞修补更及时。

3. 在 Linux 操作系统中，最标准的 C 语言编译器为_____。

4. 在编译的过程中，可以通过其他软件提供的_____来使用该软件的相关机制与功能。

5. 为了简化编译过程中复杂的命令输入，可以通过_____与_____规则定义来简化程序的升级、编译与链接等操作。

二、简答题

简述 bug 的分类。

学习情境四

网络服务器配置与管理

运筹策帷帐之中，决胜于千里之外。

——《史记·高祖本纪》

项目10
配置与管理samba 服务器

10

项目导入

是谁最先搭起 Windows 和 Linux 沟通的桥梁，并且提供不同系统间的共享服务，还能拥有强大的打印服务功能？答案就是 samba。这些功能使得 samba 的应用环境非常广泛，当然 samba 的魅力还远不止这些。

项目目标

- 了解 samba 环境及协议。
- 掌握 samba 的工作原理。
- 掌握主配置文件 samba.conf 的主要配置。
- 掌握 samba 服务密码文件。
- 掌握 samba 文件和打印共享的设置。
- 掌握 Linux 和 Windows 客户端共享 samba 服务器资源的方法。

素养目标

- "技术是买不来的"。国产操作系统的未来前途光明！只有瞄准核心科技埋头攻关，助力我国软件产业从价值链中低端向高端迈进，才能为高质量发展和国家信息产业安全插上腾飞的"翅膀"。
- "少壮不努力，老大徒伤悲。""劝君莫惜金缕衣，劝君惜取少年时。"盛世之下，青年学生要惜时如金，学好知识和技术，报效祖国。

10.1 项目知识准备

对于 Linux 的用户来说，听得最多的就是 samba 服务。samba 最先在 Linux 和 Windows 两个平台之间架起了一座"桥梁"，正是由于 samba 的出现，我们才可以在 Linux 系统和 Windows 系统之间互相通信，如复制文件、实现不同操作系统之间的资源共享等。在实际应用中，可以将 samba 服务器架设成一个功能非常强大的文件服务器，也可以将其架设成打印服务器提供本地和远程联机打印，甚至可以使用 samba 服务器完全取代 NT、2K、2K3 中的域控制器。通过 samba 服务器对域进行管理也非常方便。

微课

管理与维护 samba 服务器

10.1.1　samba 应用环境

- 文件和打印机共享：文件和打印机共享是 samba 的主要功能，SMB（Server Message Block，服务器消息块）进程实现资源共享，将文件和打印机发布到网络中，以供用户访问。
- 身份验证和权限设置：smbd 服务支持 user mode（用户模式）和 domain mode（域模式）等身份验证和权限设置模式，通过加密方式可以保护共享的文件和打印机。
- 名称解析：samba 通过 nmbd 服务可以搭建 NBNS（NetBIOS Name Service）服务器，提供名称解析，将计算机的 NetBIOS 名解析为 IP 地址。
- 浏览服务：在局域网中，samba 服务器可以成为本地主浏览服务器（Local Master Browser，LMB），保存可用资源列表；当使用客户端访问 Windows 网上邻居时，它会提供浏览列表，显示共享目录、打印机等资源。

10.1.2　SMB 协议

SMB 通信协议可以看作是局域网上共享文件和打印机的一种协议。它是 Microsoft 和 Intel 在 1987 年制订的协议，主要是作为 Microsoft 网络的通信协议，而 samba 则是将 SMB 协议搬到 UNIX 系统上来使用。通过 NBT（NetBIOS over TCP/IP，建立在 TCP/IP 传送协议之上的 NetBIOS 接口）使用 samba 不但能与局域网络主机共享资源，还能与全世界的计算机共享资源。因为互联网上千千万万的主机使用的通信协议就是 TCP/IP。SMB 是在会话层、表示层以及小部分应用层的协议，SMB 使用了 NetBIOS 的 API。另外，它是一个开放性的协议，允许协议扩展，这使得它变得庞大而复杂，大约有 65 个最上层的作业，而每个作业都超过 120 个函数。

10.1.3　samba 工作原理

samba 服务功能强大，这与其通信基于 SMB 协议有关。SMB 不仅提供目录和打印机共享，还支持认证、权限设置。在早期，SMB 运行于 NBT 协议上，使用 UDP（User Datagram Protocol，用户数据报协议）的 137、138 及 TCP 的 139 端口，后期 SMB 经过开发，可以直接运行于 TCP/IP 上，没有额外的 NBT 层，使用 TCP 的 445 端口。

1. samba 的工作流程

当客户端访问服务器时，信息通过 SMB 协议进行传输，其工作过程可以分成 4 个步骤。

（1）协议协商。客户端在访问 samba 服务器时，发送 negprot 指令数据包，告知目标计算机其支持的 SMB 类型，samba 服务器根据客户端的情况，选择最优的 SMB 类型并做出响应，如图 10-1 所示。

（2）建立连接。当 SMB 类型确认后，客户端会发送 session setup 指令数据包，提交账号和密码，请求与 samba 服务器建立连接，如果客户端通过身份验证，则 samba 服务器会对 session setup 报文做出响应，并为用户分配唯一的 UID，在客户端与其通信时使用，如图 10-2 所示。

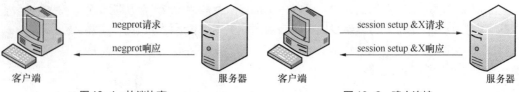

图 10-1　协议协商　　　　　　　图 10-2　建立连接

（3）访问共享资源。客户端访问 samba 共享资源时，发送 tree connect 指令数据包，通知服务器需要访问的共享资源名，如果设置允许，则 samba 服务器会为每个客户端与共享资源连接分配 TID（Task Identifier，任务标识符），客户端即可访问需要的共享资源，如图 10-3 所示。

（4）断开连接。共享资源使用完毕，客户端向服务器发送 tree disconnect 报文，关闭共享，与服务器断开连接，如图 10-4 所示。

图 10-3　访问共享资源　　　　图 10-4　断开连接

2. samba 相关进程

samba 服务由两个进程组成，分别是 nmbd 和 smbd。

- nmbd：用于解析 NetBIOS 名，并提供浏览服务显示网络上的共享资源列表。
- smbd：主要功能是管理 samba 服务器上的共享目录、打印机等，对网络上的共享资源进行管理。当要访问服务器时，要查找共享文件，这时就要依靠 smbd 进程来管理数据传输。

10.2　项目设计与准备

利用 samba 服务可以实现 Linux 系统之间，以及和 Microsoft 公司的 Windows 系统之间的资源共享。

在进行本单元的学习与实验前，需要做好如下准备。

（1）已经安装好的 Red Hat Enterprise 7.4。

（2）Red Hat Enterprise 7.4 安装光盘或 ISO 镜像文件。

（3）Linux 客户端。

（4）Windows 客户端。

（5）VMware 10 以上虚拟机软件。

以上环境可以用虚拟机实现。

10.3　项目实施

本项目包括配置 samba 服务器、user 服务器实例解析两个任务。

任务 10-1　配置 samba 服务器

1. 安装并启动 samba 服务

建议在安装 samba 服务之前，使用 rpm -qa |grep samba 命令检测系统是否安装了 samba 软件包。

```
[root@RHEL7-1 ~]#rpm -qa |grep samba
```

如果系统还没有安装 samba 软件包，则可以使用 yum 命令安装所需软件包。

（1）挂载 ISO 安装镜像。

```
[root@RHEL7-1 ~]# mkdir /iso
```

```
[root@RHEL7-1 ~]# mount /dev/cdrom /iso
mount: /dev/sr0 is write-protected, mounting read-only
```

（2）制作用于安装的 yum 源文件（**相关内容请查看项目3**）。

dvd.repo 文件的内容如下。

```
# /etc/yum.repos.d/dvd.repo
# or for ONLY the media repo, do this:
# yum --disablerepo=\* --enablerepo=c6-media [command]
[dvd]
name=dvd
baseurl=file:///iso                    //特别注意本地源文件的表示，3 个/
gpgcheck=0
enabled=1
```

（3）使用 yum 命令查看 samba 软件包的信息。

```
[root@RHEL7-1 ~]# yum  info samba
```

（4）使用 yum 命令安装 samba 服务。

```
[root@RHEL7-1 ~]# yum clean all                           //安装前先清除缓存
[root@RHEL7-1 ~]# yum  install  samba  -y
```

（5）所有软件包安装完毕，可以使用 rpm 命令再一次查询。

```
[root@RHEL7-1 ~]# rpm -qa | grep samba
```

（6）启动与停止 samba 服务，设置开机启动。

```
[root@RHEL7-1 ~]# systemctl start smb
[root@RHEL7-1 ~]# systemctl enable smb
Created symlink from /etc/systemd/system/multi-user.target.wants/smb.service
 to /usr/lib/systemd/system/smb.service.
[root@RHEL7-1 ~]# systemctl restart smb
[root@RHEL7-1 ~]# systemctl stop smb
[root@RHEL7-1 ~]# systemctl start smb
```

 注意 在 Linux 服务中更改配置文件后，一定要记得重启服务，让服务重新加载配置文件，这样新的配置才可以生效。其他命令还有 Systemctl restart smb、Systemctl reload smb 等。

2. 了解 samba 服务器配置的工作流程

samba 服务安装完毕，并不能直接使用 Windows 或 Linux 的客户端访问 samba 服务器，还必须配置服务器：告诉 samba 服务器将哪些目录共享出来给客户端访问，并根据需要设置其他选项，如添加对共享目录内容的简单描述信息和访问权限等具体设置。

配置 samba 服务器的基本流程主要分为 5 个步骤。

（1）编辑主配置文件 smb.conf，指定需要共享的目录，并为共享目录设置共享权限。

（2）在 smb.conf 文件中指定日志文件名称和存放路径。

（3）设置共享目录的本地系统权限。

（4）重新加载配置文件或重新启动 SMB 服务，使配置生效。

（5）配置防火墙，同时设置 SELinux 为允许。

samba 服务器的工作流程如图 10-5 所示。

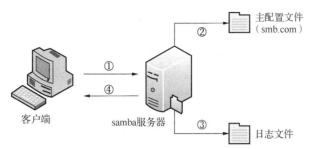

图 10-5　samba 服务器的工作流程

① 客户端请求访问 samba 服务器上的 Share 共享目录。

② samba 服务器接收到请求后，查询主配置文件 smb.conf，看是否共享了 Share 目录，如果共享了这个目录，则查看客户端是否有权限访问。

③ samba 服务器会将本次访问信息记录在日志文件中，日志文件的名称和路径都需要设置。

④ 如果客户端满足访问权限设置，则允许客户端访问。

3. 主要配置文件 smb.conf

samba 服务器的配置文件一般就放在/etc/samba 目录中，主配置文件名为 smb.conf。

使用 ll 命令查看 smb.conf 文件属性，如图 10-6 所示，并使用命令 vim /etc/samba/smb.conf 查看文件的详细内容。

RHEL 7-1 的 smb.conf 配置文件已经很简单，只有 36 行左右。为了更清楚地了解配置

图 10-6　查看 smb.conf 文件属性

文件，建议研读 smb.conf.example，samba 开发组按照功能不同，对 smb.conf 文件进行了分段，条理非常清楚。表 10-1 罗列了主配置文件的参数以及作用。

表 10-1　主配置文件的参数以及作用

作用范围	参数	作用
[global]	workgroup = MYGROUP	工作组名称，如 workgroup=SmileGroup
	server string = samba Server Version %v	服务器描述，参数%v 为 SMB 版本号
	log file = /var/log/samba/log.%m	定义日志文件的存放位置与名称，参数%m 为来访的主机名
	max log size = 50	定义日志文件的最大容量为 50KB
	security = user	安全验证的方式，需验证来访主机提供的口令后才可以访问；提升了安全性，系统默认方式
	security = server	使用独立的远程主机验证来访主机提供的口令（集中管理账户）
	security = domain	使用域控制器进行身份验证
	（1）passdb backend = tdbsam （2）passdb backend = smbpasswd （3）passdb backend = ldapsam	定义用户后台的类型，共 3 种。第一种表示创建数据库文件并使用 pdbedit 命令建立 samba 服务程序的用户 第二种表示使用 smbpasswd 命令为系统用户设置 samba 服务程序的密码 第三种表示基于 LDAP 服务进行账户验证
	load printers = yes	设置在 samba 服务启动时是否共享打印机设备
	cups options = raw	打印机的选项
[homes]	comment = Home Directories	描述信息
	browseable = no	指定共享信息是否在"网上邻居"中可见
	writable = yes	定义是否可以执行写入操作，与"read only"相反

> **技巧** 为了方便配置，建议先备份 smb.conf，一旦发现错误可以随时从备份文件中恢复主配置文件。另外，强烈建议，每开始下个新实训时，使用备份的主配置文件还原默认的主配置文件，重新配置，避免上一个实训的配置影响下一个实训的结果。

备份操作如下。

```
[root@RHEL7-1 ~]# cd /etc/samba
[root@RHEL7-1 samba]# ls
[root@RHEL7-1 samba]# cp -p smb.conf  smb.conf.bak
```

4. Share Definitions 共享服务的定义

Share Definitions 设置对象为共享目录和打印机，如果想发布共享资源，则需要配置 Share Definitions 部分。Share Definitions 字段非常丰富，设置灵活。

下面介绍以下几个最常用的字段。

（1）共享名

共享资源发布后，必须为每个共享目录或打印机设置不同的共享名，供网络用户访问时使用，并且共享名可以与原目录名不同。

共享名的设置非常简单，格式如下。

```
[共享名]
```

（2）共享资源描述

网络中存在各种共享资源，为了方便用户识别，可以为其添加备注信息，以方便用户查看时知道共享资源的内容是什么。

设置格式如下。

```
comment = 备注信息
```

（3）共享路径

共享资源的原始完整路径，可以使用 path 字段进行发布，务必正确指定。

设置格式如下。

```
path = 绝对地址路径
```

（4）匿名访问

设置是否允许对共享资源进行匿名访问，可以更改 public 字段。

设置格式如下。

```
public = yes      #允许匿名访问
public = no       #禁止匿名访问
```

【例 10-1】samba 服务器中有个目录为/share，需要发布该目录为共享目录，定义共享名为 public，要求：允许浏览、允许只读、允许匿名访问。设置如下。

```
[public]
        comment = public
        path = /share
        browseable = yes
        read only = yes
        public = yes
```

（5）访问用户

如果共享资源存在重要数据的话，则需要审核访问用户，可以使用 valid users 字段进行设置。

设置格式如下。

```
valid users = 用户名
valid users = @组名
```

【例 10-2】samba 服务器的/share/tech 目录存放了公司技术部数据，只允许技术部员工和经理访问，技术部组为 tech，经理账号为 manger。设置如下。

```
[tech]
        comment=tecch
        path=/share/tech
        valid users=@tech,manger
```

（6）目录只读

如果限制用户读写共享目录，则可以通过 read only 实现。

设置格式如下。

```
read only = yes      #只读
read only = no       #读写
```

（7）过滤主机

设置过滤主机的格式如下。注意网络地址的写法。

```
hosts allow = 192.168.10.    server.abc.com
#表示允许来自 192.168.10.0 或 server.abc.com 的主机访问 samba 服务器资源
hosts deny = 192.168.2.
#表示不允许来自 192.168.2.0 网络的主机访问当前 samba 服务器资源
```

【例 10-3】samba 服务器的公共目录/public 存放了大量共享数据，为保证目录安全，仅允许192.168.10.0 网络的主机访问，并且只允许读取，禁止写入。

```
[public]
        comment=public
        path=/public
        public=yes
        read only=yes
    hosts allow = 192.168.10.
```

（8）目录可写

如果共享目录允许用户写操作，则可以使用 writable 或 write list 两个字段进行设置。

使用 writable 字段进行设置的格式如下。

```
writable = yes       #读写
writable = no        #只读
```

使用 write list 字段进行设置的格式如下。

```
write list = 用户名
write list = @组名
```

 注意　[homes]为特殊共享目录，表示用户账户主目录。[printers]表示共享打印机。

5. 日志文件

日志文件对于 samba 非常重要，它存储客户端访问 samba 服务器的信息，以及 samba 服务的错误提示信息等，通过分析日志，可以帮助解决客户端访问和服务器维护等问题。

在/etc/samba/smb.conf 文件中，log file 为设置 samba 日志的字段，示例如下。

```
log file = /var/log/samba/log.%m
```

samba 服务的日志文件默认存放在/var/log/samba 中，samba 服务会为每个连接到 samba 服务器的计算机分别建立日志文件。使用 **ls -a   /var/log/samba** 命令查看所有的日志文件。

当客户端通过网络访问 samba 服务器后，客户端的相关日志会自动添加。所以，Linux 管理员可以根据这些文件来查看用户的访问情况和服务器的运行情况。另外当 samba 服务器工作异常时，也可以通过/var/log/samba 下的日志文件进行分析。

6. samba 服务密码文件

samba 服务器发布共享资源后，客户端访问 samba 服务器，需要提交用户名和密码进行身份验证，验证通过后才可以登录。samba 服务为了实现客户端身份验证功能，将用户名和密码信息存放在/etc/samba/smbpasswd 中，在客户端进行访问时，将提交的用户名和密码与 smbpasswd 存放的信息进行对比，只有存在匹配，并且 samba 服务器其他安全设置允许，客户端与 samba 服务器的连接才能建立成功。

那么如何建立 samba 账户呢？首先，samba 账户并不能直接建立，需要先建立 Linux 同名的系统账户。例如，要建立一个名为 yy 的 samba 账户，Linux 系统中必须提前存在一个同名的 yy 系统账户。

在 samba 中添加账户的命令为 smbpasswd，命令格式如下。

```
smbpasswd  -a  用户名
```

【例 10-4】在 samba 服务器中添加 samba 账户 reading。

（1）建立 Linux 系统账户 reading。

```
[root@RHEL7-1 ~]# useradd  reading
[root@RHEL7-1 ~]# passwd  reading
```

（2）添加 reading 用户的 samba 账户。

```
[root@RHEL7-1 ~]# smbpasswd  -a  reading
```

samba 账户添加完毕。如果在添加 samba 账户时输入完两次密码后出现错误信息：Failed to modify password entry for user amy，则是因为 Linux 本地用户中没有 reading 这个用户，在 Linux 系统中添加即可。

> **提示** 务必要注意在建立 samba 账户之前，一定要先建立一个与 samba 账户同名的系统账户。

经过上面的设置，再次访问 samba 共享文件时就可以使用 reading 账户访问了。

任务 10-2 user 服务器实例解析

在 RHEL 7 中，samba 服务程序默认使用的是用户账户口令认证模式（user）。这种认证模式可以确保仅让有密码且受信任的用户访问共享资源，而且验证过程也十分简单。

【例 10-5】公司有多个部门，因工作需要，必须分门别类地建立相应部门的目录。要求将销售部的资料存放在 samba 服务器的/companydata/sales 目录下集中管理，以便销售人员浏览，并且该目录只允许销售部员工访问。samba 共享服务器和客户端的 IP 地址可以根据表 10-2 来设置。

表 10-2　samba 共享服务器和客户端使用的操作系统以及 IP 地址

主机名称	操作系统	IP 地址	网络连接方式
samba 共享服务器：**RHEL7-1**	RHEL 7	192.168.10.1	VMnet1
Linux 客户端：**RHEL7-2**	RHEL 7	192.168.10.20	VMnet1
Windows 客户端：**Win7-1**	Windows 7	192.168.10.30	VMnet1

需求分析：在/companydata/sales 目录中存放有销售部的重要数据，为了保证其他部门无法查看其内容，需要将全局配置中的 security 设置为 user 安全级别，这样就启用了 samba 服务器的身份验证机制，然后在共享目录/companydata/sales 下设置 valid users 字段，配置只允许销售部员工访问这个共享目录。

1．在 RHEL7-1 上配置 samba 共享服务器

启动 samba 服务器。

（1）建立共享目录，并在其下建立测试文件。

```
[root@RHEL7-1 ~]# mkdir  /companydata
[root@RHEL7-1 ~]# mkdir  /companydata/sales
[root@RHEL7-1 ~]# touch  /companydata/sales/test_share.tar
```

（2）添加销售部用户和组并添加相应 samba 账户。

使用 groupadd 命令添加 sales 组，然后执行 useradd 命令和 passwd 命令添加销售部员工的账户及密码。此处单独增加一个 test_user1 账户，不属于 sales 组，供测试用。

```
[root@RHEL7-1 ~]# groupadd  sales              #建立销售组 sales
[root@RHEL7-1 ~]# useradd  -g  sales  sale1     #建立账户 sale1，将其添加到 sales 组
[root@RHEL7-1 ~]# useradd  -g  sales  sale2     #建立账户 sale2，将其添加到 sales 组
[root@RHEL7-1 ~]# useradd  test_user1           #供测试用账户
[root@RHEL7-1 ~]# passwd  sale1                  #设置账户 sale1 密码
[root@RHEL7-1 ~]# passwd  sale2                  #设置账户 sale2 密码
[root@RHEL7-1 ~]# passwd  test_user1             #设置账户 test_user1 密码
```

为销售部成员添加相应的 samba 账户。

```
[root@RHEL7-1 ~]# smbpasswd  -a  sale1
[root@RHEL7-1 ~]# smbpasswd  -a  sale2
```

（3）修改 samba 主配置文件 smb.conf。

```
[root@RHEL7-1 ~]# vim /etc/samba/smb.conf
[global]
      workgroup = Workgroup
      server string = File Server
      security = user                    #设置 user 安全级别模式，默认值
      passdb backend = tdbsam
      printing = cups
      printcap name = cups
      load printers = yes
      cups options = raw
[sales]                                  #设置共享目录的共享名为 sales
      comment=sales
      path=/companydata/sales            #设置共享目录的绝对路径
      writable = yes
      browseable = yes
      valid users = @sales               #设置可以访问的用户为 sales 组
```

Linux 网络操作系统项目教程（RHEL 7.4/CentOS 7.4）
（微课版）（第 4 版）

（4）设置共享目录的本地系统权限。将属主、属组分别改为 sale1 和 sales。

```
[root@RHEL7-1 ~]# chmod  777  /companydata/sales -R
[root@RHEL7-1 ~]# chown  sale1:sales  /companydata/sales  -R
[root@RHEL7-1 ~]# chown  sale2:sales  /companydata/sales  -R
```

–R 参数是递归用的，一定要加上。请大家再次复习前面学习的权限相关内容，特别是 chown、chmod 等命令。

（5）更改共享目录的 context 值，或者禁用 SELinux。

```
[root@RHEL7-1 ~]# chcon -t samba_share_t /companydata/sales  -R
```

也可以使用如下命令。

```
[root@RHEL7-1 ~]# getenforce
Enforcing
[root@RHEL7-1 ~]# setenforce Permissive
```

hcon 命令用于更改文件或目录的安全上下文（SELinux 上下文）的命令。SELinux 上下文包含了文件或目录的安全策略和访问控制信息，它决定了文件或目录可以被哪些进程或用户访问，并且限制了这些访问的操作。

（6）让防火墙放行，这一步很重要。

```
[root@RHEL7-1 ~]# systemctl restart firewalld
[root@RHEL7-1 ~]# systemctl enable firewalld
[root@RHEL7-1 ~]# firewall-cmd --permanent --add-service=samba
[root@RHEL7-1 ~]# firewall-cmd --reload          //重新加载防火墙
[root@RHEL7-1 ~]# firewall-cmd --list-all
public (active)
  target: default
  icmp-block-inversion: no
  interfaces: ens33
  sources:
  services: ssh dhcpv6-client http squid samba    //已经加入防火墙的允许服务
  ports:
  protocols:
  masquerade: no
  forward-ports:
  source-ports:
  icmp-blocks:
  rich rules:
```

（7）重新加载 samba 服务。

```
[root@RHEL7-1 ~]# systemctl restart smb
```

使用如下命令也可以。

```
[root@RHEL7-1 ~]# systemctl reload smb
```

（8）测试。一是在 Windows 7 中利用资源管理器进行测试，二是利用 Linux 客户端测试。

> **特别提示** samba 服务器在将本地文件系统共享给 samba 客户端时，涉及本地文件系统权限和 samba 共享权限。当客户端访问共享资源时，最终的权限取这两种权限中最严格的。在后面的实例中，不再单独设置本地文件系统权限。如果对权限不是很熟悉，请参考相关内容。

2. 在 Windows 客户端访问 samba 共享服务

无论 samba 共享服务是部署在 Windows 系统上,还是部署在 Linux 系统上,通过 Windows 系统访问时,其步骤和方法都是一样的。下面假设 samba 共享服务部署在 Linux 系统上,并通过 Windows 系统来访问 samba 服务。

(1)选择"开始"→"运行"命令,使用 UNC(Universal Naming Convention,通用命名规则)路径直接访问,如 \\192.168.10.1。打开"Windows 安全"对话框,如图 10-7 所示。输入 sale1 或 sale2 及对应密码,登录后可以正常访问。

图 10-7 "Windows 安全"对话框

试一试 注销 Windows 7 客户端,使用 test_user 账户和密码登录会出现什么情况?

(2)映射网络驱动器访问 samba 服务器共享目录。双击"我的电脑",选择"工具"→"映射网络驱动器"命令,在"映射网络驱动器"对话框中选择 Z 驱动器,并输入 tech 共享目录的地址,如\\192.168.10.1\sales,单击"完成"按钮,在接下来的对话框中输入可以访问 sales 共享目录的 samba 账号和密码。

(3)回到"我的电脑"窗口,驱动器 Z 就是共享目录 sales,可以很方便地访问了。

3. 在 Linux 客户端访问 samba 共享服务

samba 服务当然还可以实现 Linux 系统之间的文件共享。按照表 10-2 来设置 samba 服务所在主机(即 samba 共享服务器)和 Linux 客户端使用的 IP 地址,然后在客户端安装 samba 服务和支持文件共享服务的软件包(cifs-utils)。

(1)在 RHEL7-2 上安装 samba-client 和 cifs-utils。

```
[root@RHEL7-2 ~]# mount /dev/cdrom /iso
mount: /dev/sr0 is write-protected, mounting read-only
[root@RHEL7-2 ~]# vim  /etc/yum.repos.d/dvd.repo
[root@RHEL7-2 ~]# yum install samba-client -y
[root@RHEL7-2 ~]# yum install cifs-utils -y
```

(2)在 Linux 客户端使用 smbclient 命令访问服务器。

① 使用 smbclient 命令可以列出目标主机共享目录列表。smbclient 命令的语法格式如下。

```
smbclient -L 目标 IP 地址或主机名 -U 登录用户名%密码
```

当查看 RHEL7-1(192.168.10.1)主机的共享目录列表时,系统会提示输入密码,这时可以不输入密码,直接按 Enter 键,这样表示匿名登录,然后就会看到匿名用户可以看到的共享目录列表。

```
[root@RHEL7-2 ~]# smbclient  -L  192.168.10.1
```

若想使用 samba 账户查看 samba 服务器端共享的目录,则可以加上-U 参数,后面跟上用户名%密码。下面的命令显示只有 sale1 账户(其密码为 12345678)才有权限浏览和访问的 sales 共享目录。

```
[root@RHEL7-2 ~]# smbclient  -L  192.168.10.1  -U  sale2%12345678
```

注意 不同用户使用 smbclient 命令得到的结果可能不一样,这要根据服务器设置的访问控制权限而定。

② 还可以使用 smbclient 命令行共享访问模式浏览共享的资料。

smbclient 命令行共享访问模式命令的语法格式如下。

```
smbclient   //目标 IP 地址或主机名/共享目录名称   -U   用户名%密码
```

下面命令运行后，将进入交互式界面（输入？可以查看具体命令）。

```
[root@RHEL7-2 ~]# smbclient //192.168.10.1/sales  -U  sale2%12345678
Domain=[RHEL7-1] OS=[Windows 6.1] Server=[samba 4.6.2]
smb: \> ls
  .                                  D       0   Mon Jul 16 21:14:52 2018
  ..                                 D       0   Mon Jul 16 18:38:40 2018
  test_share.tar                     A       0   Mon Jul 16 18:39:03 2018

      9754624 blocks of size 1024. 9647416 blocks available
smb: \> mkdir testdir               //新建一个目录进行测试
smb: \> ls
  .                                  D       0   Mon Jul 16 21:15:13 2018
  ..                                 D       0   Mon Jul 16 18:38:40 2018
  test_share.tar                     A       0   Mon Jul 16 18:39:03 2018
  testdir                            D       0   Mon Jul 16 21:15:13 2018

      9754624 blocks of size 1024. 9647416 blocks available
smb: \> exit
[root@RHEL7-2 ~]#
```

使用 test_user1 登录会是什么结果？请读者试一试。另外，使用 smbclient 命令登录 samba 服务器后，可以使用 help 命令查询支持的命令。

（3）在 Linux 客户端使用 mount 命令挂载共享目录。

mount 命令挂载共享目录的语法格式如下。

```
mount -t cifs //目标 IP 地址或主机名/共享目录名称 挂载点 -o username=用户名
```

下面命令的执行结果为挂载 192.168.10.1 主机上的共享目录 sales 到/mnt/sambadata 目录下，cifs 是 samba 共享服务器所使用的文件系统。

```
[root@RHEL7-2 ~]# mkdir -p /mnt/sambadata
[root@RHEL7-2 ~]# mount -t cifs //192.168.10.1/sales /mnt/sambadata/ -o usernam
e=sale1
Password for sale1@//192.168.10.1/sales:  ********
//输入 sale1 账户的密码，不是系统用户密码
[root@RHEL7-2 ~]# cd /mnt/sambadata
[root@RHEL7-2 sambadata]# touch testf1;ls
testdir   testf1   test_share.tar
```

特别提示 如果配置匿名访问，就需要配置 samba 的全局参数，添加 map to guest = bad user 一行，RHEL 7 中的 SMB 版本包不再支持 security = share 语句。

10.4 拓展阅读：国产操作系统"银河麒麟"

你了解国产操作系统"银河麒麟"吗？它有何深远影响？

国产操作系统银河麒麟 V10 面世引发了业界和公众关注。这一操作系统不仅可以充分适应"5G

时代"需求，其独创的 kydroid 技术还能支持海量安卓应用，将 300 余万款安卓适配软硬件无缝迁移到国产平台。银河麒麟 V10 作为国内安全等级最高的操作系统，是首款具有内生安全体系的操作系统，成功打破了相关技术封锁与垄断，有能力成为承载国家基础软件的安全基石。

银河麒麟 V10 的推出让人们看到了国产操作系统与日俱增的技术实力和不断攀登科技高峰的坚实脚步。

核心技术从不是别人给予的，必须依靠自主创新。从 2019 年 8 月华为发布自主操作系统鸿蒙，到 2020 年银河麒麟 V10 面世，我国操作系统正加速走向独立创新的发展新阶段。当前，麒麟操作系统在海关、交通、统计、农业等很多部门得到规模化应用，采用这一操作系统的机构和企业已经超过 1 万家。这一数字证明，麒麟操作系统已经获得了市场一定程度的认可。只有坚持开放兼容，让操作系统与更多产品适配，才能推动产品性能更新迭代，让用户拥有更好的使用体验。

操作系统的自主研发是一项重大而紧迫的课题。实现核心技术的突破，需要多方齐心合力、协同攻关，为创新创造营造更好的发展环境。2020 年 7 月，中华人民共和国国务院印发《新时期促进集成电路产业和软件产业高质量发展的若干政策》，从财税政策、研究开发政策、人才政策等 8 个方面提出了 37 项举措。只有瞄准核心科技埋头攻关、不断释放政策"红利"，助力我国软件产业从价值链中低端向高端迈进，才能为高质量发展和国家信息产业安全插上腾飞的"翅膀"。

10.5　项目实训：配置与管理 samba 服务器

慕课

项目实训　配置与管理 samba 服务器

1. 视频位置
实训前请扫描二维码观看"项目实训 配置与管理 samba 服务器"慕课。

2. 项目背景
某公司有 system、develop、productdesign 和 test 4 个组，个人计算机操作系统为 Windows 7 或 Windows 8，少数开发人员采用 Linux 操作系统，服务器操作系统为 RHEL 7，现需要设计一套建立在 RHEL 7 之上的安全文件共享方案：每个用户都有自己的网络磁盘，develop 组到 test 组有共用的网络硬盘，所有用户（包括匿名用户）有一个只读共享资料库；所有用户（包括匿名用户）要有一个存放临时文件的文件夹。网络拓扑如图 10-8 所示。

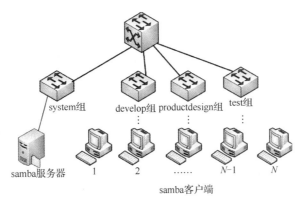

图 10-8　安全文件共享方案网络拓扑

3. 项目目标
（1）system 组具有管理 samba 服务器所有空间的权限。

（2）各部门的私有空间。各组拥有自己的空间，除了小组成员及 system 组有权限以外，其他用户不可访问（包括列表、读和写）。

（3）资料库：所有用户（包括匿名用户）都具有读权限而不具有写权限。

（4）develop 组与 test 组的共享空间，develop 组与 test 组之外的用户不能访问。

（5）公共临时空间：所有用户都可以读取、写入、删除。

4．深度思考

在观看视频时思考以下几个问题。

（1）用 mkdir 命令建立共享目录，可以同时建立多少个目录？

（2）chown、chmod、setfacl 这些命令如何熟练应用？

（3）组账户、用户账户、samba 账户等的建立过程是怎样的？

（4）useradd 命令的-g、-G、-d、-s、-M 选项的含义分别是什么？

（5）权限 700 和 755 的含义是什么？请查找相关权限表示的资料。

（6）注意不同用户登录后权限的变化。

5．做一做

根据项目要求及视频内容，将项目实现。

10.6 练习题

一、填空题

1. samba 服务功能强大，使用_____协议，该协议的英文全称是_____。

2. SMB 经过开发，可以直接运行于 TCP/IP 上，使用 TCP 的_____端口。

3. samba 服务由两个进程组成，分别是_____和_____。

4. samba 服务包包括_____、_____、_____和_____（不要求版本号）。

5. samba 的配置文件一般就放在_____目录中，主配置文件名为_____。

6. samba 服务器有_____、_____、_____、_____和_____5 种安全模式，默认级别是_____。

二、选择题

1. 用 samba 服务器共享了目录，但是在 Windows 网络邻居中却看不到它，应该在/etc/samba/smb.conf 中怎样设置它才能正确工作？（　　　）

    A．AllowWindowsClients=yes   B．Hidden=no

    C．Browseable=yes   D．以上都不是

2. 请选择一个正确的命令来卸载 samba-3.0.33-3.7.el5.i386.rpm。（　　　）

    A．rpm -D samba-3.0.33-3.7.el5   B．rpm -i samba-3.0.33-3.7.el5

    C．rpm -e samba-3.0.33-3.7.el5   D．rpm -d samba-3.0.33-3.7.el5

3. 哪个命令允许 198.168.0.0/24 访问 samba 服务器？（　　　）

    A．hosts enable = 198.168.0.   B．hosts allow = 198.168.0.

    C．hosts accept = 198.168.0.   D．hosts accept = 198.168.0.0/24

4. 启动 samba 服务，哪些是必须运行的端口监控程序？（　　　）

    A．nmbd   B．lmbd   C．mmbd   D．smbd

5. 下面列出的服务器类型中，哪一种可以使用户在异构网络操作系统之间共享文件系统？

（　　）

    A．FTP   B．samba   C．DHCP   D．Squid

6．samba 服务密码文件是（　　）。

    A．smb.conf   B．samba.conf   C．smbpasswd   D．smbclient

7．利用（　　）命令可以对 samba 的配置文件进行语法测试。

    A．smbclient   B．smbpasswd   C．testparm   D．smbmount

8．可以通过设置条目（　　）来控制访问 samba 共享服务器的合法主机名。

    A．allow hosts   B．valid hosts   C．allow   D．publicS

9．samba 的主配置文件中不包括（　　）。

    A．global 参数   B．directory shares 部分

    C．printers shares 部分   D．applications shares 部分

三、简答题

1．简述 samba 服务器的应用环境。

2．简述 samba 的工作流程。

3．简述基本的 samba 服务器搭建流程的 4 个主要步骤。

10.7　实践习题

1．公司需要配置一台 samba 服务器。工作组名为 smile，共享目录为/share，共享名为 public，该共享目录只允许 192.168.0.0/24 网段员工访问。请给出实现方案并上机调试。

2．如果公司有多个部门，因工作需要，必须分门别类地建立相应部门的目录。现要求将技术部的资料存放在 samba 服务器的/companydata/tech 目录下集中管理，以便技术人员浏览，并且该目录只允许技术部员工访问。请给出实现方案并上机调试。

3．配置 samba 服务器，要求如下：samba 服务器上有个 tech1 目录，此目录只有 boy 用户可以浏览访问，其他人都不可以浏览访问。请灵活使用独立配置文件，给出实现方案并上机调试。

项目11
配置与管理DHCP 服务器

11

项目导入

在一个计算机比较多的网络中，要为整个企业每个部门的上百台机器逐一配置 IP 地址绝不是一件轻松的工作。为了更方便、快捷地完成这些工作，很多时候会采用动态主机配置协议（Dynamic Host Configuration Protocol，DHCP）来自动为客户端配置 IP 地址、默认网关等信息。

在完成该项目之前，首先应当对整个网络进行规划，确定网段的划分以及每个网段可能的主机数量等信息。

项目目标

- 了解 DHCP 服务器在网络中的作用。
- 理解 DHCP 的工作过程。

- 掌握 DHCP 服务器的基本配置。
- 掌握 DHCP 客户端的配置和测试。

素养目标

- 了解超级计算机概念、特点，理解超级计算机是国家科技发展水平和综合国力的重要标志。增强民族自豪感和自信心，激发学生的创新意识。

- "三更灯火五更鸡，正是男儿读书时。黑发不知勤学早，白首方悔读书迟。"祖国的发展日新月异，我们拿什么报效祖国？唯有勤奋学习，惜时如金，才无愧盛世年华。

11.1 项目知识准备

DHCP 用于自动管理局域网内主机的 IP 地址、子网掩码、网关地址及 DNS 服务器地址等参数，可以有效提升 IP 地址的利用率，提高配置效率，并降低管理与维护成本。

微课

配置与管理
DHCP 服务器

11.1.1 DHCP 服务概述

DHCP 基于客户/服务器（Client/Server，C/S）模式，当 DHCP 客户端启动时，它会自动与 DHCP 服务器通信，要求提供自动分配 IP 地址的服务，而安装了 DHCP 服务的服务器则会响应要求。

DHCP 是一个简化主机 IP 地址分配管理的 TCP/IP 标准协议，用户可以利用

DHCP 服务器管理动态的 IP 地址分配及其他相关的环境配置工作，如 DNS 服务器、WINS（Windows Internet Name Service，Windows 网络名称服务）服务器、Gateway（网关）的设置。

在 DHCP 机制中可以分为服务器和客户端两个部分，服务器使用固定的 IP 地址，在局域网中扮演着给客户端提供动态 IP 地址、DNS 配置和网管配置的角色。客户端与 IP 地址相关的配置都在启动时由服务器自动分配。

11.1.2 DHCP 的工作过程

DHCP 客户端向服务器端申请 IP 地址、获得 IP 地址的过程一般分为 4 个阶段，如图 11-1 所示。

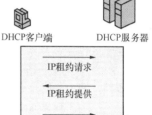

图 11-1　DHCP 的工作过程

1. IP 租约请求

当客户端启动网络时，由于在 IP 网络中的每台机器都需要有一个地址，因此，此时的计算机 IP 地址与 0.0.0.0 绑定在一起。它会发送一个 DHCP Discover（DHCP 发现）广播信息包到本地子网，该信息包发送给 UDP 端口 67，即 DHCP/BOOTP 服务器端口的广播信息包。

2. IP 租约提供

本地子网的每一个 DHCP 服务器都会接收 DHCP Discover 信息包。每个接收到请求的 DHCP 服务器都会检查它是否有提供给请求客户端的有效空闲地址，如果有，就以 DHCP Offer（DHCP 提供）信息包作为响应，该信息包包括有效的 IP 地址、子网掩码、DHCP 服务器的 IP 地址、租用期限，以及其他有关 DHCP 范围的详细配置。所有发送 DHCP Offer 信息包的服务器将保留它们提供的这个 IP 地址（该地址暂时不能分配给其他的客户端）。DHCP Offer 信息包广播发送到 UDP 端口 68，即 DHCP/BOOTP 客户端端口。响应是以广播的方式发送的，因为客户端没有能直接寻址的 IP 地址。

3. IP 租约选择

客户端通常对第一个提议产生响应，并以广播的方式发送 DHCP Request（DHCP 请求）信息包作为回应。该信息包告诉服务器"是的，我想让你给我提供服务。我接收你给我的租用期限"。而且，一旦信息包以广播方式发送以后，网络中的所有 DHCP 服务器都可以看到该信息包，那些提议没有被客户端选择的 DHCP 服务器将保留的 IP 地址返回给可用地址池。客户端还可利用 DHCP Request 询问服务器其他的配置选项，如 DNS 服务器或网关地址。

4. IP 租约确认

当服务器接收到 DHCP Request 信息包时，它以一个 DHCP Acknowledge（DHCP 确认）信息包作为响应，该信息包提供了客户端请求的任何其他信息，并且也是以广播方式发送的。该信息包告诉客户端"一切准备好。记住你只能在有限时间内租用该地址，而不能永久占据！好了，以下是你询问的其他信息"。

 注意　客户端发送 DHCP Discover 信息包后，如果没有 DHCP 服务器响应客户端的请求，则客户端会随机使用 169.254.0.0/16 网段中的一个 IP 地址配置本机地址。

11.1.3 DHCP 服务器分配给客户端的 IP 地址类型

在客户端向 DHCP 服务器申请 IP 地址时，服务器并不是总给它一个动态的 IP 地址，而是根据实际情况决定。

1. 动态 IP 地址

客户端从 DHCP 服务器那里取得的 IP 地址一般都不是固定的，而是每次都可能不一样。在 IP 地址有限的单位内，动态 IP 地址可以最大化地达到资源的有效利用。它利用并不是每个员工都会同时上线的原理，优先为上线的员工提供 IP 地址，员工离线之后再收回 IP 地址。

2. 静态 IP 地址

客户端从 DHCP 服务器那里取得的 IP 地址也并不总是动态的。比如，有的单位除了员工用计算机外，还有数量不少的服务器，这些服务器如果也使用动态 IP 地址，则不但不利于管理，而且客户端访问起来也不方便。在这种情况下，可以设置 DHCP 服务器记录特定计算机的 MAC 地址，然后为每个 MAC 地址分配一个固定的 IP 地址。

至于如何查询网卡的 MAC 地址，根据网卡是本机还是远程计算机，采用的方法也有所不同。

> **小资料**　MAC 地址也叫作物理地址或硬件地址，是由网络设备制造商在生产时写在硬件内部的（网络设备的 MAC 地址都是唯一的）。在 TCP/IP 网络中，表面上看来是通过 IP 地址传输数据，实际上是通过 MAC 地址来区分不同节点的。

（1）查询本机网卡的 MAC 地址。

使用 ifconfig 命令可以轻松查询到本机网卡的 MAC 地址。

（2）查询远程计算机网卡的 MAC 地址。

既然 TCP/IP 网络通信最终要用到 MAC 地址，那么使用 ping 命令当然也可以获取对方的 MAC 地址信息，只不过它不会显示出来，要借助其他工具来完成。

```
[root@RHEL7-1 ~]# ifconfig
[root@RHEL7-1 ~]# ping  -c  1 192.168.1.20  //ping 远程计算机 192.168.1.20 一次
[root@RHEL7-1 ~]# arp  -n                    //查询缓存在本地的远程计算机网卡的 MAC 地址
```

11.2　项目设计及准备

部署 DHCP 之前应该先进行规划，明确哪些 IP 地址用于自动分配给客户端（即作用域中应包含的 IP 地址），哪些 IP 地址用于手工指定给特定的服务器。

本项目对 IP 地址的要求如下。

（1）适用的网络是 192.168.10.0/24，网关为 192.168.10.254。

（2）192.168.10.1～192.168.10.30 网段地址是服务器的固定地址。

（3）客户端可以使用的地址段为 192.168.10.31～192.168.10.200，但 192.168.10.105、192.168.10.107 为保留地址。

> 　**注意**　用于手工配置的 IP 地址一定要排除保留地址，或者采用地址池之外的可用 IP 地址，否则会造成 IP 地址冲突。

部署 DHCP 服务器应满足下列需求。

（1）安装 Linux 企业服务器版，用作 DHCP 服务器。

（2）DHCP 服务器的 IP 地址、子网掩码、DNS 服务器等 TCP/IP 参数必须手工指定，否则不能为客户端分配 IP 地址。

（3）DHCP 服务器必须拥有一组有效的 IP 地址，以便自动分配给客户端。

（4）如果不特别指出，则所有 Linux 的虚拟机网络连接方式都选择"自定义"VMnet1（仅主机模式），如图 11-2 所示。请读者特别留意。

图 11-2　Linux 虚拟机的网络连接方式

11.3　项目实施

本项目包括安装 DHCP 服务、熟悉 DHCP 主配置文件、配置 DHCP 应用实例 3 个学习任务。

任务 11-1　在服务器 RHEL7-1 上安装 DHCP 服务

在服务器 RHEL7-1 上安装 DHCP 服务的步骤如下。

（1）检测系统是否已经安装了 DHCP 服务。

```
[root@RHEL7-1 ~]# rpm  -qa | grep   dhcp
```

（2）如果系统还没有安装 DHCP 服务，则可以使用 yum 命令安装所需软件包。

① 挂载 ISO 安装镜像。

```
//挂载光盘到 /iso 下
[root@RHEL7-1 ~]# mkdir  /iso
[root@RHEL7-1 ~]# mount  /dev/cdrom  /iso
```

② 制作用于安装的 yum 源文件。

```
[root@RHEL7-1 ~]# vim  /etc/yum.repos.d/dvd.repo
```

③ 使用 yum 命令查看软件包的信息。

```
[root@RHEL7-1 ~]# yum  info dhcp
```

④ 使用 yum 命令安装 DHCP 服务。

```
[root@RHEL7-1 ~]# yum clean all                          //安装前先清除缓存
[root@RHEL7-1 ~]# yum  install  dhcp  -y
```

软件包安装完毕，可以使用 rpm 命令 rpm -qa | grep dhcp 再次查询。

```
[root@RHEL7-1~]# rpm -qa | grep dhcp
dhcp-4.1.1-34.P1.el6.x86_64
dhcp-common-4.1.1-34.P1.el6.x86_64
```

任务 11-2　熟悉 DHCP 主配置文件

基本的 DHCP 服务器搭建流程如下。

（1）编辑主配置文件/etc/dhcp/dhcpd.conf，指定 IP 作用域（指定一个或多个 IP 地址范围）。

（2）建立租约数据库文件。

（3）重新加载配置文件或重新启动 dhcpd 服务使配置生效。

DHCP 的工作流程如图 11-3 所示。

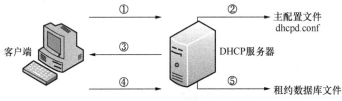

图 11-3　DHCP 的工作流程

① 客户端发送广播向服务器申请 IP 地址。

② 服务器收到请求后，查看主配置文件 dhcpd.conf，根据客户端的 MAC 地址查看是否为客户端设置了固定 IP 地址。

③ 如果为客户端设置了固定 IP 地址，则将该 IP 地址发送给客户端。如果没有为其设置固定 IP 地址，则将地址池中的 IP 地址发送给客户端。

④ 客户端收到服务器响应后，给予服务器响应，告诉服务器已经使用了分配的 IP 地址。

⑤ 服务器将相关租约信息存入数据库。

1. 主配置文件 dhcpd.conf

（1）复制样例文件到主配置文件。

默认主配置文件（/etc/dhcp/dhcpd.conf）没有任何实质内容，打开查阅，发现里面有一句话 see /usr/share/doc/dhcp*/dhcpd.conf.example。下面以样例文件为例讲解主配置文件。

（2）dhcpd.conf 主配置文件组成部分。

- parameters（参数）。
- declarations（声明）。
- options（选项）。

（3）dhcpd.conf 主配置文件整体框架。

dhcpd.conf 包括全局配置和局部配置。

全局配置可以包含参数或选项，对整个 DHCP 服务器生效。

局部配置通常由声明部分表示，仅对局部生效，比如只对某个 IP 作用域生效。

dhcpd.conf 文件格式如下。

```
#全局配置
参数或选项；                          #全局生效
#局部配置
声明 {
        参数或选项；                  #局部生效
        }
```

dhcp 范本配置文件内容包含了部分参数、声明以及选项的用法，其中注释部分可以放在任何位置，并以#号开头，当一行内容结束时，以;号结束，大括号所在行除外。

可以看出整个配置文件分成全局和局部两个部分，但是并不容易看出哪些属于参数，哪些属于声明或选项。

2. 常用参数介绍

参数主要用于设置服务器和客户端的动作或者是否执行某些任务，比如设置 IP 地址租约时间、是否检查客户端所用的 IP 地址等，见表 11-1。

表 11-1　dhcpd 服务配置文件中常用的参数及其作用

参数	作用
ddns-update-style [类型]	定义 DNS 服务动态更新的类型，类型包括 none（不支持动态更新）、interim（互动更新模式）与 ad-hoc（特殊更新模式）
[allow | ignore] client-updates	允许或忽略客户端更新 DNS 记录
default-lease-time 600	默认超时时间，单位是 s
max-lease-time 7200	最大超时时间，单位是 s
option domain-name-servers　192.168.10.1	定义 DNS 服务器地址
option domain-name "domain.org"	定义 DNS 域名
range 192.168.10.10　192.168.10.100	定义用于分配的 IP 地址池
option subnet-mask 255.255.255.0	定义客户端的子网掩码
option routers 192.168.10.254	定义客户端的网关地址
broadcase-address 192.168.10.255	定义客户端的广播地址
ntp-server　192.168.10.1	定义客户端的网络时间服务器（NTP）
nis-servers　192.168.10.1	定义客户端的 NIS（Network Information Service，网络信息服务）域服务器的地址
hardware　00:0c:29:03:34:02	指定网卡接口的类型与 MAC 地址
server-name　mydhcp.smile60.cn	向 DHCP 客户端通知 DHCP 服务器的主机名
fixed-address　192.168.10.105	将某个固定的 IP 地址分配给指定主机
time-offset [偏移误差]	指定客户端与格林尼治时间的偏移差

3. 常用声明

声明一般用来指定 IP 作用域、定义为客户端分配的 IP 地址池等。
声明格式如下。

```
声明 {
        选项或参数；
        }
```

常见声明的使用如下。

（1）subnet 网络号 netmask 子网掩码{...}。

作用：定义作用域，指定子网。

```
subnet  192.168.10.0   netmask   255.255.255.0  {
                 ......
                            }
```

 注意　网络号必须与 DHCP 服务器的至少一个网络号相同。

（2）range dynamic-bootp　起始 IP 地址　结束 IP 地址。

作用：指定动态 IP 地址范围。

```
range dynamic-bootp   192.168.10.100   192.168.10.200
```

 注意　可以在 subnet 声明中指定多个 range，但多个 range 定义的 IP 地址范围不能重复。

4. 常用选项

选项通常用来配置 DHCP 客户端的可选参数，如定义客户端的 DNS 服务器地址、默认网关等。选项内容都是以 option 关键字开始的。

常见选项的使用如下。

（1）option routers　IP 地址。

作用：为客户端指定默认网关。

```
option routers   192.168.10.254
```

（2）option subnet-mask　子网掩码。

作用：设置客户端的子网掩码。

```
option subnet-mask   255.255.255.0
```

（3）option domain-name-servers IP 地址。

作用：为客户端指定 DNS 服务器地址。

```
option domain-name-servers   192.168.10.1
```

 注意　（1）～（3）选项可以用在全局配置中，也可以用在局部配置中。

5. IP 地址绑定

DHCP 中的 IP 地址绑定用于给客户端分配固定 IP 地址。比如服务器需要使用固定 IP 地址就可以使用 IP 地址绑定，通过 MAC 地址与 IP 地址的对应关系为指定的物理地址计算机分配固定 IP 地址。

整个配置过程需要用到 host 声明和 hardware、fixed-address 参数。

（1）host　主机名　{...}。

作用：用于定义保留地址。示例如下。

```
host  computer1
```

 注意　该项通常搭配 subnet 声明使用。

（2）hardware 类型硬件地址。

作用：定义网络接口类型和硬件地址。常用类型为以太网（Ethernet），地址为 MAC 地址。示例如下。

```
hardware ethernet 3a:b5:cd:32:65:12
```

（3）fixed-address IP 地址。

作用：定义 DHCP 客户端指定的 IP 地址。示例如下。

```
fixed-address  192.168.10.105
```

注意 （2）、（3）项只能应用于 host 声明中。

6. 租约数据库文件

租约数据库文件用于保存一系列的租约声明，其中包含客户端的主机名、MAC 地址、分配到的 IP 地址，以及 IP 地址的有效期等相关信息。这个数据库文件是可编辑的 ASCII 格式文本文件。每当发生租约变化时，DHCP 服务都会在文件结尾添加新的租约记录。

DHCP 服务刚安装好时，租约数据库文件 dhcpd.leases 是个空文件。

当 DHCP 服务正常运行后，就可以使用 cat 命令查看租约数据库文件内容了。

```
cat  /var/lib/dhcpd/dhcpd.leases
```

任务 11-3　配置 DHCP 应用实例

现在完成一个简单的应用实例。

1. 实例需求

技术部有 60 台计算机，各计算机的 IP 地址要求如下。

（1）DHCP 服务器和 DNS 服务器的地址都是 192.168.10.1/24，有效 IP 地址段为 192.168.10.1～192.168.10.254，子网掩码是 255.255.255.0，网关为 192.168.10.254。

（2）192.168.10.1～192.168.10.30 网段地址是服务器的固定地址。

（3）客户端可以使用的地址段为 192.168.10.31～192.168.10.200，但 192.168.10.105、192.168.10.107为保留地址。其中 192.168.10.105 保留给 Client2。

（4）客户端 Client1 模拟所有的其他客户端，采用自动获取方式配置 IP 地址等信息。

2. 网络环境搭建

Linux 服务器和客户端的 IP 地址及 MAC 地址信息见表 11-2（可以使用 VM 的克隆技术快速安装需要的 Linux 客户端）。

表 11-2　Linux 服务器和客户端的 IP 地址及 MAC 地址信息

主机名称	操作系统	IP 地址	MAC 地址
DHCP 服务器：RHEL7-1	RHEL 7	192.168.10.1	00:0c:29:2b:88:d8
Linux 客户端：Client1	RHEL 7	自动获取	00:0c:29:64:08:86
Linux 客户端：Client2	RHEL 7	保留地址	00:0c:29:03:34:02

3 台安装好 RHEL 7.4 的计算机的联网方式都设为仅主机模式（VMnet1），一台作为服务器，两台作为客户端使用。

3. 服务器端配置

（1）定制全局配置和局部配置，局部配置需要把 192.168.10.0/24 网段声明出来，然后在该声明中指定一个 IP 地址池，范围为 192.168.10.31～192.168.10.200，但要去掉 192.168.10.105 和 192.168.10.107，其他分配给客户端使用。注意 range 的写法。

（2）要保证使用固定 IP 地址，就要在 subnet 声明中嵌套 host 声明，目的是单独为 Client2 设置固定 IP 地址，并在 host 声明中加入 IP 地址和 MAC 地址绑定的选项，以申请固定 IP 地址。全部配置文件的内容如下。

```
ddns-update-style none;
log-facility local7;
subnet 192.168.10.0 netmask 255.255.255.0 {
  range 192.168.10.31 192.168.10.104;
  range 192.168.10.106 192.168.10.106;
  range 192.168.10.108 192.168.10.200;
  option domain-name-servers 192.168.10.1;
  option domain-name "myDHCP.smile60.cn";
  option routers 192.168.10.254;
  option broadcast-address 192.168.10.255;
  default-lease-time 600;
  max-lease-time 7200;
}
host    Client2{
        hardware ethernet 00:0c:29:03:34:02;
        fixed-address 192.168.10.105;
}
```

（3）配置完成后保存并退出，重启 dhcpd 服务，并设置开机自动启动。

```
[root@RHEL7-1 ~]# systemctl restart dhcpd
[root@RHEL7-1 ~]# systemctl enable dhcpd
Created symlink from /etc/systemd/system/multi-user.target.wants/dhcpd.service to /usr/lib/systemd/system/dhcpd.service.
```

特别注意　如果启动 DHCP 失败，则可以使用 dhcpd 命令排错，一般启动失败的原因如下。
① 配置文件有问题。
● 内容不符合语法规范，如少个分号。
● 声明的子网和子网掩码不符合。
② 主机 IP 地址和声明的子网不在同一网段。
③ 主机没有配置 IP 地址。
④ 配置文件路径出问题，比如在 RHEL 6 以下的版本中，配置文件保存在/etc/dhcpd. conf 中，在 RHEL 6 及以上版本中，却保存在/etc/dhcp/dhcpd.conf 中。

4. 在客户端 Client1 上测试

注意　在真实网络环境中一般不会出问题。但如果使用的是 VMware 12 或其他类似版本，则虚拟机中的 Windows 客户端可能会获取到 192.168.79.0 网络中的一个地址，与我们的预期目标相背。对于这种情况，需要关闭 VMnet8 和 VMnet1 的 DHCP 服务功能。解决方法如下（本项目的服务器和客户端的网络连接都使用 VMnet1）。
在 VMware 主窗口中单击"编辑"→"虚拟网络编辑器"命令，打开虚拟网络编辑器窗口，选中 VMnet1 或 VMnet8，取消勾选"使用本地 DHCP 服务将 IP 地址分配给虚拟机"复选框，如图 11-4 所示。

（1）以 root 身份登录名为 Client1 的 Linux 计算机，单击 Applications→System Tools→Settings→ Network 命令，打开 Network 窗口，如图 11-5 所示。

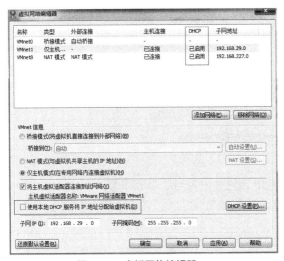

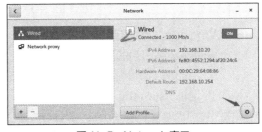

图 11-4　虚拟网络编辑器　　　　　　　　　　　图 11-5　Network 窗口

（2）单击 Network 窗口中的"齿轮"图标，在弹出的 Wired 对话框中单击 IPv4，将 Addresses 配置为 Automatic(DHCP)，单击 Apply 按钮，如图 11-6 所示。

（3）在 Network 窗口中先单击 OFF 按钮关闭 Wired，再单击 ON 按钮打开 Wired。这时会看到图 11-7 所示的结果：Client1 成功获取到了 DHCP 服务器地址池中的一个地址。

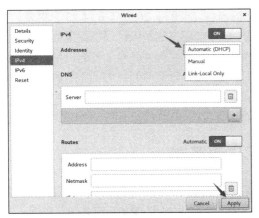

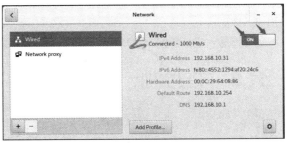

图 11-6　配置 Automatic(DHCP)　　　　　　　图 11-7　Client1 成功获取 IP 地址

5. 在客户端 Client2 上测试

同样以 root 身份登录名为 Client2 的 Linux 计算机，按"在客户端 Client1 上测试"同样的方法，设置 Client2 自动获取 IP 地址，最后的结果如图 11-8 所示。

注意　利用网络卡配置文件也可设置使用 DHCP 服务器获取 IP 地址。在该配置文件中，删除 IPADDR=192.168.1.1、PREFIX=24、NETMASK=255.255.255.0、HWADDR= 00:0C:29:A2: BA:98 等条目，将 BOOTPROTO=none 改为 BOOTPROTO=dhcp。设置完成，一定要重启 NetworkManager 服务。

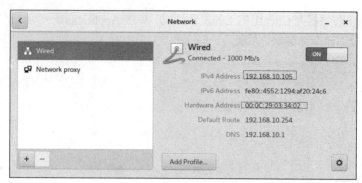

图 11-8　客户端 Client2 成功获取 IP 地址

6. Windows 客户端配置

（1）Windows 客户端的配置比较简单，在 TCP/IP 属性中设置自动获取即可。

（2）在 Windows 命令提示符下，利用 ipconfig 命令释放 IP 地址后，重新获取 IP 地址。

释放 IP 地址：**ipconfig　/release**。

重新申请 IP 地址：**ipconfig　/renew**。

7. 在服务器端 RHEL7-1 查看租约数据库文件

```
[root@RHEL7-1 ~]# cat /var/lib/dhcpd/dhcpd.leases
```

11.4　拓展阅读：中国的超级计算机

你知道全球超级计算机 500 强榜单吗？你知道中国目前的水平吗？

由国际组织"TOP500"编制的新一期全球超级计算机 500 强榜单于 2020 年 6 月 23 日揭晓。榜单显示，在全球浮点运算性能最强的 500 台超级计算机中，中国部署的超级计算机数量继续位列全球第一，达到 226 台，占总体份额超过 45%；"神威太湖之光"和"天河二号"分列榜单第四、第五位。中国厂商联想、曙光、浪潮是全球前三的"超算"供应商，总交付数量达到 312 台，所占份额超过 62%。

全球超级计算机 500 强榜单始于 1993 年，是给全球已安装的超级计算机排名的知名榜单。

11.5　项目实训：配置与管理 DHCP 服务器

慕课

项目实训　配置
与管理 DHCP
服务器

1. 视频位置

实训前请扫描二维码观看"项目实训　配置与管理 DHCP 服务器"慕课。

2. 项目背景

（1）某企业计划构建一台 DHCP 服务器来解决 IP 地址动态分配的问题，要求能够分配 IP 地址以及网关、DNS 地址等其他网络属性信息，同时要求 DHCP 服务器为 DNS、Web、samba 服务器分配固定 IP 地址。该公司的网络拓扑如图 11-9 所示。

企业 DHCP 服务器的 IP 地址为 192.168.1.2。DNS 服务器的域名为 Dns.jnrp.cn，IP 地址为 192.168.1.3；Web 服务器的 IP 地址为 192.168.1.10；samba 服务器的 IP 地址为 192.168.1.5；网关地址为 192.168.1.254；IP 地址范围为 192.168.1.3～192.168.1.150，子网掩码为 255.255.255.0。

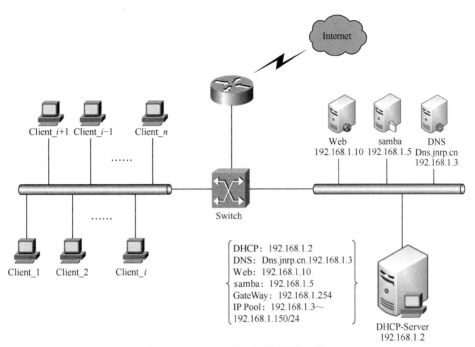

图 11-9　DHCP 服务器搭建网络拓扑

（2）配置 DHCP 超级作用域。企业内部建立 DHCP 服务器，网络规划采用单作用域的结构，使用 192.168.1.0/24 网段的 IP 地址。随着公司规模扩大，设备数量增多，现有的 IP 地址无法满足网络的需求，需要添加可用的 IP 地址。在 DHCP 服务器上添加新的作用域，使用 192.168.8.0/24 网段扩展网络地址的范围。

该公司配置超级作用域的网络拓扑如图 11-10 所示（注意各虚拟机网卡的不同网络连接方式）。

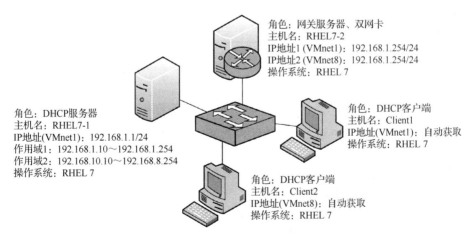

图 11-10　配置超级作用域网络拓扑

（3）配置 DHCP 中继代理。公司内部存在两个子网，分别为 192.168.1.0/24、192.168.3.0/24，现在需要使用一台 DHCP 服务器为这两个子网客户端分配 IP 地址。该公司配置中继代理的网络拓扑如图 11-11 所示。

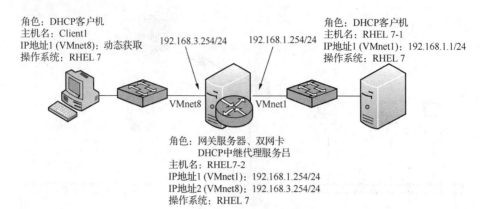

图 11-11　配置中继代理网络拓扑

3. 深度思考

在观看视频时思考以下几个问题。

（1）DHCP 软件包中哪些是必须的？哪些是可选的？

（2）DHCP 服务器的范本文件如何获得？

（3）如何设置保留地址？进行 host 声明的设置时有何要求？

（4）超级作用域的作用是什么？

（5）配置中继代理要注意哪些问题？视频中的版本是 7.0，我们现在用的是 7.4，在配置 DHCP 中继代理时有哪些区别？请认真总结思考。

4. 做一做

根据项目要求及视频内容，将项目实现。

11.6　练习题

一、填空题

1. DHCP 的工作过程包括＿＿＿＿、＿＿＿＿、＿＿＿＿、＿＿＿＿4 种信息包。

2. 如果 DHCP 客户端无法获得 IP 地址，则自动从＿＿＿＿地址段中选择一个作为自己的地址。

3. 在 Windows 环境下，使用＿＿＿＿命令可以查看 IP 地址配置，释放 IP 地址使用＿＿＿＿命令，续租 IP 地址使用＿＿＿＿命令。

4. DHCP 是一个简化主机 IP 地址分配管理的 TCP/IP 标准协议，英文全称是＿＿＿＿，中文名称为＿＿＿＿。

5. 当客户端注意到它的租用期到了＿＿＿＿以上时，就要更新该租用期。这时它发送一个＿＿＿＿信息包给它所获得原始信息的服务器。

6. 当租用期达到期满时间的近＿＿＿＿时，客户端如果在前一次请求中没能更新租用期的话，它会再次试图更新租用期。

7. 配置 Linux 客户端需要修改网卡配置文件，将 BOOTPROTO 设置为＿＿＿＿。

二、选择题

1. TCP/IP 中，哪个协议是用来自动分配 IP 地址的？（　　　）

A. ARP　　　　　　B. NFS　　　　　　C. DHCP　　　　　　D. DNS

2. DHCP 租约文件默认保存在（　　　）目录中。

    A. /etc/dhcp　　　　　　B. /etc　　　　　　　　C. /var/log/dhcp　　　　D. /var/lib/dhcpd

3. 配置完 DHCP 服务器，运行（　　　）命令可以启动 DHCP 服务。

    A. systemctl start dhcpd.service　　　　　　B. systemctl start dhcpd

    C. start dhcpd　　　　　　　　　　　　　　D. dhcpd on

三、简答题

1. 动态 IP 地址方案有什么优点和缺点？简述 DHCP 服务器的工作过程。

2. 简述 IP 地址租约和更新的全过程。

3. 简述 DHCP 服务器分配给客户端的 IP 地址类型。

11.7　实践习题

1. 建立 DHCP 服务器，为子网 A 内的客户端提供 DHCP 服务。具体参数如下。

- IP 地址段：192.168.11.101～192.168.11.200。
- 子网掩码：255.255.255.0。
- 网关地址：192.168.11.254。
- DNS 服务器地址：192.168.10.1。
- 子网所属域的名称：smile60.cn。
- 默认租用有效期：1 天。
- 最大租用有效期：3 天。

请写出详细解决方案，并上机实现。

2. 配置 DHCP 服务器超级作用域。

企业内部建立 DHCP 服务器，网络规划采用单作用域结构，使用 192.168.8.0/24 网段的 IP 地址。随着企业规模扩大，设备数量增多，现有的 IP 地址无法满足网络的需求，需要添加可用的 IP 地址。这时可以使用超级作用域增加 IP 地址，在 DHCP 服务器上添加新的作用域，使用 192.168.9.0/24 网段扩展网络地址的范围。

请写出详细解决方案，并上机实现。

项目12
配置与管理DNS服务器

12

项目导入

某高校组建了校园网,为了使校园网中的计算机可以简单、快捷地访问本地网络及 Internet 上的资源,需要在校园网中架设 DNS 服务器,用来提供将域名转换成 IP 地址的功能。

在完成该项目之前,首先应确定网络中 DNS 服务器的部署环境,明确 DNS 服务器的各种角色及其作用。

项目目标

- 了解 DNS 服务器的作用及其在网络中的重要性。
- 理解 DNS 的域名空间结构。
- 掌握 DNS 查询模式。

- 掌握 DNS 的域名解析过程。
- 掌握常规 DNS 服务器的配置与管理。
- 理解并掌握 DNS 客户端的配置。
- 掌握 DNS 的测试。

素养目标

- "雪人计划"同样服务国家的"信创产业"。最为关键的是,我国可以借助 IPv6 的技术升级,改变自己在国际互联网治理体系中的地位。这样的事件可以大大激发学生的爱国情怀和求知、求学的斗志。

- "靡不有初,鲜克有终。""莫等闲,白了少年头,空悲切!"青年学生为人做事要有头有尾、善始善终、不负韶华。

12.1 项目知识准备

微课

配置与管理 DNS
服务器

域名服务(Domain Name Service, DNS)是 Internet/Intranet(内联网)中最基础,也是非常重要的一项服务,它提供了网络访问中域名和 IP 地址的相互转换。

12.1.1 认识域名空间

DNS 是一个分布式的主机信息数据库,命名系统采用层次的逻辑结构,如同一棵倒置的树,这个逻辑的树形结构称为域名空间,由于 DNS 划分了域名空间,所以各机构可以使用自己的域名空间创建 DNS 信息。Internet 域名空间结构如图 12-1 所示。

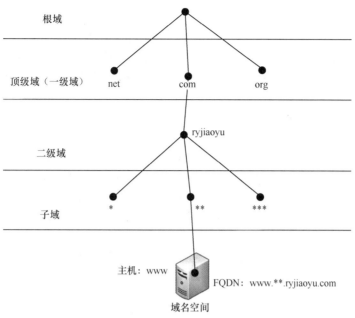

图 12-1　Internet 域名空间结构

注意　在 DNS 域名空间中，树的最大深度不得超过 127，树中每个节点最多可以存储 63 个字符。

---

1. 域和域名

DNS 树的每个节点代表一个域，整个域名空间通过这些节点被划分成一个层次结构。域名空间的每个域的名字通过域名表示。域名通常由一个完全合格域名（Fully Qualified Domain Name，FQDN）标识。FQDN 能准确表示出其相对于 DNS 域树根的位置，也就是节点到 DNS 树根的完整表述方式，从节点到树根采用反向书写，并将每个节点用.分隔。例如，对于 DNS 域 long60 来说，其 FQDN 为 long60.cn。

一个 DNS 域可以包括主机和其他域（子域），每个机构都拥有名称空间某一部分的授权，负责该部分名称空间的管理和划分，并用它来命名 DNS 域和计算机。例如，ryjiaoyu 为 com 域的子域，其表示方法为 ryjiaoyu.com，而 www 为 ryjiaoyu 域中的 Web 主机，可以使用 www.ryjiaoyu.com 表示。

注意　通常，FQDN 有严格的命名限制，长度不能超过 256 字节，只允许使用字符 a～z、0～9、A～Z 和减号（−）。点号（.）只允许在域名标志之间（如 ryjiaoyu.com）或者 FQDN 的结尾使用。域名不区分大小写。

---

2. Internet 域名空间

Internet 域名空间结构像一棵倒置的树，并有层次划分（见图 12-1）。由树根到树枝，也就是从 DNS 根到下面的节点，按照不同的层次进行统一命名。域名空间最顶层是 DNS 根，称为根域（root）。根域的下一层为顶级域，又称为一级域。其下层为二级域，再下层为二级域的子域，按照需要进行规划，可以为多级。因此对域名空间整体进行划分，由最顶层到下层，可以分成根域、顶级域、二级域、子域，并且域中能够包含主机和子域。主机 www 的 FQDN 从最下层到最顶层根域反写，表示为 www.**.ryjiaoyu.com。

Internet 域名空间的最顶层是根域（root），其记录着 Internet 的重要 DNS 信息，由 Internet 域名注册授权机构管理，该机构把域名空间各部分的管理责任分配给连接到 Internet 的各个组织。

DNS 根域下面是顶级域，也由 Internet 域名注册授权机构管理。共有 3 种类型的顶级域。

- 组织域：采用 3 个字符的代号，表示 DNS 域中包含的组织的主要功能或活动。比如 com 为商业机构组织，edu 为教育机构组织，gov 为政府机构组织，mil 为军事机构组织，net 为网络机构组织，org 为非营利机构组织，int 为国际机构组织。
- 地址域：采用两个字符的国家或地区代号，如 cn 为中国，kr 为韩国，us 为美国。
- 反向域：特殊域，名称为 in-addr.arpa，用于将 IP 地址映射到名称（反向查询）。

对于顶级域的下级域，Internet 域名注册授权机构授权给 Internet 的各种组织。当一个组织获得了对域名空间某一部分的授权后，该组织就负责命名所分配的域及其子域，包括域中的计算机和其他设备，并管理分配的域中主机名与 IP 地址的映射信息。

组成 DNS 系统的核心是 DNS 服务器，它是回答域名服务查询的计算机，它为连接 Intranet 和 Internet 的用户提供并管理 DNS 服务，维护 DNS 名称数据并处理 DNS 客户端主机名的查询。DNS 服务器保存了包含主机名和相应 IP 地址的数据库。

3. 区

区（Zone）是 DNS 名称空间的一个连续部分，其包含了一组存储在 DNS 服务器上的资源记录。每个区都位于一个特殊的域节点，但区并不是域。DNS 域是名称空间的一个分支，而区一般是存储在文件中的 DNS 名称空间的某一部分，可以包括多个域。一个域可以再分成几部分，每个部分或区可以由一台 DNS 服务器控制。使用区的概念，DNS 服务器可负责关于自己区中主机的查询，以及该区的授权服务器问题。

12.1.2　DNS 服务器的分类

DNS 服务器分为 4 类。

1. 主 DNS 服务器

主 DNS 服务器（Master 或 Primary）负责维护所管辖域的域名服务信息。它从域管理员构造的本地磁盘文件中加载域信息，该文件（区文件）包含该服务器具有管理权的一部分域结构的最精确信息。配置主 DNS 服务器需要一整套的配置文件，包括主配置文件（/etc/named.conf）、正向域的区文件、反向域的区文件、高速缓存初始化文件（/var/named/ named.ca）和回送文件（/var/named/named.local）。

2. 辅助 DNS 服务器

辅助 DNS 服务器（Slave 或 Secondary）用于分担主 DNS 服务器的查询负载。区文件是从主 DNS 服务器中转移出来的，并作为本地磁盘文件存储在辅助 DNS 服务器中。这种转移称为"区文件转移"。在辅助 DNS 服务器中有一个所有域信息的完整复制，可以准确地回答对该域的查询请求。配置辅助 DNS 服务器不需要生成本地区文件，因为可以从 DNS 主服务器下载。因而只需配置主配置文件、高速缓存初始化文件和回送文件即可。

3. 转发 DNS 服务器

转发 DNS 服务器（Forwarder Name Server）可以向其他 DNS 服务器转发解析请求。当 DNS 服务器收到客户端的解析请求后，它首先会尝试从自身的本地数据库中查找；若未能找到，则需要向其他指定的 DNS 服务器转发解析请求；其他 DNS 服务器完成解析后会返回解析结果，转发 DNS 服务器将该解析结果缓存在自己的 DNS 缓存中，并向客户端返回解析结果。在缓存期内，如果客户端请求解析相同的域名，则转发 DNS 服务器会立即回应客户端；否则，将会再次发生转发解析的过程。

目前网络中的所有 DNS 服务器均被配置为转发 DNS 服务器，向指定的其他 DNS 服务器或根域服务器转发自己无法完成的解析请求。

4. 唯高速缓存 DNS 服务器

唯高速缓存 DNS 服务器（Caching-Only DNS Server）供本地网络上的客户端用来进行域名转换。它通过查询其他 DNS 服务器并将获得的信息存放在自身的高速缓存中，为客户端查询信息提供服务。这个服务器不是权威性的服务器，因为它提供的所有信息都是间接信息。

12.1.3　DNS查询模式

DNS 查询模式包括递归查询和转寄查询。

1. 递归查询

收到 DNS 客户端的查询请求后，DNS 服务器在自己的缓存或区数据库中查找。如果 DNS 服务器本地没有存储查询的 DNS 信息，那么，该服务器会询问其他服务器，并将返回的查询结果提交给客户端。

2. 转寄查询（又称迭代查询）

当收到 DNS 客户端的查询请求后，如果在 DNS 服务器中没有查到所需数据，则该 DNS 服务器便会告诉 DNS 客户端另外一台 DNS 服务器的 IP 地址，然后由 DNS 客户端自行向对应的 DNS 服务器查询，以此类推，直到查到所需数据为止。如果到最后一台 DNS 服务器都没有查到所需数据，则通知 DNS 客户端查询失败。"转寄"的意思就是，若在某地查不到，该地就会告诉用户其他地方的地址，让用户转到其他地方去查。一般在 DNS 服务器之间的查询请求便属于转寄查询（DNS 服务器也可以充当 DNS 客户端的角色）。

12.1.4　域名解析过程

1. DNS 域名解析的工作过程

DNS 域名解析的工作过程如图 12-2 所示。

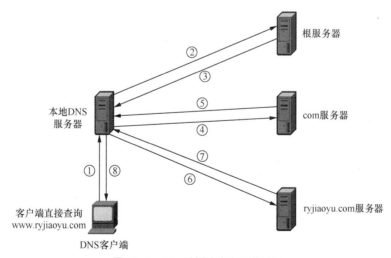

图 12-2　DNS 域名解析的工作过程

假设客户端使用电信非对称数字用户线（Asymmetric Digital Subscriber Line，ADSL）接入互联网，电信为其分配的 DNS 服务器地址为 210.111.110.10，域名解析过程如下。

① DNS 客户端直接向本地 DNS 服务器（210.111.110.10）查询 www.ryjiaoyu.com 的 IP 地址。

② 本地 DNS 服务器无法解析该域名，向根服务器发出请求，查询.com 域名的 DNS 服务器地址。

③ 根服务器管理根域名的地址解析，收到请求后返回.com 域名的 DNS 服务器地址给本地 DNS 服务器。

④ 本地 DNS 服务器得到查询结果后，向管理.com 域名的 DNS 服务器发出查询请求，要求得到 ryjiaoyu.com 域名的 DNS 服务器地址。

⑤ 管理.com 域名的 DNS 服务器返回 ryjiaoyu.com 域名的 DNS 服务器地址给本地 DNS 服务器。

⑥ 本地 DNS 服务器向管理 ryjiaoyu.com 域名的 DNS 服务器发出查询主机 IP 地址的请求。

⑦ 管理 ryjiaoyu.com 域名的 DNS 服务器返回查询结果给本地 DNS 服务器。

⑧ 本地 DNS 服务器得到了最终的查询结果后，它将查询结果返回给 DNS 客户端，使客户端能够与远程主机通信。同时，本地 DNS 服务器还会将查询结果缓存起来，以便以后其他客户端对同一个域名进行查询时可以更快地获取到结果。

2. 正向解析与反向解析

（1）正向解析：从域名到 IP 地址的解析过程。

（2）反向解析：从 IP 地址到域名的解析过程。反向解析的作用为服务器的身份验证。

12.1.5 资源记录

为了将域名解析为 IP 地址，服务器查询它们的区（又叫 DNS 数据库文件或简单数据库文件）。DNS 的区是指 DNS 数据的一部分，其中包含了相关的 DNS 域资源记录（Resource Record，RR）。RR 是 DNS 中的基本数据单元，用于描述特定的 DNS 资源。例如，将域名映射到 IP 地址的资源记录，某些资源记录将域名映射到 IP 地址，而另一些资源记录将 IP 地址映射到域名，以实现友好的网络标识。

某些资源记录不仅包括 DNS 域中服务器的信息，还可以用于定义域，即指定每台服务器授权了哪些域，这些资源记录就是 SOA（Start of Authority，起始授权）记录和 NS（Name Server，名称服务器）资源记录。

1. SOA 记录

每个区在区的开始处都包含一个 SOA 记录。SOA 记录定义了域的全局参数，进行整个域的管理设置。一个区域文件只允许存在唯一的 SOA 记录。

2. NS 资源记录

NS 资源记录表示该区的授权服务器，它们表示 SOA 记录中指定的该区的主 DNS 服务器和辅助 DNS 服务器，也表示了任何授权区的服务器。每个区在区根处至少包含一个 NS 记录。

3. A 资源记录

地址（Address，A）资源记录把 FQDN 映射到 IP 地址，因而解析器能查询 FQDN 对应的 IP 地址。

4. PTR

相对于 A 资源记录，指针记录（Pointer Record，PTR）把 IP 地址映射到 FQDN。

5. CNAME 资源记录

规范名字（Canonical Name，CNAME）资源记录创建特定 FQDN 的别名。用户可以使用 CNAME 资源记录来隐藏用户网络的实现细节，使连接的客户端无法知道。

6. MX 资源记录

邮件交换（Mail Exchange，MX）资源记录为 DNS 域名指定邮件交换服务器。邮件交换服务器是用于 DNS 域名处理或转发邮件的主机。

- 处理邮件是指把邮件投递到目的地或转交给另一个不同类型的邮件传送者。
- 转发邮件是指把邮件发送到最终目的服务器。转发邮件时，直接使用简单邮件传送协议（Simple Mail Transfer Protocol，SMTP）把邮件发送到离最终目的服务器最近的邮件交换服务器。需要注意的是，有的邮件需要经过一定时间的排队才能到达目的地。

12.1.6 /etc/hosts 文件

hosts 文件是 Linux 系统中一个负责 IP 地址与域名快速解析的文件，以 ASCII 格式保存在/etc 目录下，文件名为 hosts。hosts 文件包含 IP 地址和主机名之间的映射，还包括主机名的别名。在没有 DNS 服务器的情况下，系统上的所有网络程序都通过查询该文件来解析对应于某个主机名的 IP 地址，否则需要使用 DNS 服务程序来解决。通常可以将常用的域名和 IP 地址映射加入 hosts 文件中，实现快速、方便的访问。hosts 文件内容的格式如下。

```
IP 地址        主机名/域名
```

【例 12-1】假设要添加域名为 www.smile60.cn、IP 地址为 192.168.0.1 的主机记录，以及域名为 www.long60.cn、IP 地址为 192.168.1.1 的主机记录，则可在 hosts 文件中添加如下内容。

```
192.168.0.1        www.smile60.cn
192.168.1.1        www.long60.cn
```

12.2 项目设计及准备

为了保证校园网中的计算机能够安全、可靠地通过域名访问本地网络以及 Internet 资源，需要在网络中部署主 DNS 服务器、辅助 DNS 服务器、唯高速缓存 DNS 服务器。

一共需要 4 台计算机，其中 3 台是 Linux 计算机，1 台是 Windows 7 计算机，见表 12-1。

表 12-1　Linux 服务器和客户端信息

主机名称	操作系统	IP	角色
RHEL7-1	RHEL 7	192.168.10.1/24	主 DNS 服务器；VMnet1
RHEL7-2	RHEL 7	192.68.10.2/24	辅助 DNS 服务器、唯高速缓存 DNS 服务器、转发 DNS 服务器等；VMnet1
Client1	RHEL 7	192.168.10.20/24	Linux 客户端；VMnet1
Win7-1	Windows 7	192.168.10.40/24	Windows 客户端；VMnet1

注意　DNS 服务器的 IP 地址必须是静态的。

12.3 项目实施

本项目包括 3 项任务：安装、启动 DNS 服务，掌握 BIND 配置文件以及配置主 DNS 服务器实例。

任务 12-1　安装、启动 DNS 服务

在 Linux 下架设 DNS 服务器通常使用 BIND（Berkeley Internet Name Domain，伯克利因特网名称域）程序来实现，其守护进程是 named。下面在 RHEL7-1 安装、启动 DNS 服务。

1. BIND 软件包简介

BIND 是一款实现 DNS 服务器的开放源码软件。BIND 原本是美国 DARPA 资助伯克利（Berkeley）大学开设的一个研究生课题，后来经过多年的发展，现其已经成为世界上使用最为广泛的 DNS 服务器软件之一，目前 Internet 上绝大多数的 DNS 服务器都是用 BIND 来架设的。

BIND 经历了第 4 版、第 8 版和最新的第 9 版，第 9 版修正了以前版本的许多错误，并提升了执行时的效能。BIND 能够运行在当前大多数的操作系统之上。目前 BIND 软件由 Internet 软件联合会（Internet Software Consortium，ISC）这个非营利机构负责开发和维护。

2. 安装 BIND 软件包

（1）使用 yum 命令安装 BIND 服务（光盘挂载、yum 源的制作请参考前面相关内容）。

```
[root@RHEL7-1 ~]# ymount  /dev/cdrom /iso
[root@RHEL7-1 ~]# yum clean all                        //安装前先清除缓存
[root@RHEL7-1 ~]# yum  install  bind  bind-chroot -y
```

（2）安装完后再次查询，发现服务已安装成功。

```
[root@RHEL7-1 ~]# rpm -qa|grep bind
```

3. DNS 服务的启动、停止与重启，并将其加入开机自启动

```
[root@RHEL7-1 ~]# systemctl    start/stop/restart  named
[root@RHEL7-1 ~]# systemctl    enable  named
```

任务 12-2　掌握 BIND 配置文件

1. DNS 服务器配置流程

一个比较简单的 DNS 服务器的设置流程主要分为以下 3 步。

（1）建立配置文件 named.conf，该文件主要用于设置 DNS 服务器能够管理哪些区域（Zone）以及这些区域对应的区域文件名和存放路径。

（2）按照 named.conf 文件中指定的路径建立区域文件，该文件主要记录该区域内的资源记录。例如，www.51cto.com 对应的 IP 地址为 211.103.156.229。

（3）重新加载配置文件或重新启动 named 服务使配置生效。

下面来看一个具体实例，配置 DNS 服务器的工作流程如图 12-3 所示。

① 客户端需要获得 www.smile60.cn

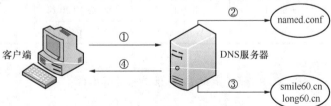

图 12-3　配置 DNS 服务器的工作流程

这台主机对应的 IP 地址，将查询请求发送给 DNS 服务器。

② DNS 服务器接收到请求后，查询主配置文件 named.conf，检查是否能够管理 smile60.cn 区域。named.conf 文件中记录着能够解析 smile60.cn 区域并提供 smile60.cn 区域文件所在路径及文件名。

③ DNS 服务器根据 named.conf 文件中提供的路径和文件名找到 smile60.cn 区域对应的配置文件，并从中找到 www.smile60.cn 主机对应的 IP 地址。

④ DNS 服务器将查询结果反馈给客户端，完成整个查询过程。

一般的 DNS 配置文件分为主配置文件、匹域配置文件和正反向解析区域声明文件。下面介绍各配置文件的配置方法。

2. 认识主配置文件

主配置文件 named.conf 位于/etc 目录下，其主要内容如下。

```
[root@RHEL7-1 ~]# cat /etc/named.conf
......                                    //略
options {
  listen-on port 53 { 127.0.0.1; };       //指定 BIND 监听的 DNS 查询请求的本
                                           //机 IP 地址及端口

    listen-on-v6 port 53 { ::1; };        //限于 IPv6

    directory  "/var/named";              //指定区域配置文件所在的路径
    dump-file    "/var/named/data/cache_dump.db";
    statistics-file "/var/named/data/named_stats.txt";
    memstatistics-file "/var/named/data/named_mem_stats.txt";
    allow-query { localhost; };           //指定接收 DNS 查询请求的客户端
recursion yes;
dnssec-enable yes;
dnssec-validation yes;                    //改为 no 可以忽略 SELinux 的影响
dnssec-lookaside auto;
......                                    //略
};
//以下用于指定 BIND 服务的日志参数

logging {
       channel default_debug {
              file "data/named.run";
              severity dynamic;
       };
};

zone "." IN {                    //用于指定根服务器的配置信息，一般不能改动
  type hint;
  file "named.ca";
};

include "/etc/named.zones";      //指定主配置文件，一定要根据实际修改
include "/etc/named.root.key";
```

options 配置段属于全局性的设置，常用配置项及功能说明如下。

- directory：用于指定 named 守护进程的工作目录，各区域正反向解析区域声明文件和 DNS

根服务器地址列表文件（named.ca）应放在该配置项指定的目录中。

- allow-query{}：与 allow-query{localhost;}功能相同。另外，还可使用地址匹配符来表达允许的主机。例如，any 可匹配所有的 IP 地址，none 不匹配任何 IP 地址，localhost 匹配本地主机使用的所有 IP 地址，localnets 匹配同本地主机相连的网络中的所有主机。例如，仅允许 127.0.0.1 和 192.168.1.0/24 网段的主机查询该 DNS 服务器，命令为：**allow-query {127.0.0.1;192.168.1.0/24}**。

- listen-on：设置 named 守护进程所监听的 IP 地址和端口，以便在这些地址和端口上接收 DNS 查询请求。若未指定，则默认监听 DNS 服务器的所有 IP 地址的 53 号端口。当服务器安装有多块网卡，有多个 IP 地址时，可通过该配置项指定所要监听的 IP 地址。对于只有一个地址的服务器，不必设置。例如，要设置 DNS 服务器监听 192.168.1.2 这个 IP 地址，端口使用标准的 5353 号，则配置命令为：**listen-on   port 5353 { 192.168.1.2;}**。

- forwarders{}：用于定义 DNS 转发器。设置转发器后，所有非本域的和在缓存中无法找到对应记录的域名查询请求，均可由指定的 DNS 转发器来完成解析工作并做缓存。forward 用于指定转发方式，仅在 forwarders 转发器列表不为空时有效，其用法为 forward first | only ;，forward first 为默认方式。DNS 服务器会将用户的域名查询请求先转发给 forwarders 设置的转发器，由转发器来完成域名的解析工作，若指定的转发器无法完成解析或无响应，则再由 DNS 服务器自身来完成域名的解析。若设置为 forward   only ;，则 DNS 服务器仅将用户的域名查询请求转发给转发器，若指定的转发器无法完成域名解析或无响应，则 DNS 服务器自身也不会试着对其进行域名解析。例如，某地区的 DNS 服务器为 61.128.192.68 和 61.128.128.68，要将其设置为 DNS 服务器的转发器，配置命令如下。

```
options{
        forwarders {61.128.192.68;61.128.128.68;};
        forward first;
};
```

3. 认识区域配置文件和区域声明文件

区域配置文件位于/etc 目录下，可将 named.rfc1912.zones 复制为全局配置文件中指定的区域配置文件，在本书中是**/etc/named.zones**。

```
[root@RHEL7-1 ~]# cp -p /etc/named.rfc1912.zones  /etc/named.zones
[root@RHEL7-1 ~]# cat /etc/named.rfc1912.zones

zone "localhost.localdomain" IN {
 type master;                          //主要区域
 file "named.localhost";               //指定正向解析区域配置文件
 allow-update { none; };
};
......                                  //略

zone "1.0.0.127.in-addr.arpa" IN {     //反向解析区域
 type master;
 file "named.loopback";                //指定反向解析区域配置文件
 allow-update { none; };
};
......                                  //略
```

（1）zone 区域声明

① 主 DNS 服务器的正向解析区域声明格式如下（样本文件为 named.localhost）。

```
zone  "区域名称" IN {
```

```
    type master ;
    file  "实现正向解析的区域声明文件名";
    allow-update {none;};
};
```

② 从 DNS 服务器的正向解析区域声明格式如下。

```
zone  "区域名称" IN {
    type slave ;
    file  "实现正向解析的区域声明文件名";
    masters {主 DNS 服务器的 IP 地址;};
};
```

反向解析区域的声明格式与正向解析区域的相同，只是 file 指定要读的文件不同，另外就是区域的名称不同。若要反向解析 x.y.z 网段的主机，则反向解析的区域名称应设置为 z.y.x.in-addr.arpa（反向解析区域样本文件为 named.loopback）。

（2）根区域文件 /var/named/named.ca

/var/named/named.ca 是一个非常重要的文件，该文件包含了 Internet 的顶级 DNS 服务器的名称和地址。利用该文件可以让 DNS 服务器找到根 DNS 服务器，并初始化 DNS 服务器的缓存。当 DNS 服务器接到客户端主机的查询请求时，如果在缓存中找不到相应的数据，就会通过根服务器逐级查询。/var/named/named.ca 文件的主要内容如图 12-4 所示。

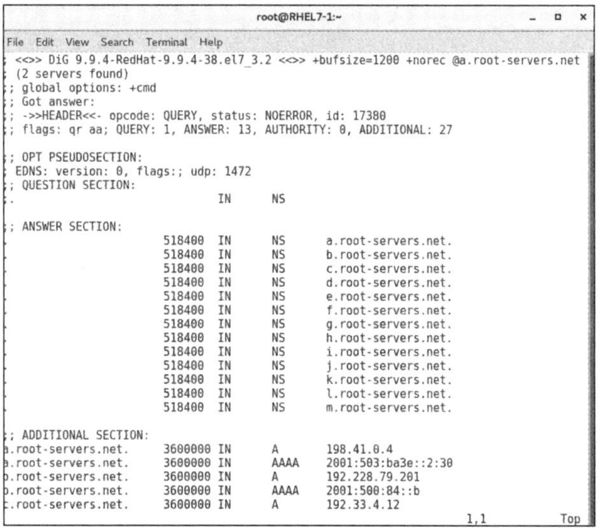

图 12-4 named.ca 文件的主要内容

> **说明**
> ① 以 ; 开始的行都是注释行。
> ② 其他每两行都和某个 DNS 服务器有关，分别是 NS 资源记录和 A 资源记录。
> . 518400 IN NS a.root-servers.net. 中的 . 表示根域；518400 是存活期；IN 是资源记录的网络类型，表示 Internet 类型；NS 是资源记录类型；a.root-servers.net. 是主机域名。
> 行 a.root-servers.net. 3600000 IN A 198.41.0.4 的含义是：A 资源记录用于指定根 DNS 服务器的 IP 地址。a.root-servers.net. 是主机名；3600000 是存活期；A 是资源记录类型；最后对应的是 IP 地址。
> ③ 其他各行的含义与上面两项基本相同。

由于 named.ca 文件经常会随着根 DNS 服务器的变化而发生变化，所以建议最好从国际互联网络信息中心（Internet Network Informartion Center，InterNIC）的 FTP 服务器下载最新的版本，文件名为 named.root。

任务 12-3　配置主 DNS 服务器实例

本任务将结合具体实例介绍缓存 DNS 服务器、主 DNS 服务器、辅助 DNS 服务器等的配置。

1. 实例环境及需求

某校园网要架设一台 DNS 服务器负责 long60.cn 域的域名解析工作。DNS 服务器的 FQDN 为 dns.long60.cn，IP 地址为 192.168.10.1。要求能提供以下域名的正反向域名解析服务。

```
dns.long60.cn                        192.168.10.1
mail.long60.cn      MX 记录           192.168.10.2
slave.long60.cn     ←————→           192.168.10.2
www.long60.cn                        192.168.10.20
ftp.long60.cn                        192.168.10.40
```

另外，为 www.long60.cn 设置别名为 web.long60.cn。

2. 配置过程

配置过程包括编辑主配置文件、配置区域配置文件和修改正反向解析区域声明文件等。

（1）编辑主配置文件/etc/named.conf

全局配置文件在/etc 目录下。把 options 配置段中的监听 IP127.0.0.1 改成 any，把 dnssec-validation 从 yes 改为 no，把允许查询网段 allow-query{}中的 localhost 改成 any。在 include 语句中指定主配置文件为 **named.zones**。修改后相关内容如下。

```
[root@RHEL7-1 ~]# cp -p /etc/named.rfc1912.zones  /etc/named.zones
[root@RHEL7-1 ~]# vim /var/named/chroot/etc/named.conf

   listen-on port 53 { any; };
      listen-on-v6 port 53 { ::1; };
      directory        "/var/named";
      dump-file        "/var/named/data/cache_dump.db";
      statistics-file "/var/named/data/named_stats.txt";
      memstatistics-file "/var/named/data/named_mem_stats.txt";
      allow-query       { any; };
      recursion yes;
    dnssec-enable yes;
      dnssec-validation no;
    dnssec-lookaside auto;
      ......
include "/etc/named.zones";                 //必须更改!!
include "/etc/named.root.key";
```

（2）配置区域配置文件 named.zones

使用 vim /etc/named.zones 命令编辑 named zones 文件，增加以下内容。

```
[root@RHEL7-1 ~]# vim /etc/named.zones

zone "long60.cn" IN {
     type master;
     file "long60.cn.zone";
```

```
        allow-update { none; };
};

zone "10.168.192.in-addr.arpa" IN {
      type master;
      file "1.10.168.192.zone";
      allow-update { none; };
};
```

> **技巧**　直接用 named.zones 的内容替换 named.conf 文件中的 include "/etc/named.zones";语句，可以简化设置过程，不需要再单独编辑 name.zones，请读者试一下。本项目后面内容就是以这种思路来完成 DNS 设置的，比如项目 11 中的 DNS 设置。

type 字段用于指定区域的类型，这对于区域的管理至关重要，一共有 6 种区域类型，见表 12-2。

表 12-2　指定区域类型

区域的类型	作用
master	主 DNS 服务器，拥有区域数据文件，并对此区域提供管理数据
slave	辅助 DNS 服务器，拥有主 DNS 服务器的区域数据文件的副本。辅助 DNS 服务器会从主 DNS 服务器同步所有区域数据
stub	stub 区域和 slave 区域类似，但其只复制主 DNS 服务器上的 NS 资源记录，而不像辅助 DNS 服务器会复制所有区域数据

forward	一个 forward zone 是每个域的配置转发的主要部分。一个 zone 语句中的 type forward 可以包括一个 forward 或 forwarders 子句，它会在区域名称给定的域中查询。如果没有 forwarders 子句或者 forwarders 是空表，这个域就不会有转发，消除了 options 配置段中有关转发的配置。示例如下。
	zone "long60.com" {
	　　type forward;
	　　forwarders { 192.168.51.39; };
	　　　　};
	在该示例中，访问 long60.com 域名时，将解析请求转到 192.168.51.39（即 long60.com 域名的 DNS 地址），注意这个不能写在 options 的 forwarder 处，否则转发无效！

hint	根 DNS 服务器的初始化组指定使用线索区域 hint zone，当服务器启动时，它使用根线索来查找根 DNS 服务器，并找到最近的根 DNS 服务器列表。如果没有指定 class IN 的线索区域，则服务器使用编译时默认的根 DNS 服务器线索。不含"IN"关键字的类别没有内置的默认线索服务器
legation-only	用于强制区域的 delegation.ly 状态

（3）修改 BIND 的正反向解析区域声明文件

① 修改 long60.cn.zone 正向解析区域声明文件。文件位于/var/named 目录下，为编辑方便，可先将样本文件 named.localhost 的内容复制到 long60.cn.zone 文件中，再编辑修改 long60.cn.zone 文件。

```
[root@RHEL7-1 ~]# cd /var/named
[root@RHEL7-1 named]# cp  -p named.localhost long60.cn.zone
[root@RHEL7-1 named]# vim /var/named/long60.cn.zone

$TTL 1D
@       IN SOA  @ root.long60.cn. (
                                  0       ; serial
                                  1D      ; refresh
                                  1H      ; retry
                                  1W      ; expire
```

```
                                    3H )   ; minimum

@                   IN      NS              dns.long60.cn.
@                   IN      MX      10      mail.long60.cn.

dns                 IN      A               192.168.10.1
mail                IN      A               192.168.10.2
slave               IN      A               192.168.10.2
www                 IN      A               192.168.10.20
ftp                 IN      A               192.168.10.40
web                 IN      CNAME           www.long60.cn.
```

② 修改 1.10.168.192.zone 反向解析区域声明文件。文件位于/var/named 目录下，为编辑方便，可先将样本文件 named.loopback 的内容复制到 1.10.168.192.zone 文件中，再编辑修改 1.10.168.192.zone 文件。

```
[root@RHEL7-1 named]# cp  -p named.loopback 1.10.168.192.zone
[root@RHEL7-1 named]# vim /var/named/1.10.168.192.zone

$TTL 1D
@       IN SOA   @    root.long60.cn. (
                                0     ; serial
                                1D    ; refresh
                                1H    ; retry
                                1W    ; expire
                                3H )  ; minimum

@                   IN NS       dns.long60.cn.
@                   IN MX   10  mail.long60.cn.

1                   IN PTR      dns.long60.cn.
2                   IN PTR      mail.long60.cn.
2                   IN PTR      slave.long60.cn.
20                  IN PTR      www.long60.cn.
40                  IN PTR      ftp.long60.cn.
```

（4）配置防火墙

在 RHEL7-1 上配置防火墙，设置主配置文件、区域配置文件和正反向解析区域声明文件的属组为 named（如果前面复制主配置文件和区域文件时使用了-p 选项，则此步骤可省略），然后重启 DNS 服务，将其加入开机自启动。

```
[root@RHEL7-1 name]#cd
[root@RHEL7-1 ~]# firewall-cmd --permanent --add-service=dns
[root@RHEL7-1 ~]# firewall-cmd --reload
[root@RHEL7-1 ~]# chgrp named /etc/named.conf /etc/named.zones
[root@RHEL7-1 ~]# chgrp named long60.cn.zone 1.10.168.192.zone
[root@RHEL7-1 ~]# systemctl restart named
[root@RHEL7-1 ~]# systemctl enable named
```

特别说明如下。

① 主配置文件的名称一定要与/etc/named.conf 文件中指定的文件名一致，本书中是 named.zones。

② 正反向解析区域声明文件的名称一定要与/etc/named.zones 文件中区域声明中指定的文件名一致。

③ 正反向解析区域声明文件的所有记录行都要顶格写，前面不要留有空格，否则会导致 DNS

服务不能正常工作。

④ 第一个有效行为 SOA 记录。该记录的格式如下。

```
@              IN SOA  root.long60.cn. (
                       1997022700       ; serial
                       28800            ; refresh
                       14400            ; retry
                       3600000          ; expiry
                       86400            ; minimum
 )
```

- @是该域的替代符，例如，long60.cn.zone 文件中的@代表 long60.cn。因此上面例子中的 SOA 记录有效行（@ IN SOA @ root.long60.cn. ）可以改为（@ IN SOA long60.cn. root.long60.cn. ）。
- IN 表示网络类型。
- SOA 表示资源记录类型。
- origin 表示该域的主 DNS 服务器的 FQDN，用.结尾表示这是个绝对名称，如 long60.cn.zone 文件中的 origin 为 dns.long60.cn.。
- contact 表示该域的管理员的电子 E-mail 地址。它是正常 E-mail 地址的变通，将@变为.。例如，long60.cn.zone 文件中的 contact 为 mail.long60.cn.。
- serial 为该文件的版本号，该数据是辅助 DNS 服务器和主 DNS 服务器进行时间同步的，每次修改数据库文件后，都应更新该版本号。习惯上用 yyyymmddnn，即年月日后加两位数字表示一日之中第几次修改。
- refresh 为更新时间间隔。辅助 DNS 服务器根据此时间间隔周期性地检查主 DNS 服务器的版本号是否改变，如果改变，则更新自己的数据库文件。
- retry 为重试时间间隔。当辅助 DNS 服务器没能从主 DNS 服务器更新数据库文件时，在定义的重试时间间隔后重新尝试。
- expiry 为过期时间。如果辅助 DNS 服务器在所定义的时间间隔内没有能够与主 DNS 服务器或另一台 DNS 服务器取得联系，则该辅助 DNS 服务器上的数据库文件被认为无效，不再响应查询请求。
- TTL 为最小时间间隔，单位是 s。对于没有特别指定存活周期的资源记录，默认取 minimum 的值为 1 天，即 86400s。1D 表示一天。

⑤ @ IN NS dns.long60.cn.说明该域的 DNS 服务器至少应该定义一个。

⑥ @ IN MX 10 mail.long60.cn.用于定义邮件交换（Mail Exchange，MX）记录。该记录为 DNS 域名指定了邮件交换服务器。若在网络中存在 E-mail 服务器，则需要添加一条 MX 记录对应的 E-mail 服务器，以便 DNS 能够解析 E-mail 服务器地址。若未设置此记录，则 E-mail 服务器无法接收邮件。

⑦ www IN A 192.168.10.4 等是一系列的 A 资源记录，表示主机名和 IP 地址的对应关系。

⑧ web IN CNAME www.long60.cn.定义的是 CNAME 资源记录，表示 web.long60.cn 是 www.long60.cn 的别名。

⑨ 2 IN PTR mail.long60.cn.等是 PTR 资源记录，表示 IP 地址与主机名的对应关系。其中，PTR 使用相对域名，如 2 表示 2.10.168.192.in-addr.arpa，它表示的 IP 地址为 192.168.10.2。

3. 配置 DNS 客户端

DNS 客户端的配置非常简单，假设本地首选 DNS 服务器的 IP 地址为 192.168.10.1，备用 DNS 服务器的 IP 地址为 192.168.10.2，DNS 客户端的配置如下。

（1）配置 Windows 客户端

打开"Internet 协议版本 4(TCP/IPv4)属性"对话框，如图 12-5 所示，输入首选 DNS 服务器和备用 DNS 服务器的 IP 地址即可。

（2）配置 Linux 客户端

在 Linux 系统中，可以修改/etc/resolv.conf 文件来配置 DNS 客户端，如下所示。

```
[root@Client2 ~]# vim /etc/resolv.conf
    nameserver 192.168.10.1
    nameserver 192.168.10.2
    search  long60.cn
```

其中，nameserver 指明 DNS 服务器的 IP 地址，可以设置多个 DNS 服务器，查询时按照文件中指定的顺序解析域名，只有当第一个 DNS 服务器没有响应时，才向下面的 DNS 服务器发出域名解析请求。search 用于指明域名

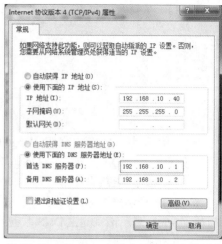

图 12-5　Windows 系统中 DNS 客户端配置

搜索顺序，当查询没有域名后缀的主机名时，将自动附加由 search 指定的域名。

在 Linux 系统中，还可以通过系统菜单设置 DNS，相关内容前面已多次介绍，不再赘述。

4. 使用 nslookup 命令测试 DNS 服务器

BIND 软件包提供了 3 个 DNS 测试工具：nslookup、dig 和 host。其中 dig 和 host 是命令行工具，而 nslookup 命令既可以使用命令行模式，也可以使用交互模式。下面在客户端 Client1（192.168.10.20）上进行测试，必须保证 Client1 与 RHEL7-1 服务器的通信畅通。

```
[root@Client1 ~]# vim /etc/resolv.conf
    nameserver 192.168.10.1
    nameserver 192.168.10.2
    search  long60.cn
[root@client1 ~]# nslookup          //运行 nslookup 命令
> server
Default server: 192.168.10.1
Address: 192.168.10.1#53
> www.long60.cn          //正向查询，查询域名 www.long60.cn 对应的 IP 地址
Server:       192.168.10.1
Address:      192.168.10.1#53

Name:   www.long60.cn
Address: 192.168.10.20
> 192.168.10.2          //反向查询，查询 IP 地址 192.168.10.2 对应的域名
Server:       192.168.10.1
Address:      192.168.10.1#53

2.10.168.192.in-addr.arpa    name = slave.long60.cn.
2.10.168.192.in-addr.arpa    name = mail.long60.cn.
> set all          //显示当前设置的所有值
Default server: 192.168.10.1
Address: 192.168.10.1#53

Set options:
  novc          nodebug        nod2
```

```
  search       recurse
  timeout = 0        retry = 3   port = 53
  querytype = A         class = IN
  srchlist = long60.cn
//查询 long60.cn 域的 NS 资源记录配置
> set type=NS    //type 的取值还可以为 SOA、MX、CNAME、A、PTR 及 any 等
> long60.cn
Server:    192.168.10.1
Address:   192.168.10.1#53

long60.cn    nameserver = dns.long60.cn.
> exit
[root@client1 ~]#
```

5. 特别说明

如果要求所有用户均可以访问外网地址，则还需要设置根区域，并建立根区域对应的区域文件，这样才可以访问外网地址。

下载域名解析根服务器的最新版本。下载完毕，将该文件改名为 named.ca，然后复制到 /var/named 下。

12.4 拓展阅读："雪人计划"

"雪人计划"（Yeti DNS Project）是基于全新技术架构的全球下一代互联网 IPv6 根服务器测试和运营实验项目，旨在打破现有的根服务器困局，为下一代互联网提供更多的根服务器解决方案。

"雪人计划"是 2015 年 6 月 23 日在互联网名称与数字地址分配机构（the Internet Corporation for Assigned Names and Numbers，ICANN）第 53 届会议上正式对外发布的。

发起者包括中国"下一代互联网关键技术和评测北京市工程研究中心"、日本 WIDE 机构（M 根运营者）、国际互联网名人堂入选者保罗·维克西（Paul Vixie）博士等组织和个人。

2019 年 6 月 26 日，中华人民共和国工业和信息化部同意中国互联网络信息中心设立域名根服务器及运行机构。"雪人计划"于 2016 年在中国、美国、日本、印度、俄罗斯、德国、法国等全球 16 个国家完成 25 台 IPv6 根服务器架设，其中 1 台主根服务器和 3 台辅根服务器部署在中国，事实上形成了 13 台原有根服务器加 25 台 IPv6 根服务器的新格局，为建立多边、透明的国际互联网治理体系打下坚实基础。

12.5 项目实训：配置与管理 DNS 服务器

1. 视频位置

实训前请扫描二维码观看"项目实训　配置与管理 DNS 服务器"慕课。

2. 项目背景

某企业有一个局域网（192.168.1.0/24），网络拓扑如图 12-6 所示。该企业已经有了自己的网页，员工希望通过域名来访问企业网页，同时员工也需要访问 Internet 上的网站。该企业已经申请了域名 jnrplinux**.com，公司需要 Internet 上的用户可以通过域名访问公司的网页，要保证可靠，不能因为 DNS 的故障导致网页不能访问。

慕课

项目实训　配置与管理 DNS 服务器

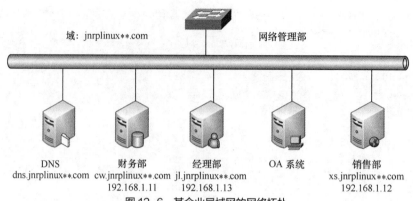

图12-6 某企业局域网的网络拓扑

要求在企业内部构建一台 DNS 服务器，为局域网中的计算机提供域名解析服务。DNS 服务器管理 jnrplinux**.com 域的域名解析，DNS 服务器的域名为 dns.jnrplinux**.com，IP 地址为 192.168.1.2。辅助 DNS 服务器的 IP 地址为 192.168.1.3。同时还必须为客户提供 Internet 上的主机的域名解析服务。要求分别能解析以下域名：财务部（cw.jnrplinux**.com：192.168.1.11）、销售部（xs.jnrplinux**.com：192.168.1.12）、经理部（jl.jnrplinux**.com：192.168.1.13）和 OA 系统（oa.jnrplinux**.com：192.168.1.13）。

3. 做一做

根据项目要求及视频内容，将项目实现。

12.6 练习题

一、填空题

1. 因为在 Internet 中计算机之间直接利用 IP 地址进行寻址，所以需要将用户提供的主机名转换成 IP 地址，我们把这个过程称为_____。

2. DNS 提供了一个_____的命名方案。

3. DNS 顶级域名中表示商业组织的是_____。

4. _____表示主机的资源记录，_____表示别名的资源记录。

5. 可以用来检测 DNS 资源创建得是否正确的两个工具是_____、_____。

6. DNS 服务器的查询模式有：_____、_____。

7. DNS 服务器分为 4 类：_____、_____、_____、_____。

8. 一般在 DNS 服务器之间的查询请求属于_____查询。

二、选择题

1. 在 Linux 环境下，能实现域名解析功能的软件模块是（　　）。

   A. apache　　　　　B. dhcpd　　　　　C. BIND　　　　　D. SQUID

2. www.163**.com 是 Internet 中主机的（　　）。

   A. 用户名　　　　　B. 密码　　　　　C. 别名

   D. IP 地址　　　　　E. FQDN

3. 在 DNS 服务器配置文件中，A 资源记录是什么意思？（　　）

   A. 官方信息　　　　　　　　　　B. IP 地址到域名的映射

   C. 域名到 IP 地址的映射　　　　　D. 一个 name server 的规范

4. 在 Linux DNS 系统中，根服务器提示文件是（　　）。

    A．/etc/named.ca   B．/var/named/named.ca

    C．/var/named/named.local   D．/etc/named.local

5．DNS 指针资源记录的标志是（　　　）。

    A．A   B．PTR   C．CNAME   D．NS

6．DNS 服务使用的端口是（　　　）。

    A．TCP 53   B．UDP 53   C．TCP 54   D．UDP 54

7．以下哪个命令可以测试 DNS 服务器的工作情况？（　　　）

    A．dig   B．host   C．nslookup   D．named-checkzone

8．下列哪个命令可以启动 DNS 服务？（　　　）

    A．systemctl start named   B．systemctl　restart named

    C．service dns start   D．/etc/init.d/dns　start

9．指定 DNS 服务器位置的文件是（　　　）。

    A．/etc/hosts   B．/etc/networks   C．/etc/resolv.conf   D．/.profile

三、简答题

1．简述域名空间的有关内容。

2．简述 DNS 域名解析的工作过程。

3．简述常用的资源记录有哪些。

4．如何排除 DNS 故障？

项目13
配置与管理Apache 服务器

13

项目导入

某学院组建了校园网，建设了学院网站。现需要架设 Web 服务器来为学院网站提供服务，同时在网站上传和更新时，需要用到文件上传和下载功能，因此还要架设 FTP 服务器，为学院内部和互联网用户提供 Web、FTP 等服务。本项目先实践配置与管理 Apache 服务器。

项目目标

- 认识 Apache 服务器。
- 掌握 Apache 服务器的安装与启动。
- 掌握 Apache 服务器的主配置文件。

- 掌握各种 Apache 服务器的配置。
- 学会创建 Web 网站和虚拟主机。

素养目标

- 明确职业技术岗位所需的职业规范和精神，树立正确的社会主义核心价值观。

- 坚定文化自信。"博学之，审问之，慎思之，明辨之，笃行之。"青年学生要讲究学习方法，珍惜现在的时光，做到不负韶华。

13.1 项目知识准备

由于能够提供图形、声音等多媒体数据，再加上可以交互的动态 Web 语言的广泛普及，WWW（World Wide Web，万维网）早已经成为 Internet 用户最喜欢的网络访问方式。一个最重要的证明就是，当前的绝大部分 Internet 流量都是由 WWW 浏览产生的。

13.1.1 Web 服务概述

微课

配置与管理
Apache 服务器

WWW 服务是解决应用程序之间相互通信的一项技术。严格地说，WWW 服务是描述一系列操作的接口，它使用标准的、规范的可扩展标记语言（eXtensible Markup Language，XML）描述接口。这一描述中包括了与服务进行交互所需的全部细节，包括消息格式、传输协议和服务位置，而在对外的接口中隐藏了服务实现的细节，仅提供一系列可执行的操作，这些操作独立于软、硬件平台和编写服务所用的编程语言。WWW 服务既可单独使用，也可同其他 WWW 服务一起使用，实现复杂的商业功能。

1. Web 服务简介

WWW 是 Internet 上被广泛应用的一种信息服务技术。WWW 采用的是 C/S 结构，整理和存储各种 WWW 资源，并响应客户端的请求，把所需的信息资源通过浏览器传送给用户。

Web 服务通常可以分为两种：静态 Web 服务和动态 Web 服务。

2. HTTP

HTTP 可以算得上是目前国际互联网基础上的一个重要组成部分。而 Apache、IIS 服务器是 HTTP 的服务器软件，Microsoft 的 Internet Explorer 和 Mozilla 的 Firefox 则是 HTTP 的客户端实现。

（1）客户端访问 Web 服务器的过程

一般客户端访问 Web 服务器要经过 3 个阶段：在客户端和 Web 服务器间建立连接、传输相关内容、关闭连接。

① Web 浏览器使用 HTTP 命令向 Web 服务器发出 Web 请求（一般是使用 GET 命令要求返回一个页面，但也有 POST 等命令）。

② Web 服务器接收到请求后，就发送一个应答并在客户端和服务器之间建立连接。图 13-1 所示为客户端与服务器之间建立连接的示意图。

③ Web 服务器查找客户端所需文档，若 Web 服务器查找到请求的文档，就将请求的文档传送给 Web 浏览器。若该文档不存在，则 Web 服务器发送一个错误提示文档给客户端。

④ Web 浏览器接收到文档后，将它解释并显示在屏幕上。图 13-2 所示为客户端与服务器之间进行数据传输的示意图。

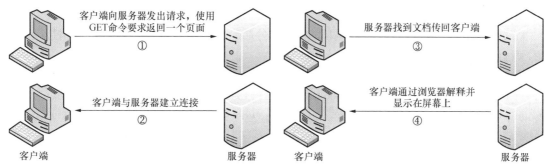

图 13-1　客户端和服务器之间建立连接　　　图 13-2　客户端和服务器之间进行数据传输

⑤ 客户端浏览完成后，断开与服务器的连接。图 13-3 所示为客户端与服务器之间关闭连接的示意图。

（2）端口

HTTP 请求的默认端口是 80，但是也可以配置某个 Web 服务器使用另外一个端口（如 8080）。这

图 13-3　客户端和服务器之间关闭连接

就能在同一台服务器上运行多个 Web 服务器，每个服务器监听不同的端口。但是要注意，访问端口是 80 的服务器，由于是默认设置，所以不需要写明端口号，如果访问的一个服务器是 8080 端口，端口号就不能省略，它的访问方式就变成了如下。

```
http://www.smile60.cn:8080/
```

13.1.2　Apache 服务器简介

Apache HTTP Server（简称 Apache）是 Apache 软件基金会开发、维护的一个开放源代码的 Web 服务器，可以在大多数计算机操作系统中运行。其由于具有多平台性和高安全性被广泛使用，是最流行的 Web 服务器端软件之一。它快速、可靠并且可通过简单的 API 扩展，将 Perl、Python 等解释器编译到服务器中。

1. Apache 服务器的历史

Apache 服务器起初是由伊利诺伊大学香槟分校的国家超级计算机应用中心开发的，此后，Apache 服务器被开放源代码团体的成员不断发展和加强。Apache 服务器拥有牢靠、可信的美誉，已用在超过半数的 Internet 网站中，几乎包含了所有最热门和访问量最大的网站。

开始，Apache 服务器只是 Netscape 网页服务器（现在是 Sun ONE）之外的开放源代码选择，渐渐地，它开始在功能和速度上超越其他的基于 UNIX 的 HTTP 服务器。1996 年 4 月以来，Apache 一直是 Internet 上最流行的 HTTP 服务器。

> **小资料**　Apache 服务器在 1995 年初开发的时候，是由当时最流行的 HTTP 服务器 NCSA HTTPd 1.3 的代码修改而成的，因此是"一个修补的"（a patchy）服务器。然而在服务器官方网站中是这么解释的："'Apache' 这个名字是为了纪念名为 Apache（印地语）的美洲印第安人土著的一支，众所周知他们拥有高超的作战策略和无穷的耐性"。

读者如果感兴趣的话，可以到 Netcraft 官网查看 Apache 服务器最新的市场份额占有率，还可以在这个网站查询某个站点使用的服务器情况。

2. Apache 服务器的特性

Apache 服务器支持众多功能，这些功能绝大部分都是通过编译模块实现的。这些特性从服务器端的编程语言支持到身份认证方案。

一些通用的语言接口支持 Perl、Python、Tcl 和 PHP，流行的认证模块包括 mod_access、rood_auth 和 rood_digest，还有 SSL 和 TLS 支持（mod_ssl）、代理服务器（proxy）模块、很有用的 URL（Uniform Resource Locator，统一资源定位符）重写（由 rood_rewrite 实现）、定制日志文件（mod_log_config），以及过滤支持（mod_include 和 mod_ext_filter）。

Apache 服务器日志可以通过网页浏览器使用免费的脚本 AWStats 或 Visitors 来分析。

13.2　项目设计及准备

利用 Apache 服务器建立普通 Web 站点、基于主机和用户认证的访问控制。

准备安装有企业服务器版 Linux 的计算机一台、测试用计算机两台（Windows 7、Linux），并且都连入局域网。该环境也可以用虚拟机实现。规划好各台主机的 IP 地址，见表 13-1。

表 13-1　Linux 服务器和客户端信息

主机名称	操作系统	IP	角色
RHEL7-1	RHEL 7	192.168.10.1/24	Web 服务器，VMnet1
Client1	RHEL 7	192.168.10.20/24	Linux 客户端，VMnet1
Win7-1	Windows 7	192.168.10.40/24	Windows 客户端，VMnet1

13.3 项目实施

任务 13-1 安装、启动与停止 Apache 服务器

1. 安装 Apache 服务器相关软件

```
[root@RHEL7-1 ~]# rpm -q httpd
[root@RHEL7-1 ~]# mkdir /iso
[root@RHEL7-1 ~]# mount /dev/cdrom /iso
[root@RHEL7-1~]# yum clean all                    //安装前先清除缓存
[root@RHEL7-1 ~]# yum install httpd -y
[root@RHEL7-1 ~]# yum install firefox -y          //安装浏览器
[root@RHEL7-1 ~]# rpm -qa|grep httpd              //检查安装组件是否成功
```

> **注意** 一般情况下，Firefox 默认已经安装，需要根据实际情况进行处理。

2. 让防火墙放行，并设置 SELinux 为允许

需要注意的是，RHEL 7 采用了 SELinux 这种增强的安全模式，在默认的配置下，只有 SSH 服务可以通过。像 Apache 这种服务器，在安装、配置、启动完毕，还需要让防火墙为它放行才行。

使用防火墙命令放行 http 服务的命令如下。

```
[root@RHEL7-1 ~]# firewall-cmd --list-all
[root@RHEL7-1 ~]# firewall-cmd --permanent --add-service=http
success
[root@RHEL7-1 ~]# firewall-cmd --reload
success
[root@RHEL7-1 ~]# firewall-cmd --list-all
public (active)
  target: default
  icmp-block-inversion: no
  interfaces: ens33
  sources:
  services: ssh dhcpv6-client samba dns http
  ......
```

3. 测试 httpd 服务是否安装成功

安装完 Apache 后，启动它，并设置开机自动加载 httpd 服务。

```
[root@RHEL7-1 ~]# systemctl start httpd
[root@RHEL7-1 ~]# systemctl enable httpd
[root@RHEL7-1 ~]# firefox http://127.0.0.1
```

如果看到图 13-4 所示的提示信息，则表示 Apache 服务器已安装成功。也可以在 Applications 菜单中直接启动 Firefox，然后在地址栏中输入 http://127.0.0.1 并访问，测试是否成功安装。

启动或重新启动、停止 httpd 服务的命令如下。

```
[root@RHEL7-1 ~]# systemctl start/restart/stop  httpd
```

图 13-4　Apache 服务器运行正常

任务 13-2　认识 Apache 服务器的配置文件

在 Linux 系统中配置服务，其实就是修改服务的配置文件，httpd 服务程序的主要配置文件及存放位置见表 13-2。

表 13-2　Linux 系统中 httpd 服务程序的主要配置文件及存放位置

配置文件的名称	存放位置
服务目录	/etc/httpd
主配置文件	/etc/httpd/conf/httpd.conf
网站数据目录	/var/www/html
访问日志	/var/log/httpd/access_log
错误日志	/var/log/httpd/error_log

Apache 服务器的主配置文件是 httpd.conf，该文件通常存放在/etc/httpd/conf 目录下。文件看起来很复杂，但其实很多是注释内容。本任务先大致介绍，后文将给出实例。

httpd.conf 文件不区分大小写，在该文件中，以 # 开始的行为注释行。除了注释和空行外，服务器把其他的行认为是完整的或部分的指令。指令又分为类似于 shell 的命令和伪 HTML 标记。指令的语法结构为"配置参数名称　参数值"。伪 HTML 标记的语法格式如下。

```
<Directory />
    Options FollowSymLinks
    AllowOverride None
</Directory>
```

在 httpd 服务程序的主配置文件中存在 3 种类型的信息：注释行信息、全局配置、区域配置。配置 httpd 服务程序时最常用的参数及用途描述见表 13-3。

表 13-3　配置 httpd 服务程序时最常用的参数及用途描述

参数	用途
ServerRoot	服务目录
ServerAdmin	管理员邮箱
User	运行服务的用户
Group	运行服务的用户组
ServerName	网站服务器的域名
DocumentRoot	文档根目录（网站数据目录）
Directory	网站数据目录的权限
Listen	监听的 IP 地址与端口号
DirectoryIndex	默认的索引页页面
ErrorLog	错误日志文件
CustomLog	访问日志文件
Timeout	网页超时时间，默认为 300s

从表 13-3 中可知，DocumentRoot 参数用于定义网站数据的保存路径，其默认值是/var/www/html；而当前网站普遍的首页名称是 index.html，因此可以向/var/www/html 目录中写入一个文件，替换掉 httpd 服务程序的默认首页，该操作会立即生效（在本机上测试）。

```
[root@RHEL7-1 ~]# echo "Welcome To MyWeb" > /var/www/html/index.html
[root@RHEL7-1 ~]# firefox http://127.0.0.1
```

程序的首页内容已经发生了改变，如图 13-5 所示。

图 13-5　首页内容已发生改变

提示　如果没有出现希望的页面，而是仍回到默认页面，那一定是 SELinux 的问题。请在终端命令行执行 setenforce　0 后再测试。详细解决方法见下文。

任务 13-3　常规设置 Apache 服务器实例

1. 设置文档根目录和首页文件实例

【例 13-1】在默认情况下，网站的文档根目录为/var/www/html，如果想把网站文档根目录修改为/home/www，并且修改首页文件为 myweb.html、管理员 E-mail 地址为 root@long60.cn、网页的编码类型为 GB2312，该如何操作呢？

（1）分析。

文档根目录是一个较为重要的设置，一般来说，网站上的内容都保存在文档根目录中。在默认情形下，所有的请求都从这里开始，除了记号和别名将改指它处以外。而打开网站时显示的页面即该网站的首页（主页）。首页的文件名是由 DirectoryIndex 字段定义的。在默认情况下，Apache 服务器的默认首页名称为 index.html，当然也可以根据实际情况更改。

（2）解决方案。

① 在 RHEL7-1 上修改文档的根目录为/home/www，并创建首页文件 myweb.html。

```
[root@RHEL7-1 ~]# mkdir /home/www

[root@RHEL7-1 ~]# echo "The Web's DocumentRoot Test " > /home/www/myweb.html
```

② 在 RHEL7-1 上打开 httpd 服务程序的主配置文件，将第 119 行用于定义网站数据保存路径的参数 DocumentRoot 修改为/home/www，还需要将第 124 行用于定义目录权限的参数 Directory 后面的路径也修改为/home/www，将第 164 行修改为 DirectoryIndex index.html myweb.html。配置文件修改完毕即可保存并退出。

```
[root@RHEL7-1 ~]# vim /etc/httpd/conf/httpd.conf
......
86 ServerAdmin  root@long60.cn
119 DocumentRoot "/home/www"
......
124 <Directory "/home/www">
125    AllowOverride None
126    # Allow open access:
127    Require all granted
128 </Directory>
......

163 <IfModule dir_module>
164     DirectoryIndex index.html myweb.html
165 </IfModule>
......
```

> **特别注意** 更改了网站的主目录，一定要修改相应的目录权限，否则会出现灾难性的后果！

③ 让防火墙放行 http 服务，然后重新启动防火墙。

```
[root@RHEL7-1 ~]# firewall-cmd --permanent --add-service=http

[root@RHEL7-1 ~]# firewall-cmd --reload

[root@RHEL7-1 ~]# firewall-cmd --list-all
```

④ 在 Client1 上测试（RHEL7-1 和 Client1 都是 VMnet1 连接，保证互相通信），结果显示了默认的首页（见图 13-4）。

```
[root@client1 ~]# firefox http://192.168.10.1
```

⑤ 故障排除。

为什么出现了 httpd 服务程序的默认首页？按理来说，只有在网站的首页文件不存在或者用户权限不足时，才会显示 httpd 服务程序的默认首页。更奇怪的是，我们在尝试访问 http://192.168.10.1/myweb.html 页面时，竟然发现页面中显示 Forbidden You don't have permission to access/myweb.html on this server.，如图 13-6 所示。前文已提过，是 SELinux 的

图 13-6　在 Client1 测试失败

问题。解决方法是在服务器端执行 setenforce 0，设置 SELinux 为允许。

```
[root@RHEL7-1 ~]# getenforce
Enforcing
[root@RHEL7-1 ~]# setenforce 0
[root@RHEL7-1 ~]# getenforce
Permissive
```

（3）更改当前的 SELinux 值，后面可以跟 Enforcing、Permissive 或者 1、0。

```
[root@RHEL7-1 ~]# setenforce 0
[root@RHEL7-1 ~]# getenforce
Permissive
```

注意　①利用 setenforce 设置 SELinux 值，重启系统后设置即失效，如果再次使用 httpd 服务程序，则仍需重新设置 SELinux，否则客户端无法访问 Web 服务器。②如果想设置长期有效，请编辑修改/etc/sysconfig/selinux 文件，按需要赋予 SELinux 相应的值（Enforcing、Permissive，或者 0、1）。③本书多次提到防火墙和 SELinux，请读者一定注意，许多问题可能是防火墙和 SELinux 引起的，对于系统重启后设置失效的原因也要了如指掌。

特别提示　设置完成后再次测试，结果如图 13-7 所示。设置这个环节的目的是告诉读者，SELinux 的设置是多么重要！强烈建议，如果暂时不能很好掌握 SELinux 细节，在做实训时一定使用命令 Setenforce 0 设置 SELinux 为允许。

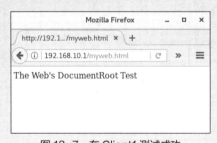

图 13-7　在 Client1 测试成功

2. 设置用户个人主页实例

现在许多网站都允许用户拥有自己的主页空间，用户可以很容易地管理自己的主页空间。Apache 服务器可以实现用户的个人主页设置。客户端在浏览器中浏览个人主页的 URL 地址格式一般如下。

```
http://域名/~username
```

其中，~username 在利用 Linux 系统中的 Apache 服务器来实现时，是 Linux 系统的合法用户名（该用户必须在 Linux 系统中存在）。

【例 13-2】在 IP 地址为 192.168.10.1 的 Apache 服务器中，为系统中的 long 用户设置个人主页空间。该用户账户的家目录为/home/long，个人主页空间所在的目录为 public_html。

实现步骤如下。

（1）修改用户账户的家目录权限，使其他用户具有读取和执行的权限。

```
[root@RHEL7-1 ~]# useradd long
```

```
[root@RHEL7-1 ~]# passwd long
[root@RHEL7-1 ~]# chmod  705  /home/long
```

（2）创建存放用户个人主页空间的目录。

```
[root@RHEL7-1 ~]# mkdir  /home/long/public_html
```

（3）创建个人主页空间的默认首页文件。

```
[root@RHEL7-1 ~]# cd  /home/long/public_html
[root@RHEL7-1 public_html]# echo "this is long's web。">>index.html
[root@RHEL7-1 public_html]# cd
```

（4）在 httpd 服务程序中默认没有开启个人用户主页功能。为此，需要编辑配置文件/etc/httpd/conf.d/userdir.conf。在第 17 行的 UserDir disabled 参数前面加上#，表示让 httpd 服务程序开启个人用户主页功能；同时把第 24 行的 UserDir public_html 参数前面的#删掉（UserDir 参数表示网站数据在用户账户家目录中的保存目录名称，即 public_html 目录）。修改完毕保存退出。（在 vim 编辑状态记得使用:set nu，显示行号）

```
[root@RHEL7-1 ~]# vim /etc/httpd/conf.d/userdir.conf
  ......
 17 # UserDir disabled
  ......
 24   UserDir public_html
  ......
```

（5）将 SELinux 设置为允许，让防火墙放行 httpd 服务，重启 httpd 服务。

```
[root@RHEL7-1 ~]# setenforce 0
[root@RHEL7-1 ~]# firewall-cmd --permanent --add-service=http
[root@RHEL7-1 ~]# firewall-cmd --reload
[root@RHEL7-1 ~]# firewall-cmd --list-allt
[root@RHEL7-1 ~]# systemctl restart httpd
```

（6）在客户端的浏览器中访问 http://192.168.10.1/~long，看到的个人空间的访问效果如图 13-8 所示。

图 13-8　用户个人空间的访问效果图

思考　如果执行如下命令再在客户端测试，结果又会如何呢？试一试并思考原因。

```
[root@RHEL7-1 ~]# setenforce 1
[root@RHEL7-1 ~]# setsebool -P httpd_enable_homedirs=on
```

3. 设置虚拟目录实例

要从 Web 站点主目录以外的其他目录发布站点，可以使用虚拟目录实现。虚拟目录是一个位于 Apache 服务器主目录之外的目录，它不包含在 Apache 服务器的主目录中，但在访问 Web 站点的用户看来，它与位于主目录中的子目录是一样的。每一个虚拟目录都有一个别名，客户端可以通过此别名来访问虚拟目录。

由于每个虚拟目录都可以设置不同的访问权限，因此非常适合于不同用户对不同目录拥有不同权限的情况。另外，只有知道虚拟目录名的用户，才可以访问对应虚拟目录，除此之外的其他用户将无法访问此虚拟目录。

在 Apache 服务器的主配置文件 httpd.conf 中，通过 Alias 指令设置虚拟目录。

【例 13-3】在 IP 地址为 192.168.10.1 的 Apache 服务器中，创建名为/test 的虚拟目录，它对应的物理路径是/virdir/，并在客户端测试。

（1）创建物理目录/virdir/。

```
[root@RHEL7-1 ~]# mkdir  -p  /virdir/
```

（2）创建虚拟目录中的默认首页文件。

```
[root@RHEL7-1 ~]# cd  /virdir/
[root@RHEL7-1 virdir]# echo "This is Virtual Directory sample。">>index.html
```

（3）修改默认文件的权限，使其他用户具有读和执行权限。

```
[root@RHEL7-1 virdir]# chmod 705 /virdir/index.html
```

也可以使用如下命令。

```
[root@RHEL7-1 virdir]# chmod 705 /virdir    -R
[root@RHEL7-1 virdir]# cd
```

（4）修改/etc/httpd/conf/httpd.conf 文件，在其中添加下面的语句。

```
Alias  /test  "/virdir"
<Directory "/virdir">
   AllowOverride None
   Require all granted
</Directory>
```

（5）SELinux 设置为允许，让防火墙放行 httpd 服务，重启 httpd 服务。

```
[root@RHEL7-1 ~]# setenforce 0
[root@RHEL7-1 ~]# firewall-cmd --permanent --add-service=http
[root@RHEL7-1 ~]# firewall-cmd --reload
[root@RHEL7-1 ~]# firewall-cmd --list-allt
[root@RHEL7-1 ~]# systemctl restart httpd
```

（6）在客户端 Client1 的浏览器中访问 http://192.168.10.1/test 就能看到虚拟目录的访问效果。

任务 13-4 其他常规设置

1. 根目录设置（ServerRoot）

配置文件中的 ServerRoot 字段用来设置 Apache 服务器的配置文件、错误文件和日志文件的存放目录，并且该目录是整个目录树的根节点，如果下面的字段设置中出现相对路径，就是相对于这个路径的。在默认情况下，根路径为/etc/httpd，可以根据需要修改。

【例 13-4】设置根目录为/usr/local/httpd。

```
ServerRoot    "/usr/local/httpd"
```

2. 超时设置

Timeout 字段用于设置接收和发送数据时的最大时间，默认时间单位是 s。如果超过限定的时间客户端仍然无法连接上服务器，则做断线处理。默认时间为 120s，可以根据环境需要更改。

【例 13-5】设置超时时间为 300s。

```
Timeout    300
```

3. 客户端连接数限制

客户端连接数限制就是指在某一时刻内，WWW 服务器允许多少客户端同时访问。允许同时访问的最大数值就是客户端连接数限制。

（1）为什么要设置连接数限制？

如果搭建的网站为一个小型网站，访问量较小，则对服务器响应速度没有影响，但如果访问网站的用户突然增多，一时间点击量猛增，一旦超过某一数值就很可能导致服务器瘫痪。而且，就算是门户级网站，如百度、新浪、搜狐等大型网站，它们的服务器硬件实力相当雄厚，可以承受同一时刻成千甚至上万的点击量，但是，硬件资源依旧是有限的，如果遇到大规模的分布式拒绝服务（Distributed Denial of Service，DDoS）攻击，仍然可能导致服务器过载而瘫痪。作为企业内部的网络管理者应该尽量避免类似的情况发生，所以限制客户端连接数是非常有必要的。

（2）实现客户端连接数限制。

在配置文件中，MaxClients 字段用于设置同一时刻最大的客户端访问数量，默认数值是 256，这对于小型网站来说已经够用了，如果是大型网站，则可以根据实际情况修改。

【例 13-6】设置客户端连接数为 500。

```
<IfModule  prefork.c>
  StartServers          8
  MinSpareServers       5
  MaxSpareServers       20
  ServerLimit           500
  MaxClients            500
  MaxRequestSPerChild   4000
</IfModule>
```

注意 MaxClients 字段出现的频率可能不止一次，这里的 MaxClients 是包含在<IfModule prefork.c> </IfModule>这个容器当中的。

4. 设置管理员 E-mail 地址

当客户端访问服务器发生错误时，服务器通常会将带有错误提示信息的网页反馈给客户端，并且上面包含管理员的 E-mail 地址，以便解决出现的错误。

可以使用 ServerAdmin 字段来设置管理员的 E-mail 地址。

【例 13-7】设置管理员的 E-mail 地址为 root@smile60.cn。

```
ServerAdmin      root@smile60.cn
```

5. 设置主机名及端口号

ServerName 字段定义了服务器名称和端口号，用以标明自己的身份。如果没有注册 DNS 名称，则可以输入 IP 地址。当然，在任何情况下输入 IP 地址都可以完成重定向工作。

【例 13-8】设置服务器主机名及端口号。

```
ServerName      www.ryjiaoyu.com:80
```

技巧 正确使用 ServerName 字段设置服务器的主机名或 IP 地址后，在启动服务时不会出现 Could not reliably determine the server's fully qualified domain name, using 127.0.0.1 for ServerName 的错误提示。

6. 网页编码设置

地域不同，如中国和外国，或者亚洲地区和欧美地区采用的网页编码也不同，如果出现服务器端的网页编码和客户端的网页编码不一致，就会导致我们看到的页面内容是乱码，这和各国人民使用的母语不同道理一样，这样会带来交流障碍。想正常显示网页的内容，就必须使用正确的编码。

在 httpd.conf 文件中使用 AddDefaultCharset 字段来设置服务器的默认编码。在默认情况下，服务器编码采用 UTF-8，而汉字的编码一般是 GB2312，国家强制标准是 GB18030。具体使用哪种编码要根据网页文件的编码来决定，只要保持和这些文件采用的编码一致，就可以正常显示。

【例 13-9】设置服务器默认编码为 GB2312。

```
AddDefaultCharset  GB2312
```

技巧 若不清楚该使用哪种编码，则可以把 AddDefaultCharset 字段注释掉，表示不使用任何编码，这样让浏览器自动检测当前网页采用的编码，然后自动调整。对于多语言的网站，最好采用注释掉 AddDefaultCharset 字段的方法。

7. 目录设置

目录设置就是为服务器上的某个目录设置权限。通常在访问某个网站时，真正访问的仅仅是那台 Web 服务器中某个目录下的某个网页文件而已。而整个网站也是由这些零零总总的目录和文件组成的。网站管理人员可能经常只需要设置某个目录，而不是设置整个网站。例如，拒绝 192.168.0.100 的客户端访问某个目录内的文件，可以使用<Directory> </Directory>容器来设置。这是一对容器语句，需要成对出现。在每个容器中有 Options、AllowOverride、Limit 等指令，它们都是和访问控制相关的。Apache 服务器目录访问控制选项见表 13-4。

表 13-4　Apache 服务器目录访问控制选项

访问控制选项	描述
Options	设置特定目录中的服务器特性，具体取值见表 13-5
AllowOverride	设置如何使用访问控制文件.htaccess
Order	设置 Apache 服务器默认的访问权限及 Allow 和 Deny 选项的处理顺序
Allow	设置允许访问 Apache 服务器的主机，可以是主机名，也可以是 IP 地址
Deny	设置拒绝访问 Apache 服务器的主机，可以是主机名，也可以是 IP 地址

（1）设置默认根目录。

```
<Directory/>
   Options FollowSymLinks                  ①
   AllowOverride None                      ②
</Directory>
```

以上代码中带有序号的两行说明如下。

① Options 选项用来定义目录使用哪些特性，后面的 FollowSymLinks 指令表示可以在该目录中使用符号链接。Options 选项还可以设置很多功能，常见功能见表 13-5。

② AllowOverride 选项用于设置.htaccess 文件中的指令类型。None 表示禁止使用.htaccess。

表 13-5　Options 选项的取值

可用选项取值	描述
Indexes	允许目录浏览。当访问的目录中没有 DirectoryIndex 参数指定的网页文件时，会列出目录中的目录清单
Multiviews	允许内容协商的多重视图
All	支持除 Multiviews 以外的所有选项，如果没有 Options 语句，则默认为 All
ExecCGI	允许在该目录下执行 CGI 脚本
FollowSysmLinks	可以在该目录中使用符号链接，以访问其他目录
Includes	允许服务器端使用 SSI（Server Side Includes，服务器端包含）技术
IncludesNoExec	允许服务器端使用 SSI 技术，但禁止执行 CGI（Common Gateway Interface，公共网关接口）脚本
SymLinksIfOwnerMatch	目录文件与目录属于同一用户时支持符号链接

 注意　可以使用+或–在 Options 选项中添加或取消某个值。如果不使用这两个符号，那么容器中 Options 选项的取值将完全覆盖以前的 Options 选项的取值。

（2）设置文档目录默认。

```
<Directory  "/var/www/html">
        Options Indexes FollowSymLinks
        AllowOverride None                  ①
        Order allow, deny                   ②
        Allow from all                      ③
</Directory>
```

以上代码中带有序号的 3 行说明如下。

① AllowOverride None 表示服务器将忽略.htaccess 文件。

② 设置默认的访问权限与 Allow 和 Deny 选项的处理顺序。

③ Allow 选项用来设置哪些客户端可以访问服务器。与之对应的 Deny 选项则用来限制哪些客户端不能访问服务器。

Allow 和 Deny 选项的处理顺序非常重要，读者需要详细了解它们的含义和使用技巧。

● **Order allow, deny**：默认情况下禁止所有客户端访问，且 Allow 选项在 Deny 选项之前被匹配。如果既匹配 Allow 选项，又匹配 Deny 选项，则 Deny 选项最终生效，也就是说，Deny 选项会覆盖 Allow 选项。

● **Order deny, allow**：默认情况下允许所有客户端访问，且 Deny 选项在 Allow 选项之前被匹配。如果既匹配 Allow 选项，又匹配 Deny 选项，则 Allow 选项最终生效，也就是说，Allow 选项会覆盖 Deny 选项。

下面举例说明 Allow 选项和 Deny 选项的用法。

【例 13-10】允许所有客户端访问（先允许后拒绝）。

```
Order allow, deny
Allow from all
```

【例 13-11】拒绝 IP 地址为 192.168.100.100 和来自.bad.com 域的客户端访问，其他客户端都可以正常访问。

```
Order deny,allow
Deny from  192.168.100.100
Deny from  .bad.com
```

【例 13-12】仅允许 192.168.0.0/24 网段的客户端访问，但其中 192.168.0.100 不能访问。

```
Order allow,deny
Allow from  192.168.0.0/24
Deny from  192.168.0.100
```

为了说明 Allow 选项和 Deny 选项的使用，对照看下面两个例子。

【例 13-13】除了 www.test.com 的主机，允许其他所有主机访问 Apache 服务器。

```
Order allow,deny
Allow from  all
Deny from  www.test.com
```

【例 13-14】只允许 10.0.0.0/8 网段的主机访问服务器。

```
Order deny,allow
Deny from all
Allow from 10.0.0.0/255.255.0.0
```

注意 Over、Allow from 和 Deny from 关键词对大小写不敏感，但 allow 和 deny 之间以,分割，二者之间不能有空格。

技巧 如果仅仅想对某个文件做权限设置，则可以使用<Files 文件名></Files>容器语句实现，方法和使用<Directory "目录"></Directory>几乎一样。示例如下。

```
<Files  "/var/www/html/f1.txt">
         Order allow, deny
         Allow from all
</Files>
```

任务 13-5 配置虚拟主机

虚拟主机是在一台 Web 服务器上可以为多个独立的 IP 地址、域名或端口号提供不同的 Web 站点。对于访问量不大的站点来说，这样做可以降低单个站点的运营成本。

1. 配置基于 IP 地址的虚拟主机

配置基于 IP 地址的虚拟主机需要在 Apache 服务器上绑定多个 IP 地址，然后配置 Apache 服务器，把多个网站绑定在不同的 IP 地址上，访问 Apache 服务器上不同的 IP 地址，就可以看到不同的网站。

【例 13-15】假设 Apache 服务器具有 192.168.10.1 和 192.168.10.2 两个 IP 地址（提前在服务器中配置这两个 IP 地址）。现需要利用这两个 IP 地址分别配置两个基于 IP 地址的虚拟主机，要求不同的虚拟主机对应的主目录不同，默认文档的内容也不同。配置步骤如下。

（1）单击 Applications→System Tools→Settings→Network，单击"设置"按钮，打开图 13-9 所示的 Wired 对话框，可以直接单击+按钮添加 IP 地址，完成后单击 Apply 按钮。这样可以在一块网卡上配置多个 IP 地址，当然也可以直接在多块网卡上配置多个 IP 地址。

（2）分别创建/var/www/ip1 和/var/www/ip2 两个主目录和默认文件。

```
[root@RHEL7-1  ~]# mkdir  /var/www/ip1  /var/www/ip2
[root@RHEL7-1  ~]# echo "this is 192.168.10.1
```

图 13-9 添加多个 IP 地址

```
's web.">/var/www/ip1/index.html
   [root@RHEL7-1 ~]# echo "this is 192.168.10.2's web.">/var/www/ip2/index.html
```

（3）添加**/etc/httpd/conf.d/vhost.conf** 文件。该文件的内容如下。

```
#设置基于 IP 地址 192.168.10.1 的虚拟主机
<Virtualhost 192.168.10.1>
    DocumentRoot   /var/www/ip1
</Virtualhost>

#设置基于 IP 地址 192.168.10.2 的虚拟主机
<Virtualhost 192.168.10.2>
    DocumentRoot /var/www/ip2
</Virtualhost>
```

（4）SELinux 设置为允许，让防火墙放行 httpd 服务，重启 httpd 服务（见前面操作）。

（5）在客户端浏览器中可以看到 http://192.168.10.1 和 http://192.168.10.2 两个网站的浏览效果，图 13-10 展示的是其中一个的效果。

浏览器显示的是 httpd 服务程序的默认首页。按理来说，只有在网站的首页文件不存在或者用户权限不足时，才会显示 httpd 服务程序的默认首页。继续尝试访问 http://192.168.10.1/index.html 页面，页面中显示 Forbidden You don't have permission to access /index.html on this server。这一切都是主配置文件中没有设置目录权限所致。解决方法是在

图 13-10　测试时出现默认页面

/etc/httpd/conf/httpd.conf 文件中添加有关两个网站目录权限的内容（只设置/var/www 目录权限也可以）。

```
<Directory "/var/www/ip1">
    AllowOverride None
    Require all granted
</Directory>

<Directory "/var/www/ip2">
    AllowOverride None
    Require all granted
</Directory>
```

注意　为了不使后面的实训受到前面虚拟主机设置的影响，做完一个实训后，请将配置文件中添加的内容删除，再继续下一个实训。

如果直接修改**/etc/httpd/conf.d/vhost.conf** 文件，在原来的基础上增加下面的内容，可以吗？请读者试一下。

```
#设置目录的访问权限，这一点特别容易被忽视！
<Directory /var/www>
    AllowOverride None
  Require all granted
</Directory>
```

2. 配置基于域名的虚拟主机

配置基于域名的虚拟主机只需服务器有一个 IP 地址即可，所有的虚拟主机共享同一个 IP 地址，各虚拟主机之间通过域名进行区分。

要建立基于域名的虚拟主机，DNS 服务器中应建立多个 A 资源记录，使它们解析到同一个 IP 地址。示例如下。

```
www.smile60.cn.        IN      A      192.168.10.1
www.long60.cn.         IN      A      192.168.10.1
```

【例 13-16】假设 Apache 服务器的 IP 地址为 192.168.10.1。在本地 DNS 服务器中，该 IP 地址对应的域名分别为 www1.long60.cn 和 www2.long60.cn。现需要配置基于域名的虚拟主机，要求不同的虚拟主机对应的主目录不同，默认文档的内容也不同。配置步骤如下。

（1）分别创建/var/www/smile 和/var/www/long 两个主目录和默认文件。

```
[root@RHEL7-1 ~]# mkdir    /var/www/www1    /var/www/www2
[root@RHEL7-1 ~]# echo "www1.long60.cn's web.">/var/www/www1/index.html
[root@RHEL7-1 ~]# echo "www2.long60.cn's web.">/var/www/www2/index.html
```

（2）修改 httpd.conf 文件。在其中添加目录权限内容如下。

```
<Directory "/var/www">
    AllowOverride None
    Require all granted
</Directory>
```

（3）修改/etc/httpd/conf.d/vhost.conf 文件。该文件的内容如下（原来的内容清空）。

```
<Virtualhost 192.168.10.1>
DocumentRoot  /var/www/www1
ServerName  www1.long60.cn
</Virtualhost>

<Virtualhost 192.168.10.1>
DocumentRoot /var/www/www2
ServerName  www2.long60.cn
</Virtualhost>
```

（4）将 SELinux 设置为允许，让防火墙放行 httpd 服务，重启 httpd 服务。在客户端 Client1 上测试。要确保 DNS 服务器解析正确，确保给 Client1 设置正确的 DNS 服务器地址（etc/resolv.conf）。

注意 在【例 13-16】的配置中，DNS 服务器的正确配置至关重要，一定要确保 long60.cn 域名及主机解析正确，否则无法成功。正向解析区域声明文件如下（参考前面）。

```
[root@RHEL7-1 ~]# vim /var/named/long60.cn.zone
$TTL 1D
@      IN SOA  dns.long60.cn. mail.long60.cn. (
                                  0         ; serial
                                  1D        ; refresh
                                  1H        ; retry
                                  1W        ; expire
                                  3H )      ; minimum

@         IN     NS             dns.long60.cn.
@         IN     MX      10     mail.long60.cn.
```

```
dns             IN    A              192.168.10.1
www1            IN    A              192.168.10.1
www2            IN    A              192.168.10.1
```

 思考 为了测试方便，在 Client1 上直接设置/etc/hosts 文件的内容，可否代替 DNS 服务器？设置的文件内容如下。

```
192.168.10.1  www1.long60.cn
192.168.10.1  www2.long60.cn
```

3. 配置基于端口号的虚拟主机

基于端口号的虚拟主机的配置只需服务器有一个 IP 地址即可，所有的虚拟主机共享同一个 IP 地址，各虚拟主机之间通过不同的端口号区分。在配置基于端口号的虚拟主机时，需要使用 Listen 语句设置监听的端口。

【例 13-17】假设 Apache 服务器的 IP 地址为 192.168.10.1。现需要基于 8088 和 8089 配置两个不同端口号的虚拟主机，要求不同的虚拟主机对应的主目录不同，默认文档的内容也不同，如何配置？配置步骤如下。

（1）分别创建/var/www/8088 和/var/www/8089 两个主目录和默认文件。

```
[root@RHEL7-1 ~]# mkdir   /var/www/8088   /var/www/8089
[root@RHEL7-1 ~]# echo "8088 port's  web.">/var/www/8088/index.html
[root@RHEL7-1 ~]# echo "8089 port's  web.">/var/www/8089/index.html
```

（2）修改/etc/httpd/conf/httpd.conf 文件。该文件的修改内容如下。

```
Listen 8088
Listen 8089
<Directory "/var/www">
   AllowOverride None
   Require all granted
</Directory>
```

（3）修改**/etc/httpd/conf.d/vhost.conf** 文件。该文件的内容如下（原来的内容清空）。

```
<Virtualhost 192.168.10.1:8088>
     DocumentRoot   /var/www/8088
</Virtualhost>

<Virtualhost 192.168.10.1:8089>
     DocumentRoot /var/www/8089
</Virtualhost>
```

（4）关闭防火墙并设置 SELinux 为允许，重启 httpd 服务，然后在客户端 Client1 上测试。测试结果如图 13-11 所示。

图 13-11　访问 192.168.10.1：8088 报错

（5）处理故障。这是因为 Firewall 防火墙检测到 8088 和 8089 端口原本不属于 Apache 服务器应该需要的资源，但现在却以 httpd 服务程序的名义监听使用了，所以防火墙会拒绝 Apache 服务器使用这两个端口。可以使用 firewall-cmd 命令将需要的端口永久添加到 public 区域，并重启防火墙。

```
[root@RHEL7-1 ~]# firewall-cmd --list-all
public (active)  ......
  services: ssh dhcpv6-client samba dns http
  ports:
  ......
[root@RHEL7-1 ~]#firewall-cmd --zone=public --add-port=8088/tcp
success
[root@RHEL7-1 ~]# firewall-cmd --permanent --zone=public --add-port=8089/tcp
[root@RHEL7-1 ~]# firewall-cmd --permanent --zone=public --add-port=8088/tcp
[root@RHEL7-1 ~]# firewall-cmd --reload
[root@RHEL7-1 ~]# firewall-cmd --list-all
public (active)
  ......
  services: ssh dhcpv6-client samba dns http
  ports: 8089/tcp 8088/tcp
  ......
```

（6）再次在 Client1 上测试，结果如图 13-12 所示。

图 13-12　不同端口虚拟主机的测试结果

> **技巧**　单击 Applications→Sundry→Firewall，打开防火墙配置窗口，可以详尽地配置防火墙，包括配置 public 区域的 port（端口）等，读者不妨多操作试试，定会有惊喜。

13.4　项目实训：配置与管理 Web 服务器

1. 视频位置
实训前请扫描二维码观看"项目实训　配置与管理 Web 服务器"慕课。

2. 项目背景
假如你是某学校的网络管理员，学校的域名为 www.long60.cn。学校计划为每位教师开通个人主页服务，为教师与学生之间建立沟通的平台。该学校的 Web 服务器搭建与配置网络拓扑如图 13-13 所示。

学校计划为每位教师开通个人主页服务，要求实现如下功能。

（1）网页文件上传完成后，立即自动发布 URL 为 http://www.long60.cn/~ 的用户名。

（2）在 Web 服务器中建立一个名为 private 的虚拟目录，其对应的物理路径是/data/private，并配置 Web 服务器对该虚拟目录启用用户认证，只允许 yun90 用户访问。

慕课

项目实训　配置
与管理 Web
服务器

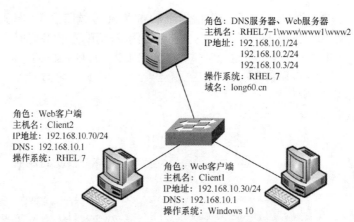

图 13-13　Web 服务器搭建与配置网络拓扑

（3）在 Web 服务器中建立一个名为 private 的虚拟目录，其对应的物理路径是/dir1/test，并配置 Web 服务器，仅允许来自网络 smile60.cn 域和 192.168.10.0/24 网段的主机访问该虚拟目录。

（4）使用 192.168.10.2 和 192.168.10.3 两个 IP 地址，配置基于 IP 地址的虚拟主机，其中，IP 地址为 192.168.10.2 的虚拟主机对应的主目录为/var/www/ip2，IP 地址为 192.168.10.3 的虚拟主机对应的主目录为/var/www/ip3。

（5）配置基于 www1.long60.cn 和 www2.long60.cn 两个域名的虚拟主机，域名为 www1.long60.cn 的虚拟主机对应的主目录为/var/www/long901，域名为 www2.long60.cn 的虚拟主机对应的主目录为/var/www/long902。

3. 深度思考

在观看视频时思考以下几个问题。

（1）使用虚拟目录有何好处？

（2）基于域名的虚拟主机的配置要注意什么？

（3）如何启用用户身份认证？

4. 做一做

根据视频内容，将项目实现。

13.5　练习题

一、填空题

1. Web 服务器使用的协议是_____，英文全称是_____，中文名称是_____。

2. HTTP 请求的默认端口是_____。

3. RHEL 7 采用了 SELinux 这种增强的安全模式，在默认的配置下，只有_____服务可以通过。

4. 在命令行控制台窗口输入_____命令打开 Linux 配置工具选择窗口。

二、选择题

1. 下面哪个命令可以用于配置 Red Hat Linux 启动时自动启动 httpd 服务？（　　）

    A. service　　　　　　　B. ntsysv　　　　　　　C. useradd　　　　　　D. startx

2. 在 Red Hat Linux 中手动安装 Apache 服务器时，默认的 Web 站点的目录为（　　）。

    A. /etc/httpd　　　　B. /var/www/html　　　C. /etc/home　　　　D. /home/httpd

3. 对于 Apache 服务器，提供的子进程的默认用户是（　　　）。

    A. root   B. apached   C. httpd   D. nobody

4. Apache 服务器默认的工作方式是（　　　）。

    A. inetd   B. xinetd   C. standby   D. standalone

5. 用户的主页存放的目录由文件 httpd.conf 的（　　　）参数设定。

    A. UserDir   B. Directory   C. public_html   D. DocumentRoot

6. 设置 Apache 服务器时，一般将服务的端口绑定到系统的（　　　）端口上。

    A. 10000   B. 23   C. 80   D. 53

7. 下面不是 Apahce 基于主机的访问控制指令的是（　　　）。

    A. allow   B. deny   C. order   D. all

8. 用来设定当服务器产生错误时，显示在浏览器上的管理员的 E-mail 地址的是（　　　）。

    A. ServerName   B. ServerAdmin   C. ServerRoot   D. DocumentRoot

9. 在 Apache 服务器基于用户名的访问控制中，生成用户密码文件的命令是（　　　）。

    A. smbpasswd   B. htpasswd   C. passwd   D. password

13.6 实践习题

1. 建立 Web 服务器，同时建立一个名为/mytest 的虚拟目录，并完成以下操作。

（1）设置 Apache 服务器根目录为/etc/httpd。

（2）设置首页名称为 test.html。

（3）设置超时时间为 240s。

（4）设置客户端连接数为 500。

（5）设置管理员 E-mail 地址为 root@smile60.cn。

（6）设置虚拟目录对应的实际目录为/linux/apache。

（7）将虚拟目录设置为仅允许 192.168.0.0/24 网段的客户端访问。

（8）分别测试 Web 服务器和虚拟目录。

2. 在文档目录中建立 security 目录，并完成以下操作。

（1）对该目录启用用户认证功能。

（2）仅允许 user1 和 user2 账户访问。

（3）更改 Apache 服务器默认监听的端口，将其设置为 8080。

（4）将允许 Apache 服务器的用户和组设置为 nobody。

（5）禁止使用目录浏览功能。

（6）使用 chroot 机制改变 Apache 服务器的根目录。

3. 建立虚拟主机，并完成以下操作。

（1）建立 IP 地址为 192.168.0.1 的虚拟主机 1，对应的文档目录为/usr/local/www/web1。

（2）仅允许来自.smile60.cn.域的客户端可以访问虚拟主机 1。

（3）建立 IP 地址为 192.168.0.2 的虚拟主机 2，对应的文档目录为/usr/local/www/web2。

（4）仅允许来自.long60.cn.域的客户端可以访问虚拟主机 2。

4. 配置用户身份认证。

项目14
配置与管理FTP服务器

14

项目导入

某学院组建了校园网，建设了学院网站，并架设了 Web 服务器来为学院网站提供服务。在网站上传和更新时，需要用到文件上传和下载功能，因此还要架设 FTP 服务器，为学院内部和互联网用户提供 FTP 等服务。本项目介绍配置与管理 FTP 服务器的相关内容。

项目目标

- 掌握 FTP 服务的工作原理。
- 学会配置 vsftpd 服务器。

- 掌握配置基于虚拟用户的 FTP 服务器。
- 实践典型的 FTP 服务器配置实例。

素养目标

- "龙芯"让中国人自豪！为中华之崛起而读书，从来都不仅限于纸上。

- 如果人生是一场奔赴，青春最好的"模样"是昂首笃行、步履铿锵。"人无刚骨，安身不牢。"骨气是人的脊梁，是前行的支柱。新时代的弄潮儿要有"富贵不能淫，贫贱不能移，威武不能屈"的气节，要有"自信人生二百年，会当水击三千里"的勇气，还要有"我将无我，不负人民"的担当。

14.1 项目知识准备

以 HTTP 为基础的 WWW 服务功能虽然强大，但对于文件传输来说却略显不足。一种专门用于文件传输的 FTP 服务应运而生。

FTP 服务就是文件传输服务，其具备更强的文件传输可靠性和更高的效率。

14.1.1 FTP 的工作原理

FTP 大大简化了文件传输的复杂性，它能够使文件通过网络从一台计算机传送到另外一台计算机上而不受计算机和操作系统类型的限制。无论是个人计算机、服务器、大型机，还是 iOS、Linux、Windows 操作系统，只要双方都支持 FTP，

微课

配置与管理 FTP 服务器

就可以方便、可靠地进行文件传送。

FTP 服务的具体工作过程如图 14-1 所示。

（1）客户端向服务器发出连接请求，同时客户端系统动态地打开一个大于 1024 的端口等候服务器连接（如 1031 端口）。

（2）若 FTP 服务器在 21 端口监听到该请求，则会在客户端的 1031 端口和服务器的 21 端口之间建立起一个 FTP 会话连接。

（3）当需要传输数据时，FTP 客户端再动态地打开一个大于 1024 的端口（如 1032 端口）连接到服务器的 20 端口，并在这两个端口之间进行数据传输。当数据传输完毕，这两个端口会自动关闭。

（4）当 FTP 客户端断开与 FTP 服务器的连接时，客户端上动态分配的端口将自动释放。

FTP 服务有两种工作模式：主动传输模式（Active FTP）和被动传输模式（Passive FTP）。

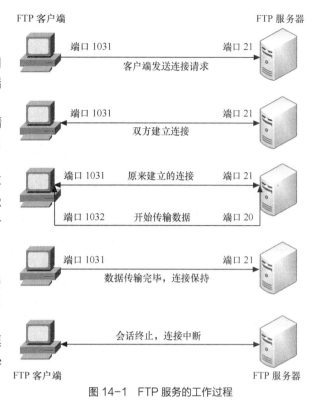

图 14-1　FTP 服务的工作过程

14.1.2　匿名用户

FTP 服务不同于 WWW 服务，它首先要求用户登录到服务器上，然后进行文件传输。这对于很多公开提供软件下载的服务器来说十分不便，于是匿名用户访问就诞生了：通过使用一个共同的用户名 anonymous，密码不限的管理策略（一般使用用户的邮箱作为密码即可）让任何用户都可以很方便地从 FTP 服务器上下载软件。

14.2　项目设计与准备

两台安装了 RHEL 7.4 的计算机，联网方式都设为仅主机模式（VMnet1），一台作为服务器，一台作为客户端使用。宿主机使用 Windows 7。计算机的配置信息见表 14-1（可以使用 VM 的克隆技术快速安装需要的 Linux 客户端）。

表 14-1　Linux 服务器和客户端的配置信息

主机名称	操作系统	IP 地址	角色及其他
FTP 服务器：RHEL 7-1	RHEL 7.4	192.168.10.1	FTP 服务器，VMnet1
Linux 客户端：Client1	RHEL 7.4	192.168.10.20	FTP 客户端，VMnet1
Windows 客户端：Win7-1	Windows 7	192.168.10.30	宿主机、FTP 客户端，直接在网卡 **VMnet1** 上设置 **IP** 地址为：**192.168.10.30/24**

14.3　项目实施

本项目包括 5 个学习任务：安装、启动与停止 vsftpd 服务，认识 vsftpd 的配置文件，配置匿名用户 FTP 实例，配置本地模式的常规 FTP 服务器实例，设置 vsftp 虚拟账号。

任务 14-1　安装、启动与停止 vsftpd 服务

1. 安装 vsftpd 服务

```
[root@RHEL7-1 ~]# rpm -q vsftpd
[root@RHEL7-1 ~]# mkdir /iso
[root@RHEL7-1 ~]# mount /dev/cdrom /iso
[root@RHEL7-1 ~]# yum clean all                    //安装前先清除缓存
[root@RHEL7-1 ~]# yum install vsftpd -y
[root@RHEL7-1 ~]# yum install ftp -y               //同时安装 ftp 软件包
[root@RHEL7-1 ~]# rpm -qa|grep vsftpd              //检查安装组件是否成功
```

2. vsftpd 服务的启动、重启，随系统启动、停止

安装完 vsftpd 服务后，下一步就是启动 vsftpd。vsftpd 服务可以以独立或被动方式启动。在 RHEL 7 中，vsftpd 服务默认以独立方式启动。

在此需要提醒读者，在生产环境中或者在 RHCSA、RHCE、RHCA 认证考试中一定要把配置过的服务程序加入开机自启动项中，以保证服务器在重启后依然能够正常提供传输服务。

重新启动 vsftpd 服务、设置 vsftpd 服务随系统启动、开放防火墙、设置 SELinux 为允许，可以输入下面的命令。

```
[root@RHEL7-1 ~]# systemctl restart vsftpd
[root@RHEL7-1 ~]# systemctl enable vsftpd
[root@RHEL7-1 ~]# firewall-cmd --permanent --add-service=ftp
[root@RHEL7-1 ~]# firewall-cmd --reload
[root@RHEL7-1 ~]# setsebool -P ftpd_full_access=on
```

任务 14-2　认识 vsftpd 的配置文件

vsftpd 的配置主要通过以下几个文件来完成。

1. 主配置文件

vsftpd 服务程序的主配置文件（/etc/vsftpd/vsftpd.conf）的内容总长度达到 127 行，但其中大部分开头都添加了#，从而成为注释信息，读者没有必要在注释信息上花费太多的时间。可以使用 grep 命令添加-v 参数，过滤并反选出不是以#开头的行（即过滤掉所有的注释信息），然后将过滤后的内容通过输出重定向符写回原始的主配置文件中（为了安全起见，请先备份主配置文件）。

```
[root@RHEL7-1 ~]# mv /etc/vsftpd/vsftpd.conf /etc/vsftpd/vsftpd.conf.bak
[root@RHEL7-1 ~]# grep -v "#" /etc/vsftpd/vsftpd.conf.bak > /etc/vsftpd/vsftpd.conf
[root@RHEL7-1 ~]# cat /etc/vsftpd/vsftpd.conf -n
    1    anonymous_enable=YES
    2    local_enable=YES
    3    write_enable=YES
    4    local_umask=022
    5    dirmessage_enable=YES
    6    xferlog_enable=YES
    7    connect_from_port_20=YES
```

```
 8    xferlog_std_format=YES
 9    listen=NO
10    listen_ipv6=YES
11
12    pam_service_name=vsftpd
13    userlist_enable=YES
14    tcp_wrappers=YES
```

表 14-2 中列举了 vsftpd 服务程序主配置文件中常用的参数及其作用。在后续的实训中将演示重要参数的用法，以帮助大家熟悉并掌握。

表 14-2　vsftpd 服务程序主配置文件中常用的参数及其作用

参数	作用
listen=[YES|NO]	是否以独立运行的方式监听服务
listen_address=IP 地址	设置要监听的 IP 地址
listen_port=21	设置 FTP 服务的监听端口
download_enable=[YES|NO]	是否允许下载文件
userlist_enable=[YES|NO] userlist_deny=[YES|NO]	设置用户列表为"允许"或"禁止"操作
max_clients=0	最大客户端连接数，0 为不限制
max_per_ip=0	同一 IP 地址的最大连接数，0 为不限制
anonymous_enable=[YES|NO]	是否允许匿名用户访问
anon_upload_enable=[YES|NO]	是否允许匿名用户上传文件
anon_umask=022	匿名用户上传文件的 umask 值
anon_root=/var/ftp	匿名用户的 FTP 根目录
anon_mkdir_write_enable=[YES|NO]	是否允许匿名用户创建目录
anon_other_write_enable=[YES|NO]	是否开放匿名用户的其他写入权限（包括重命名、删除等操作权限）
anon_max_rate=0	匿名用户的最大传输速率（B/s），0 为不限制
local_enable=[YES|NO]	是否允许本地用户登录 FTP
local_umask=022	本地用户上传文件的 umask 值
local_root=/var/ftp	本地用户的 FTP 根目录
chroot_local_user=[YES|NO]	是否将用户权限禁锢在 FTP 目录，以确保安全
local_max_rate=0	本地用户最大传输速率（B/s），0 为不限制

2. /etc/pam.d/vsftpd

/etc/pam.d/vsftpd 是 vsftpd 的 PAM（Pluggable Authentication Modules，可插拔认证模块）配置文件，主要用来加强 vsftpd 服务器的用户认证。

3. /etc/vsftpd/ftpusers

所有位于/etc/vsftpd/ftpusers 文件内的用户都不能访问 vsftpd 服务。当然，为了安全起见，这个文件中默认已经包括了 root、bin 和 daemon 等系统账户。

4. /etc/vsftpd/user_list

/etc/vsftpd/user_list 文件中包括的用户有可能是被拒绝访问 vsftpd 服务的，也可能是被允许访问的，这主要取决于 vsftpd 的主配置文件/etc/vsftpd/vsftpd.conf 中的 userlist_deny 参数值是设置为 YES（默认值）还是 NO。

- 当 userlist_deny=NO 时，仅允许文件列表中的用户访问 FTP 服务器。
- 当 userlist_deny=YES 时，这也是默认设置，拒绝文件列表中的用户访问 FTP 服务器。

5. /var/ftp 文件夹

/var/ftp 文件夹是 vsftpd 提供服务的文件"集散地"，它包括一个 pub 子目录。在默认配置下，所有的目录都是只读的，只有 root 用户有写权限。

任务 14-3　配置匿名用户 FTP 实例

1. vsftpd 的认证模式

vsftpd 允许用户以 3 种认证模式登录到 FTP 服务器。

（1）匿名开放模式：最不安全的认证模式，任何人都无须密码验证就可以直接登录 FTP 服务器。

（2）本地用户模式：通过 Linux 系统本地的账户密码信息进行认证的模式，相较于匿名开放模式，该模式更安全，而且配置起来也很简单。但是如果被黑客破解了账户信息，他们就可以畅通无阻地登录 FTP 服务器，从而完全控制整台服务器。

（3）虚拟用户模式：3 种模式中最安全的一种认证模式，它需要为 FTP 服务单独建立用户数据库文件，虚拟映射用来进行口令验证的账户信息，而这些账户信息在服务器系统中实际上是不存在的，仅供 FTP 服务进行认证使用。这样，即使黑客破解了账户信息，也无法登录服务器，从而有效降低了破坏范围和影响。

2. 匿名用户登录的参数说明

表 14-3 列举了可以向匿名用户开放的权限参数及其作用。

表 14-3　可以向匿名用户开放的权限参数及其作用

参数	作用
anonymous_enable=YES	允许匿名访问模式
anon_umask=022	匿名用户上传文件的 umask 值
anon_upload_enable=YES	允许匿名用户上传文件
anon_mkdir_write_enable=YES	允许匿名用户创建目录
anon_other_write_enable=YES	允许匿名用户修改目录名称或删除目录

3. 配置匿名用户登录 FTP 服务器实例

【例 14-1】搭建一台 FTP 服务器，允许匿名用户上传和下载文件，匿名用户的根目录设置为/var/ftp。

（1）新建测试文件，编辑/etc/vsftpd/vsftpd.conf 文件。

```
[root@RHEL7-1 ~]# touch /var/ftp/pub/sample.tar
[root@RHEL7-1 ~]# vim /etc/vsftpd/vsftpd.conf
```

（2）在文件后面添加如下 4 行（语句前后一定不要带空格，若有重复的语句请删除或直接在其上更改）。

```
anonymous_enable=YES          #允许匿名用户登录
anon_root=/var/ftp            #设置匿名用户的根目录为/var/ftp
anon_upload_enable=YES        #允许匿名用户上传文件
anon_mkdir_write_enable=YES   #允许匿名用户创建文件夹
```

> 提示　anon_other_write_enable=YES 表示允许匿名用户删除文件。

（3）设置 SELinux 为允许，让防火墙放行 FTP 服务，重启 vsftpd 服务。

```
[root@RHEL7-1 ~]# setenforce 0
[root@RHEL7-1 ~]# firewall-cmd --permanent --add-service=ftp
[root@RHEL7-1 ~]# firewall-cmd --reload
[root@RHEL7-1 ~]# firewall-cmd --list-all
[root@RHEL7-1 ~]# systemctl restart vsftpd
```

在 Windows 7 客户端的资源管理器中输入 ftp://192.168.10.1，打开 pub 目录，新建一个文件夹，结果出错了，如图 14-2 所示。

这是因为系统的本地权限没有设置。

（4）设置本地系统权限，将属主设为 ftp，或者对 pub 目录赋予其他用户写入权限。

图 14-2　测试 FTP 服务器 192.168.10.1 出错

```
[root@RHEL7-1 ~]# ll -ld /var/ftp/pub
drwxr-xr-x. 2 root root 6 Mar 23  2017
/var/ftp/pub//其他用户没有写入权限
[root@RHEL7-1 ~]# chown ftp /var/ftp/pub//将属主改为匿名用户 ftp,或者
[root@RHEL7-1 ~]# chmod o+w /var/ftp/pub            //赋予其他用户写入权限
[root@RHEL7-1 ~]# ll -ld /var/ftp/pub
drwxr-xr-x. 2 ftp root 6 Mar 23  2017 /var/ftp/pub    //已将属主改为匿名用户 ftp
[root@RHEL7-1 ~]# systemctl restart vsftpd
```

（5）在 Windows 7 客户端再次测试，在 pub 目录下能够建立新文件夹。

> **提示**　如果在 Linux 上测试，则用户名输入 ftp，密码处直接按 Enter 键即可。

>
> **注意**　如果要实现匿名用户创建文件等功能，则仅在配置文件中开启这些功能是不够的，还需要注意开放本地文件系统权限，使匿名用户拥有写入权限才行，或者改变属主为 ftp。在项目实训中有针对此问题的解决方案。另外也要特别注意防火墙和 SELinux 设置，否则一样会出问题。

任务 14-4　配置本地模式的常规 FTP 服务器实例

1. FTP 服务器配置要求

公司内部现在有一台 FTP 服务器和 Web 服务器，FTP 服务器主要用于维护公司的网站内容，包括上传文件、创建目录、更新网页等。公司现有两个部门负责维护任务，两者分别使用 team1 和 team2 账号进行管理。先要求仅允许 team1 和 team2 账号登录 FTP 服务器，但不能登录本地系统，并将这两个账号的根目录限制为/web/www/html，不能进入该目录以外的任何目录。

2. 需求分析

将 FTP 服务器和 Web 服务器放在一起是企业经常采用的方法，这样方便实现对网站的维护。为了增强安全性，首先需要仅允许本地用户访问，并禁止匿名用户登录。其次，使用 chroot 功能将 team1 和 team2 锁定在/web/www/html 目录下。如果需要删除文件，则还需要注意本地权限。

3. 解决方案

（1）建立维护网站内容的 FTP 账号 team1、team2 和 user1 并禁止本地登录，然后为其设置密码。

```
[root@RHEL7-1 ~]# useradd  -s  /sbin/nologin  team1
[root@RHEL7-1 ~]# useradd  -s  /sbin/nologin  team2
[root@RHEL7-1 ~]# useradd  -s  /sbin/nologin  user1
[root@RHEL7-1 ~]# passwd  team1
[root@RHEL7-1 ~]# passwd  team2
[root@RHEL7-1 ~]# passwd  user1
```

（2）配置 vsftpd.conf 主配置文件并做相应修改。写入配置文件时，注释符一定要去掉，语句前后不要加空格。另外，要把前面任务的配置文件恢复到最初状态，以免实训间互相影响。

```
[root@RHEL7-1 ~]# vim  /etc/vsftpd/vsftpd.conf
anonymous_enable=NO              #禁止匿名用户登录
local_enable=YES                #允许本地用户登录
local_root=/web/www/html        #设置本地用户的根目录为/web/www/html
chroot_local_user=NO            #是否限制本地用户，这也是默认值，可以省略
chroot_list_enable=YES          #激活 chroot 功能
chroot_list_file=/etc/vsftpd/chroot_list #设置锁定用户在根目录中的列表文件
allow_writeable_chroot=YES
#只要启用 chroot 就一定加入这条：允许 chroot 限制，否则会出现连接错误
```

> **特别提示**　chroot_local_user=NO 是默认设置，即如果不做任何 chroot 设置，则 FTP 登录目录是不做限制的。另外，只要启用 chroot，就一定要增加 **allow_writeable_chroot=YES** 语句。

> **注意**　chroot 是靠例外列表来实现的，列表内用户即例外的用户。所以根据是否启用本地用户转换，可设置不同目的的例外列表，从而实现 chroot 功能。因此实现锁定目录有两种方法。第一种是除列表内的用户外，其他用户都被限定在固定目录内，即列表内用户自由，列表外用户受限制。这时启用 chroot_local_user=YES。
> ```
> chroot_local_user=YES
> chroot_list_enable=YES
> chroot_list_file=/etc/vsftpd/chroot_list
> allow_writeable_chroot=YES
> ```
> 第二种是除列表内的用户外，其他用户都可自由转换目录。即列表内用户受限制，列表外用户自由。这时启用 chroot_local_user=NO。为了安全，建议使用第一种。
> ```
> chroot_local_user=NO
> chroot_list_enable=YES
> chroot_list_file=/etc/vsftpd/chroot_list
> allow_writeable_chroot=YES
> ```

（3）建立/etc/vsftpd/chroot_list 文件，添加 team1 和 team2 账号。

```
[root@RHEL7-1 ~]# vim  /etc/vsftpd/chroot_list
team1
team2
```

（4）设置防火墙放行 FTP 服务和 SELinux 为允许，重启 FTP 服务。

```
[root@RHEL7-1 ~]# firewall-cmd --permanent --add-service=ftp
```

```
[root@RHEL7-1 ~]# firewall-cmd --reload
[root@RHEL7-1 ~]# firewall-cmd --list-all
[root@RHEL7-1 ~]# setenforce 0
[root@RHEL7-1 ~]# systemctl restart vsftpd
```

 思考 如果设置 setenforce 1，那么必须执行：setsebool –P ftpd_full_access=on。这样能保证目录的正常写入和删除等操作。

（5）修改本地权限。

```
[root@RHEL7-1 ~]# mkdir  /web/www/html -p
[root@RHEL7-1 ~]# touch /web/www/html/test.sample
[root@RHEL7-1 ~]# ll  -d  /web/www/html
[root@RHEL7-1 ~]# chmod  -R  o+w  /web/www/html        //其他用户可以写入
[root@RHEL7-1 ~]# ll  -d  /web/www/html
```

（6）在 Linux 客户端 Client1 上先安装 ftp 工具，然后测试。

```
[root@client1 ~]# mount /dev/cdrom /iso
[root@client1 ~]# yum clean all
[root@client1 ~]# yum install ftp -y
```

① 使用 team1 和 team2 的用户不能转换目录，但能建立新文件夹，显示的目录是/，其实是 /web/www/html 文件夹。

```
[root@client1 ~]# ftp 192.168.10.1
Connected to 192.168.10.1 (192.168.10.1).
220 (vsFTPd 3.0.2)
Name (192.168.10.1:root): team1               //锁定用户测试
331 Please specify the password.
Password:
230 Login successful.
Remote system type is UNIX.
Using binary mode to transfer files.
ftp> pwd
257 "/"            //显示是/，其实是/web/www/html，从列示的文件中就知道
ftp> mkdir testteam1
257 "/testteam1" created
ftp> ls
227 Entering Passive Mode (192,168,10,1,46,226).
150 Here comes the directory listing.
-rw-r--r--    1 0        0            0 Jul 21 01:25 test.sample
drwxr-xr-x    2 1001     1001         6 Jul 21 01:48 testteam1
226 Directory send OK.
ftp> cd /etc
550 Failed to change directory.              //不允许更改目录
ftp> exit
221 Goodbye.
```

② 使用 user1 的用户能自由转换目录，可以将/etc/passwd 文件下载到主目录，安全隐患很大。

```
[root@client1 ~]# ftp 192.168.10.1
Connected to 192.168.10.1 (192.168.10.1).
220 (vsFTPd 3.0.2)
```

```
Name (192.168.10.1:root): user1    //列表外的用户是自由的
331 Please specify the password.
Password:
230 Login successful.
Remote system type is UNIX.
Using binary mode to transfer files.
ftp> pwd
257 "/web/www/html"
ftp> mkdir testuser1
257 "/web/www/html/testuser1" created
ftp> cd /etc                        //成功转换到/etc 目录
250 Directory successfully changed.
ftp> get passwd                     //成功下载密码文件 passwd 到/root，可以退出后查看
local: passwd remote: passwd
227 Entering Passive Mode (192,168,10,1,80,179).
150 Opening BINARY mode data connection for passwd (2203 bytes).
226 Transfer complete.
2203 bytes received in 9e-05 secs (24477.78 Kbytes/sec)
ftp> cd /web/www/html
250 Directory successfully changed.
ftp> ls
227 Entering Passive Mode (192,168,10,1,182,144).
150 Here comes the directory listing.
-rw-r--r--    1 0         0              0 Jul 21 01:25 test.sample
drwxr-xr-x    2 1001      1001           6 Jul 21 01:48 testteam1
drwxr-xr-x    2 1003      1003           6 Jul 21 01:50 testuser1
226 Directory send OK.
```

任务 14-5　设置 vsftp 虚拟账号

FTP 服务器的搭建工作并不复杂，但需要按照服务器的用途，合理规划相关配置。如果 FTP 服务器并不对互联网上的所有用户开放，则可以关闭匿名访问，而开启实体账户或者虚拟账户的验证机制。但实际操作中，如果使用实体账户访问，则 FTP 用户在拥有服务器真实用户名和密码的情况下，会对服务器产生潜在的威胁。FTP 服务器如果设置不当，则用户有可能使用实体账号进行非法操作。所以，为了 FTP 服务器的安全，可以使用虚拟用户验证方式，也就是将虚拟的账号映射为服务器的实体账号，客户端使用虚拟账号访问 FTP 服务器。

要求：使用虚拟账号 user2、user3 登录 FTP 服务器，访问主目录是/var/ftp/vuser，用户只允许查看文件，不允许上传、修改等操作。

对 vsftp 虚拟账号的配置主要有以下几个步骤。

1. 创建用户数据库

（1）创建用户文本文件。

首先，建立保存虚拟账号和密码的文本文件，格式如下。

```
虚拟账号 1
密码
虚拟账号 2
密码
```

使用 vim 编辑器建立用户文件 vuser.txt，添加虚拟账号 user2 和 user3。

```
[root@RHEL7-1 ~]# mkdir  /vftp
```

```
[root@RHEL7-1 ~]# vim  /vftp/vuser.txt
user2
12345678
user3
12345678
```

（2）生成数据库。

保存虚拟账号及密码的文本文件无法被系统账号直接调用，需要使用 db_load 命令生成数据库文件。

```
[root@RHEL7-1 ~]# db_load -T -t hash -f /vftp/vuser.txt /vftp/vuser.db
[root@RHEL7-1 ~]# ls  /vftp
vuser.db  vuser.txt
```

（3）修改数据库文件访问权限。

数据库文件中保存着虚拟账号和密码信息，为了防止非法用户盗取，可以修改该文件的访问权限。

```
[root@RHEL7-1 ~]# chmod  700 /vftp/vuser.db
[root@RHEL7-1 ~]# ll  /vftp
```

2. 配置 PAM 文件

为了使服务器能够使用数据库文件，对客户端进行身份验证需要调用系统的 PAM 配置文件。PAM 提供了不必重新安装应用程序，通过修改指定的配置文件，调整对该程序的认证方式的途径。PAM 配置文件的路径为/etc/pam.d，该目录下保存着大量与认证有关的配置文件，并以服务名称命名。

下面修改 vsftp 对应的 PAM 配置文件/etc/pam.d/vsftpd，将默认配置全部使用#注释掉，添加相应字段，如下所示。

```
[root@RHEL7-1 ~]# vim  /etc/pam.d/vsftpd
#PAM-1.0
#session       optional       pam_keyinit.so       force       revoke
#auth          required       pam_listfile.so      item=user   sense=deny
#file=/etc/vsftpd/ftpusers   onerr=succeed
#auth          required       pam_shells.so
auth           required       pam_userdb.so    db=/vftp/vuser
account        required       pam_userdb.so    db=/vftp/vuser
```

3. 创建虚拟账户对应的系统用户

```
[root@RHEL7-1 ~]# useradd -d /var/ftp/vuser vuser              ①
[root@RHEL7-1 ~]# chown  vuser.vuser /var/ftp/vuser            ②
[root@RHEL7-1 ~]# chmod  555 /var/ftp/vuser                    ③
[root@RHEL7-1 ~]# ls -ld /var/ftp/vuser                        ④
dr-xr-xr-x. 6 vuser vuser 127 Jul 21 14:28 /var/ftp/vuser
```

以上代码中带序号的各行功能说明如下。

① 用 useradd 命令添加系统账户 vuser，并将其/home 目录指定为/var/ftp 下的 vuser。

② 变更 vuser 目录的所属用户和组，设定为 vuser 用户、vuser 组。

③ 匿名账户登录时会映射为系统账户，并登录/var/ftp/vuser 目录，但其并没有访问该目录的权限，需要为 vuser 目录的属主、属组和其他用户和组添加读和执行权限。

④ 使用 ls 命令查看 vuser 目录的详细信息，系统账号主目录设置完毕。

4. 修改/etc/vsftpd/vsftpd.conf 文件的内容

```
anonymous_enable=NO                                            ①
```

```
anon_upload_enable=NO
anon_mkdir_write_enable=NO
anon_other_write_enable=NO
local_enable=YES                                      ②
chroot_local_user=YES                                 ③
allow_writeable_chroot=YES
write_enable=NO                                       ④
guest_enable=YES                                      ⑤
guest_username=vuser                                  ⑥
listen=YES                                            ⑦
pam_service_name=vsftpd                               ⑧
```

注意 "="两边不要加空格。

以上代码中带序号的各行功能说明如下。

① 为了保证服务器的安全，关闭匿名访问，以及其他匿名相关设置。

② 虚拟账号会映射为服务器的系统账号，所以需要开启本地账号的支持。

③ 锁定账户的根目录。

④ 关闭用户的写权限。

⑤ 开启虚拟账号访问功能。

⑥ 设置虚拟账号对应的系统账号为 vuser。

⑦ 设置 FTP 服务器为独立运行。

⑧ 配置 vsftpd 使用 PAM 认证，并指定 PAM 配置文件为 vsftpd。

5. 设置防火墙放行 vsftpd 服务和 SELinux 为允许，重启 vsftpd 服务

具体内容见前文。

6. 在 Client1 上测试

使用虚拟账号 user2、user3 登录 FTP 服务器，进行测试，发现虚拟账号登录成功，并显示 FTP
服务器目录信息。

```
[root@Client1 ~]# ftp 192.168.10.1
Connected to 192.168.10.1 (192.168.10.1).
220 (vsFTPd 3.0.2)
Name (192.168.10.1:root): user2
331 Please specify the password.
Password:
230 Login successful.
Remote system type is UNIX.
Using binary mode to transfer files.
ftp> ls                      //可以列示目录信息
227 Entering Passive Mode (192,168,10,1,31,79).
150 Here comes the directory listing.
-rwx---rwx    1 0        0               0 Jul 21 05:40 test.sample
226 Directory send OK.
ftp> cd /etc                 //不能更改主目录
550 Failed to change directory.
ftp> mkdir testuser1         //仅能查看，不能写入
```

```
550 Permission denied.
ftp> quit
221 Goodbye.
```

特别提示 匿名开放模式、本地用户模式和虚拟用户模式的配置文件，请在出版社网站下载，或联系编者获取。

7. 补充服务器端 vsftp 的主、被动模式配置

（1）主动模式配置

```
Port_enable=YES  //开启主动模式
Connect_from_port_20=YES  //指定当主动模式开启时，是否启用默认的 20 端口监听
Ftp_date_port=%portnumber%  //上一选项使用 NO 参数值时指定数据传输端口
```

（2）被动模式配置

```
connect_from_port_20=NO
PASV_enable=YES  //开启被动模式
PASV_min_port=%number%  //被动模式最低端口
PASV_max_port=%number%  //被动模式最高端口
```

14.4 拓展阅读：中国的"龙芯"

你知道"龙芯"吗？你知道"龙芯"的应用水平吗？

通用处理器是信息产业的基础部件，是电子设备的核心器件。同时，通用处理器是关系到国家命运的战略产业之一，其发展直接关系到国家技术创新能力，关系到国家安全，是国家的核心利益所在。

"龙芯"是我国最早研制的高性能通用处理器系列，于 2001 年在中国科学院计算所开始研发，得到了"863""973""核高基"等项目的大力支持，完成了 10 年的核心技术积累。2010 年，中国科学院和北京市政府共同牵头出资，龙芯中科技术有限公司正式成立，开始市场化运作，旨在将龙芯处理器的研发成果产业化。

龙芯中科技术有限公司研制的处理器产品包括龙芯 1 号、龙芯 2 号、龙芯 3 号三大系列。为了将国家重大创新成果产业化，龙芯中科技术有限公司努力探索，在国防、教育、工业、物联网等行业取得了重大市场突破，龙芯产品取得了良好的应用效果。

目前龙芯处理器产品在各领域取得了广泛应用。在安全领域，龙芯处理器已经通过了严格的可靠性实验，作为核心元器件应用在几十种型号和系统中。2015 年，龙芯处理器成功应用于北斗二代导航卫星。在通用领域，龙芯处理器已经应用在个人计算机、服务器及高性能计算机、行业计算机终端，以及云计算终端等方面。在嵌入式领域，基于龙芯 CPU 的防火墙等网安系列产品已达到规模销售；应用于国产高端数控机床等系列工控产品显著提升了我国工控领域的自主化程度和产业化水平；龙芯提供了 IP 设计服务，在国产数字电视领域也与国内多家知名厂家展开合作，其 IP 地址授权量已达百万片以上。

14.5 项目实训：配置与管理 FTP 服务器

1. 视频位置

实训前请扫描二维码观看"项目实训　配置与管理 FTP 服务器"慕课。

2. 项目背景

某企业的网络拓扑如图 14-3 所示。该企业想构建一台 FTP 服务器，为企业

慕课

项目实训　配置
与管理 FTP
服务器

局域网中的计算机提供文件传送服务，为财务部、销售部和 OA 系统提供异地数据备份。要求能够对 FTP 服务器设置连接限制、日志记录、消息、验证客户端身份等属性，并能创建用户隔离的 FTP 站点。

3. 深度思考

在观看视频时思考以下几个问题。

（1）如何使用 service vsftpd status 命令检查 vsftp 的安装状态？

（2）FTP 权限和文件系统权限有何不同？如何进行设置？

（3）为何不建议对根目录设置写权限？

（4）如何设置进入目录后的欢迎信息？

（5）如何锁定 FTP 用户在其宿主目录中？

（6）user_list 和 ftpusers 文件都存有用户名列表，如果一个用户同时存在两个文件中，则最终的执行结果是怎样的？

4. 做一做

根据项目要求及视频内容，将项目实现。

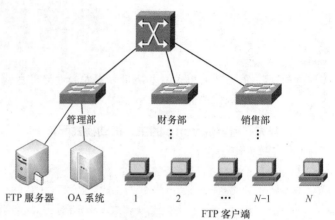

图 14-3　某企业的网络拓扑

14.6　练习题

一、填空题

1. FTP 服务就是_____服务，FTP 的英文全称是_____。

2. FTP 服务通过使用一个共同的用户名_____，密码不限的管理策略，让任何用户都可以很方便地从这些服务器上下载软件。

3. FTP 服务有两种工作模式：_____和_____。

4. FTP 命令的格式为：_____。

二、选择题

1. ftp 命令的参数（　　）可以与指定的机器建立连接。

    A. connect　　　　　　B. close　　　　　　C. cdup　　　　　　D. open

2. FTP 服务使用的端口是（　　）。

    A. 21　　　　　　　　B. 23　　　　　　　　C. 25　　　　　　　　D. 53

3. 我们从 Internet 上获得软件最常采用的服务是（　　）。

    A. WWW　　　　　　B. Telnet　　　　　　C. FTP　　　　　　D. DNS

4. 一次可以下载多个文件用（　　）命令。

    A. mget　　　　　　　B. get　　　　　　　C. put　　　　　　D. mput

5. 下面（　　）不是 FTP 用户的类别。

    A. real　　　　　　　B. anonymous　　　　C. guest　　　　　D. users

6. 修改文件 vsftpd.conf 的（　　）可以实现 vsftpd 服务独立启动。

A. listen=YES   B. listen=NO   C. boot=standalone   D. #listen=YES

7. 将用户加入以下（   ）文件中可能会阻止用户访问 FTP 服务器。

A. vsftpd/ftpusers   B. vsftpd/user_list   C. ftpd/ftpusers   D. ftpd/userlist

三、简答题

1. 简述 FTP 的工作原理。

2. 简述 FTP 服务的工作模式。

3. 简述常用的 FTP 软件。

14.7 实践习题

1. 在 VMware 虚拟机中启动一台 Linux 服务器作为 vsftpd 服务器，在该系统中添加用户 user1 和 user2。

（1）确保系统安装了 vsftpd 软件包。

（2）设置匿名账号具有上传、创建目录的权限。

（3）利用/etc/vsftpd/ftpusers 文件设置禁止本地 user1 用户登录 FTP 服务器。

（4）设置本地用户 user2 登录 FTP 服务器之后，在进入 dir 目录时显示提示信息 Welcome to user's dir!。

（5）设置将所有本地用户都锁定在/home 目录中。

（6）设置只有在/etc/vsftpd/user_list 文件中指定的本地用户 user1 和 user2 可以访问 FTP 服务器，其他用户都不可以。

（7）配置基于主机的访问控制，实现如下功能。

- 拒绝 192.168.6.0/24 访问。
- 对域 jnrp.net 和 192.168.2.0/24 内的主机不做连接数和最大传输速率限制。
- 对其他主机的访问限制每个 IP 地址的连接数为 2，最大传输速率为 500kbit/s。

2. 建立仅允许本地用户访问的 FTP 服务器，并完成以下任务。

（1）禁止匿名用户访问。

（2）建立 s1 和 s2 账号，并具有读写权限。

（3）使用 chroot 命令限制 s1 和 s2 账号在/home 目录中。

提示　（1）关于配置与管理 samba 服务器、DHCP 服务器、DNS 服务器、Apache 服务器、FTP 服务器、Postfix 邮件服务器、NFS 服务器、代理服务器和防火墙的更详细的配置、更多的企业服务器配置案例和故障排除方法，请读者参见"十三五"职业教育国家规划教材《网络服务器搭建、配置与管理——Linux（第 3 版）》（人民邮电出版社，杨云主编）。
（2）以下两本书的最新版本已由人民邮电出版社正式出版（"十三五"职业教育国家规划教材）：
① Linux 网络操作系统项目教程（RHEL 8/CentOS 8）（微课版）（第 4 版）（978-7-115-56796-3），2022-01-01，人民邮电出版社，杨云等主编。
② 网络服务器搭建、配置与管理——Linux（RHEL 8/CentOS 8）（微课版）（第 4 版）（978-7-115-57633-0），2022-01-01，人民邮电出版社，杨云等主编。

参考文献

[1] 杨云, 张菁. Linux 网络操作系统项目教程（RHEL 6.4/CentOS 6.4）（第 2 版）[M]. 北京: 人民邮电出版社, 2016.

[2] 杨云. Red Hat Enterprise Linux 6.4 网络操作系统详解[M]. 北京: 清华大学出版社, 2017.

[3] 杨云, 马立新. 网络服务器搭建、配置与管理——Linux 版（第 2 版）[M]. 北京: 人民邮电出版社, 2015.

[4] 杨云. Linux 网络操作系统与实训（第三版）[M]. 北京: 中国铁道出版社, 2016.

[5] 杨云. Linux 网络服务器配置管理项目实训教程（第二版）[M]. 北京: 中国水利水电出版社, 2014.

[6] 鸟哥. 鸟哥的 Linux 私房菜 基础学习篇（第四版）[M]. 北京: 人民邮电出版社, 2018.

[7] 刘遄. Linux 就该这么学[M]. 北京: 人民邮电出版社, 2017.

[8] 刘晓辉, 张剑宇, 张栋. 网络服务搭建、配置与管理大全（Linux 版）[M]. 北京: 电子工业出版社, 2009.

[9] 陈涛, 张强, 韩羽. 企业级 Linux 服务攻略[M]. 北京: 清华大学出版社, 2008.

[10] 曹江华. Red Hat Enterprise Linux 5.0 服务器构建与故障排除[M]. 北京: 电子工业出版社, 2008.